扫码学习
理论+实践，
复杂工程问题，迎刃而解！

AI实验助理

7×24H全天候在线，为你解答学习疑惑。
一键生成配套思维导图，为你梳理学习重点。

实验基础

什么是单因素实验设计？
测试数据的"五性"是指？
实验误差有哪些分类？

水样采集

采样点的设置应该考虑哪些因素？
水样预处理有哪些方法？
水样久放后将会产生哪些影响？

污染处理

气固比测定实验中两条关系曲线分别有何意义？
从沉降柱取样时，应注意哪些问题以减少取样误差？

高校环境类新形态系列教材

SHUIWURAN KONGZHI GONGCHENG SHIYAN

水污染控制工程实验

于 洋 陈 达 谢依侨 主编

中国环境出版集团·北京

图书在版编目（CIP）数据

水污染控制工程实验 / 于洋，陈达，谢依侨主编. --
北京 ： 中国环境出版集团，2025. 4. --（高校环境类新
形态系列教材）. -- ISBN 978-7-5111-6189-5

Ⅰ. X520.6-33

中国国家版本馆CIP数据核字第2025X0R190号

责任编辑	曹 玮	
封面设计	宋 瑞	

出版发行	中国环境出版集团	
	（100062 北京市东城区广渠门内大街 16 号）	
	网 址：http://www.cesp.com.cn	
	电子邮箱：bjgl@cesp.com.cn	
	联系电话：010-67112765（编辑管理部）	
	发行热线：010-67125803，010-67113405（传真）	
印 刷	玖龙（天津）印刷有限公司	
经 销	各地新华书店	
版 次	2025 年 4 月第 1 版	
印 次	2025 年 4 月第 1 次印刷	
开 本	787×1092 1/16	
印 张	17.5	
字 数	385 千字	
定 价	69.00 元	

中国环境出版集团郑重承诺：
中国环境出版集团合作的印刷单位、材料单位均具有中国环境标志产品认证。

前　言

"水污染控制工程实验"作为环境类专业的一门核心课程，是培养学生基本实验操作技能、掌握水污染控制技术基本原理与工艺条件、提升理论联系实际解决复杂工程问题能力的关键环节。本书是编者在多年本科教学研究成果的基础上编著的，注重典型工艺理论的系统呈现，也适当引入本学科取得的新技术、新工艺。通过思考题环节的优化设置，侧重考查学生运用理论知识解释实验现象的能力，进一步通过实验内容间的横向对比分析，启发学生自主建立完整的知识脉络体系。本书可作为高等院校环境工程、环境科学、环境生态工程、资源环境科学、环保设备工程、水质科学与技术等专业的实验课程指导教材。

本书由暨南大学环境与气候学院于洋副研究员、陈达教授和谢依侨实验师主编，暨南大学环境与气候学院庄莉教授、张娜高级实验师对本书的撰写给予了无私帮助与支持，刘梦晓、曾丽、吴汉斌、李林昊和刘珑也为书中插图做了很多工作，在此对他们致以由衷的感谢。本书部分内容得到叶林顺老师的悉心指导，在此表示感谢。

于　洋

2024 年 10 月于暨南大学

目 录

扫码解锁
· 实验操作视频
· 了解污染现状
· 掌握采样方法
· 深研处理方法

第 1 章

绪 论

水污染控制工程涵盖污水处理、水质监测、水环境治理与修复等领域，是维护国家水质安全、保障水资源可持续利用的必要手段。面对日益严峻的水污染问题，如何科学、精准、经济地防控水污染已成为当前水污染控制工程领域面临的重要课题。水污染现状调查、污染溯源及成因解析、污染防控机制阐释、污染治理技术研发、工艺过程参数确定、设备设计加工与运行管理等水污染控制工程各个重要环节，均需通过实验研究获取关键信息参数。例如，电镀废水重金属去除过程中碱性药剂类型与投加量、混凝剂投加量与最佳 pH 等，都需要通过实验测定后才能开展工程应用。针对实际水处理工艺问题，也需要通过实验测定加以分析并提出解决方案。

水污染控制工程实验是环境类专业的一门核心专业课程，也是水污染控制工程的重要组成部分，承担着培养实验操作技能、检验知识掌握程度、锻炼分析问题与解决问题能力、激发学习兴趣与使命感、为国家培养能够解决复杂水污染问题的新时代卓越工程师的重要任务。科研技术人员通过水污染控制工程实验研究，可以解决下述水污染问题：

1）确定污染水体污染物类型与浓度，开展污染物识别与溯源调查分析，为水污染源头防控提供基础数据。

2）研究分析污染物在天然水体中的迁移转化规律，以及污水处理工艺环节中的吸附、降解、沉淀等过程，为水环境保护与污染治理提供理论依据。

3）掌握污染物去除机理及其关键影响因素，提升现有工艺处理效能，研发高效新技术新工艺，推动水污染控制工程技术发展。

4）优化完善工艺设备与处理流程，探索运行管理新模式，推动污水处理全过程减污降碳协同增效。

5）解决污水处理技术工程放大问题与自动化控制问题，确定关键工艺技术参数，促进新技术新工艺应用与发展。

1.1 实验教学目的

水是生命之泉，是人类赖以生存和发展不可或缺的物质资源之一，但人为活动会对自然水体产生不利影响，尤其是生活污水、工业废水等大量排入水体所产生的严重污染问题，已对全球水资源安全造成严峻挑战。面对日益复杂的水污染问题，通过科学实验研究提升现有水处理工艺效能，应对新污染物挑战，创新研发新技术、新工艺和新理论，一直是水污染控制工程的重要课题。因此，在水污染控制工程实验课程中，应兼顾学生实践能力与创新能力的培养，通过设置全面合理的实验教学环节，完成以下教学目标：

1）通过实验现象的观察分析与实验结果的讨论，加深对水污染控制工程工艺流程、基本概念和基本原理的理解，巩固课堂教学内容。

2）掌握实验操作技能与常用仪器设备使用方法，培养独立开展科学实验研究的能力。

3）学习实验方案设计，掌握实验数据分析方法，培养自主分析问题和解决问题的能力。

4）开展思维创新性训练，培养自主创新能力。

5）激发学习兴趣与立志解决我国水污染问题的使命担当，树立实事求是的科学态度和严谨细致的工作作风。

1.2　实验教学基本程序

1.2.1　提出实验主题

依据水污染现状与污染控制技术发展趋势，筛选核心处理单元工艺，提出需验证的基本原理或需探索研究的问题。

1.2.2　设计实验方案

基于工艺技术路线，设计实验方案，明确实验目的，细化实验步骤，确定测试内容及分析方法，规划小组人员工作分配，列举必要的实验设备、分析仪器、实验耗材与药剂等。

1.2.3　开展实验研究

1）根据实验方案开展实验研究，观察并记录实验现象，及时进行样品的采集、保存和分析测定，记录实验原始数据。

2）采用统计学方法、图表绘制等手段，对实验数据进行整理分析，获取实验结果。

3）回顾实验过程和实验现象，对实验结果进行总结与讨论，探讨内在机理，并提出个人思考和改进内容。

在实验研究过程中，确保实验数据的可靠性至关重要。水样测定数据的精密度和准确度必须满足相关分析测试的质量控制要求。做好样品保存工作并尽快进行数据分析，若实验数据的可靠性无法达到要求或实验结果与预期效果相悖，需对实验设备、操作细节、数据处理等环节进行复查，或对样品进行重新测定，以便及时解决问题。

1.2.4　完成实验小结

实验小结是对整个实验过程进行总结与评价的重要环节，也是检验实验教学效果的重要依据。在完成实验研究后，学生通过实验小结，可充分理解实验整体框架与目标，结合所学理论知识对实验数据进行系统分析、对实验结果进行深入讨论、对相关机理和潜在工程应用价值进行综合探讨，培养自身严谨的科学态度、踏实的工作作风。实验小结的主要内容包括以下几个方面：

1）阐述个人对实验目标的理解，明确实验的重要性。

2）简述实验步骤与方法，着重提出实验的关键环节。

3）明确实验数据的可靠性，若实验数据不合理时，应分析其原因，并提出解决办法。

4）总结个人心得体会，深入理解工艺环节，明确验证了哪些概念原理、解决了哪些科学问题、掌握了哪些新的知识和技术以及获取了哪些认知和技能。

5）讨论实验过程中的问题和改进办法，以及实验结果对于提升水污染控制工艺技术效果的可应用性。

1.3　实验教学基本要求

水污染控制工程实验教学主要包括实验准备、实验过程、实验数据整理及实验报告撰写等实践环节。

1.3.1　实验准备

实验准备工作对实验教学起到重要的保障作用。首先，指导老师通过实验准备工作能更好地检验实验方案并进行优化改进，提高实验准确性和可信度。其次，在实验准备环节，可对实验所需试剂、仪器等进行核对，确保实验正常进行并具有可重复性。最后，有助于明确实验内容的重点与难点问题，针对性设置预习内容，提高预习效果。

学生需按照预习内容完成预习报告，可通过"雨课堂"等线上媒介查看实验大纲、仪器操作微视频、实验安全注意事项等内容，在线下课程前提交预习报告并查看意见反馈，充分做好实验前准备工作。在实验准备阶段，可要求学生做到以下几点：

1）学习实验大纲，查阅相关文献资料，掌握实验原理，明确实验目的、步骤、内容和方法，撰写预习报告，并回答预习问题。

2）结合"雨课堂"的仪器操作微视频，熟悉实验仪器及装置的性能、操作规范及方法，了解实验所需试剂与配制要求。

3）了解实验安全注意事项、个人防护和废物处理要求与应急处理措施。

4）明确实验分工，做到责任明确。

5）掌握实验原始数据记录要求，方便后续数据整理与分析，提高实验结果准确性与可信度。

1.3.2 实验过程

1）检查学生着装、个人防护规范性，强调实验安全要求。

2）概述实验目的、步骤、内容和方法，对特殊设备、仪器的操作方法做现场讲解及示范。

3）按操作步骤开展实验，观察实验现象，收集和记录实验数据。

4）实验结束后，由指导老师检查原始数据记录情况，并按要求清洗设备和整理实验场地。

1.3.3 实验数据整理及实验报告撰写

1）及时整理实验原始数据，取舍有效数据并进行实验误差分析，采用统计学方法、图表绘制等手段完成数据分析并依此判断实验结果的好坏，分析原因，提出完善实验的改进措施。需借助 Excel 或 Origin 等软件完成数据处理分析，所绘制图表应符合规范：

①表格格式。三线表以其形式简洁、阅读便利、功能分明等优点在科学论文中被广泛采用。表格上方必须有表序号和表名称，且居中设置；表格内数据的保留位数应一致，相同数据类型的单位应统一，数据或内容在表格里应居中设置。具体见表 1-1。

表 1-1 不同温度下 Langmuir 吸附等温式的相关常数

温度/℃	$q_{max}/$（mmol/g）	b/mmol^{-1}	R^2
25	1.05	2.41	0.999 1
35	1.19	2.82	0.998 8
45	1.34	3.75	0.999 2
55	1.68	4.26	0.999 4

②图格式。根据数据情况选择绘制成点线图（图 1-1）、柱状图（图 1-2）或饼状图（图 1-3）等。图下方必须有图序号和图名称，且居中设置；横、纵坐标应标明名称及单位，坐标轴的数据分隔点应合理设置；采用 Excel 制图时，应注意去掉背景网格线；如需采用多组数据绘制成图，数据点应采用不同符号加以区分并标注清楚。

2）实验报告是对实验内容、过程及其结果的完整呈现与总结，要求条理清晰、语言简明、文字通顺、书写工整、图表完整、讨论分析有说服力、结论正确。撰写实验报告是实验教学环节中一项重要的技能训练，是培养学生治学素养、科学态度、认知能力、分析能力、写作能力等综合素质的重要手段，也是训练和规范学生科研论文写作的有效方式。实验报告应包括实验名称、实验目的、基本原理、实验设备及材料、实验步骤、注意事项、实验记录、数据处理、结果分析与讨论、实验结论和思考与总结。在结果分析与讨论中，应运用所学理论知识对实验现象进行解释，剖析异常现象原因，并提出改进思路和建议。

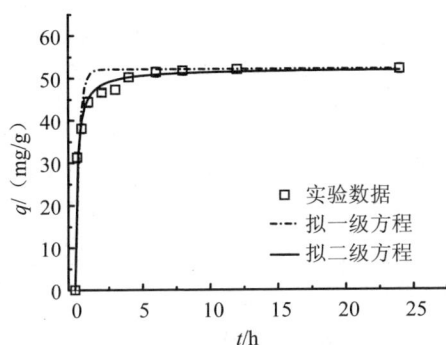

图 1-1 金属氧化物吸附剂对 Tl^+ 离子的吸附动力学

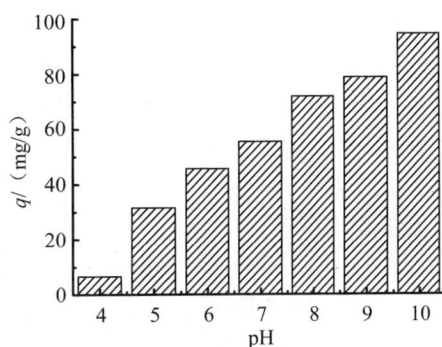

图 1-2 pH 对 Tl^+ 离子吸附容量的影响

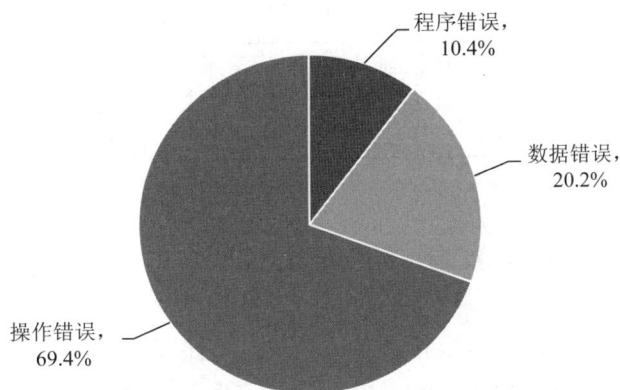

图 1-3 实验结果错误原因分析

3）实验成绩由实验预习、实验操作及实验报告 3 部分构成（表 1-2），并不局限于实验结果的好坏，关键在于提高学生综合素质。考查学生是否能够充分掌握实验操作技能，借助已有理论知识对实验数据及现象进行合理分析，并以图表文字等形式加以合理阐述，综合评价学生的学习效果和实验教学质量。

表 1-2   实验课程评分

过程控制	关注点	评价分数			
		90～100 分	80～90 分	60～80 分	60 分以下
实验预习（权重 0.2）	实验熟悉程度	准确且有创新性地完成预习问题，实验方案有新意	预习问题回答基本正确，实验方案可行	能基本回答问题，实验方案基本可行	有回答问题，有实验方案
实验操作（权重 0.3）	实验态度	按时参加实验，原始数据完整	按时参加实验，原始数据基本完整	实验迟到或早退，有原始数据	实验迟到或早退，无原始数据
	操作规范性	操作规范	操作基本规范	存在违规操作情况	存在严重违规操作情况
	协作精神与责任感	主动完成分配任务，具有协作精神，实验台面整洁	完成分配任务，能与组员配合，实验台面基本整洁	被动参与实验，实验台面不整洁	基本不参与实验，实验台面不整洁
实验报告（权重 0.5）	数据分析处理能力	实验数据处理、计算过程与结果正确	实验数据处理、计算过程与结果基本正确	实验数据处理、计算过程与结果均存在明显错误	实验数据处理、计算过程与结果不完整并存在明显错误
	综合应用知识能力	能运用知识对实验结果进行阐述分析，结论正确	结论基本正确，但实验数据综合分析不足	结论基本正确，但缺乏实验数据综合分析	结论错误或无数据综合分析内容

1.4   实验纪律与安全教育

实验纪律与安全教育是实验教学的第一课，是课程顺利开展的重要保障，涉及内容主要包括个人防护要求、实验场所卫生与管理、化学品与设备安全使用规范、应急处理措施等。学生在进入实验室前必须通过学校-学院-实验室的三级考核制度，完成线上实验室安全考核。指导老师需要提前预估实验项目中可能存在的安全风险，借助"雨课堂"的线上教学功能，将常见安全设施的使用方法、个人防护用品使用规范、安全标识的辨认、化学品及气体的化学品安全信息卡（material safety data sheet，MSDS）和应急处理措施等内容制作成微视频，以供学生课前学习。在线下实验课程开始前，以知识问答的形式考查学生掌握情况，通过考核者方可开展实验。同时，在实验室现场进行安全用品确认，包括喷淋系统和洗眼装置、灭火器、急救药箱的位置。指导老师必须定期检查喷淋装置能否正常使用，确保灭火器和急救药箱的物资完备且均在有效期限内，如有超期现象，必须及时更换。

1.4.1 实验内容风险评估

指导老师在教学内容安排前，应对课程所涉及的实验内容进行风险评估，并在实验准备阶段进行详细考察，预判实验环节中可能存在的危险因素，例如，涉及危险化学品或气体的，提前查阅化学品安全技术说明书，并做好相应的安全防范措施。浓硫酸或化学需氧量（chemical oxygen demand，COD）测试试剂，一旦不小心溅到衣服或皮肤，应立即用大量的流水冲洗，并用浓度为3%左右的碳酸氢钠溶液淋洗。涉及使用浓硫酸的实验项目，实验指导老师应提前准备好碳酸氢钠淋洗液，并告知所有学生应急措施和应急物品位置。对于实验中需要使用的各类仪器设备，也应做好安全使用培训，如马弗炉、烘箱、高压蒸汽灭菌锅等高温设备，或高速冷冻离心机、搅拌器等机械设备，提前查阅仪器使用说明书及注意事项，明确操作要点与可能存在的安全风险，避免因错误操作而造成危害。

1.4.2 实验安全标识

根据《安全标志及其使用导则》（GB 2894—2008），安全标志是用以表达特定安全信息的标志，由图形符号、安全色、几何形状（边框）或文字构成。安全标志是向工作人员警示工作场所或周围环境的危险状况，指导人员采取合理行为的标志。安全标志能够提醒工作人员预防危险，从而避免事故发生；当危险发生时，能够指示人们采取正确、有效的应对措施，对危害加以规避或遏制。安全标志不仅类型要与警示内容相吻合，而且放置位置应正确合理，以期真正实现警示作用。实验室常见的安全标志包括：

（1）实验室安全信息牌

实验指导老师应根据实验室规划与实际使用情况，标注可能存在的危险源，如生物安全、电离辐射、化学危害等，见图1-4（a）。

（2）实验室分区标识

通常会设有"危险废物暂存点"（用于临时存放废液、废瓶和医疗垃圾），"危险化学品存放区"（摆放酸碱柜、防爆柜等）和"应急救援区"（配有喷淋系统、洗眼装置、急救药箱等），见图1-4（b）。

（3）仪器设备安全标识

常见的有"注意高温""当心低温"等，见图1-4（c）。

（4）化学试剂瓶和气瓶的安全标识

常见的有"易燃""易爆""毒性""腐蚀""易燃气体""有毒气体"等。学生必须熟识所有实验室安全标识，并严格遵守规范和做好相应的保护措施，见图1-4（d）。

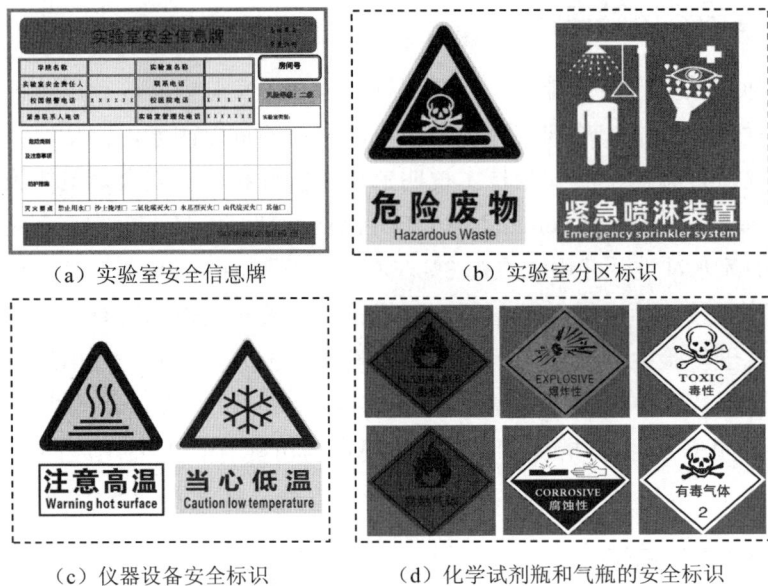

（a）实验室安全信息牌　　　　　　（b）实验室分区标识

（c）仪器设备安全标识　　　　　（d）化学试剂瓶和气瓶的安全标识

图 1-4　实验室安全标识图示

1.4.3　实验室卫生与日常管理

为加强实验室环境管理并为师生提供舒适、整洁的实验教学环境，需建立行之有效的实验室卫生与日常管理制度。

1）有毒有害实验区与学习区明确分开且布局合理。

2）实验区内严禁饮食、睡觉、办公等活动，禁止存放和烧煮食物，禁止吸烟，不使用可燃性蚊香。

3）实验室物品摆放有序，卫生状况良好，实验完毕物品归位。

4）不能堆放板箱、废旧电脑、废旧仪器、废旧家具等废弃物品。

5）实验过程产生的废弃物应及时清理并妥善处置。

6）设置实验室卫生安全值日表及《每日安全检查记录本》，有执行记录，最后一个离开实验室的同学进行登记。

7）实验室有《每日进出登记》，每一位进出实验室的同学都要登记。

8）实验室应配备急救物品，保证物品完备且不能过期。

1.4.4　实验室基础安全

（1）用电安全

禁止使用接线板以及多个接线板串接供电；大功率仪器（如马弗炉、立式蒸汽灭菌器等）需使用专用插座或空开开关，用电负荷应满足要求；实验结束后，及时切断电源；

如遇电线着火，切勿用水或泡沫灭火器灭火，应立即切断电源，用砂或二氧化碳（CO_2）灭火器灭火。

（2）用水安全

确保各类连接管无老化破损（特别是冷却冷凝系统的橡胶管接口处），定期检查阀门是否正常工作；杜绝自来水龙头开着时人离开的现象，确保实验台和地面无积水；实验结束后，及时切断水源。

（3）安全设施

实验室必须配备灭火器、灭火毯、消防砂等，灭火器应保证在有效期内，保险销正常，瓶身无破损、腐蚀；实验室配有喷淋系统及洗眼装置，应熟悉如何正确使用并定期检查是否可正常工作；通风柜内不得堆放杂物，可视窗开至离台面 10～15 cm，柜内物品应距离门内侧 15 cm 以上。

（4）个人防护

凡进入实验室的人员需穿着质地合适的长袖实验服或防护服，不可穿拖鞋、短裤，女生不可披头散发；按需佩戴防护眼镜（如进行化学实验、有危险的机械操作等）；选择和佩戴正确的防护手套（涉及不同的有害化学物质、病原微生物、高温和低温等）。

1.4.5　化学试剂安全常识

1）为了防止误服化学药品而中毒，严禁在实验室内饮食、吸烟，或将食具带进实验室，或以实验容器当水杯、餐具使用。在实验中，不要用手触碰脸、眼睛等部位。实验完毕，必须洗净双手。

2）绝对不允许随意混合各种化学药品，以免发生意外事故。

3）实验中涉及易燃易爆气体，要注意开门窗，保持室内空气流通，严禁使用明火或敲击、开关电器（防止产生火花）。

4）对于强氧化剂如过氧化氢（H_2O_2）等，使用时要特别注意，高浓度的 H_2O_2 具有强腐蚀性，使用时应注意佩戴手套，避免直接接触皮肤，应避免 H_2O_2 与某些无机药剂接触，例如汞的氧化物，会与 H_2O_2 反应发生猛烈爆炸。臭氧对普通橡胶和金属制品具有腐蚀作用，与其接触的容器、管道、扩散器均要采用不锈钢、陶瓷、聚氯乙烯塑料等耐腐蚀材料或做防腐处理。若采用臭氧法处理废水实验，处理尾气中往往仍含有一定量的臭氧，可以利用自然通风或强制通风方式降低臭氧对人体健康的危害。

5）易燃易爆有机溶剂（如乙醇等）使用时必须远离明火和热源，在通风柜内进行实验，使用完毕应立即盖紧瓶塞。

6）刺激性溶剂（如浓酸等）使用时需注意保护眼睛，必要时戴上防护镜，防止眼睛受刺激性气体的熏染，更要防止化学药品等异物进入眼内。稀释酸、碱时（特别是浓硫酸），应将它们沿容器壁慢慢倒入水中并不断搅拌，使产生的热量迅速扩散，而不能反向进行，以免迸溅。加热试管时，保持与桌面成45°角倾斜，确保加热均匀，切记不要使试管口对着自己或别人。不要将碳酸钠、碳酸钾、碳酸氢钠或碳酸氢钾与酸一起倒在废液缸内，以免产生大量泡沫而使缸内废液溢出废液缸，污染实验室地面。

7）不要俯向容器去嗅闻溶液释放的气味，面部应远离容器，用手将逸出容器的气体慢慢地扇向自己的鼻孔。涉及有毒气体（如 H_2S、HF、CO、NO_2、SO_2、Br_2 等）的实验项目，必须在通风柜内进行。

8）有毒药品（如重铬酸钾、钡盐、铅盐、砷的化合物、汞的化合物，特别是氰化物）需专柜保存并专人专用，应由实验指导老师进行试剂配制，并进行使用管控。使用时必须戴橡胶手套，操作后应立即洗手。

9）金属汞易挥发并通过呼吸道进入人体，逐渐积累会引起慢性中毒。涉及金属汞的实验应特别小心，不得将金属汞洒落在桌上或地上。一旦洒落，必须尽可能收集起来，并用硫黄粉盖在洒落位置，使金属汞转变成不易挥发的硫化汞。

1.4.6　气瓶使用安全规范

1）钢瓶使用时应装减压阀和压力表。可燃性气瓶（如 H_2、C_2H_2 等）的气门螺栓应为反丝，而不燃性或助燃性气瓶（如 N_2、O_2 等）应为正丝。气瓶上必须显著标注气体类型并挂牌标明"满瓶""空瓶"或"使用中"。

2）开启总阀门时，不要将头或身体正对总阀门，防止气体从阀门或压力表中冲出伤人。

3）钢瓶停止使用时，先关闭总阀门，待减压阀中余气逸尽后，再关闭减压阀，逆时针旋转调压手柄直至螺杆松动为止。

4）钢瓶应存放在阴凉、干燥、远离热源的地方，氧气等助燃气体钢瓶应与可燃性气瓶分开存放。

5）不要让油或易燃有机物沾染气瓶，特别是气瓶出口和压力表上。

6）不可把气瓶内气体用光，以防重新充气时发生危险。

1.4.7　废弃物处置规范

（1）废液

①使用专用废液桶，对化学废弃物进行分类收集与存放，应避免将易产生剧烈反应的废弃物混放。

②贴好专用标签，按要求填写相关内容，盖子不敞开，必须有内、外双盖。

③废液要有专门的倾倒记录本，每次倾倒都必须登记。

④不可超过废液桶最大盛装量，并及时处理处置，不要存放大量废液或其他废弃物。

⑤实验室内化学实验固体废物和生活垃圾不混放，不向下水道倾倒废旧化学试剂和废液。

（2）废玻璃

破损的玻璃器皿应采用纸箱包装，确保纸箱密封牢固，贴固体废物标签。

（3）医疗垃圾

使用专用利器盒存放刀片、针头、安瓿瓶等利器，贴医疗垃圾标签，外面套黄色医疗垃圾袋，打结封口；注射器、离心管等非利器，可直接用黄色医疗垃圾袋包装，打结封口，袋子上贴医疗垃圾标签。

1.5　实验室事故处理方法

（1）起火

起火时立即选择正确的灭火方式进行灭火，防止火势蔓延。一般的小火用湿布、石棉布或沙子覆盖燃烧物；火势大时可使用泡沫灭火器；电器失火时切勿用水泼救，以免触电，而应首先切断电源，用四氯化碳（CCl_4）灭火器；若衣服着火，切勿惊慌乱跑，应尽快脱下衣服，或用石棉布覆盖着火处，或立即就地卧倒打滚，或迅速以大量水扑灭；汽油、乙醚等有机溶剂着火时，用沙土扑灭，绝对不能用水，否则会扩大燃烧面；此外，应根据火情决定是否要向消防部门报告。

（2）割伤

伤口不能用手抚摸，也不能用水洗涤。应先去除伤口中的玻璃碎片或固体物，用 3%H_2O_2 清洗后涂上紫药水或碘酒，再用绷带扎住。大伤口则应先按紧主血管，以防大量出血，并立即送医务室。

（3）烫伤

轻微烫伤可涂抹甘油或者用蘸有酒精的棉花包扎伤处进行应急处置；烫伤较重时，立即用蘸有饱和苦味酸溶液或饱和高锰酸钾（$KMnO_4$）溶液的棉花或纱布贴上，并立即去医务室处理。

（4）酸灼伤或碱灼伤

酸灼伤时，应立即用大量水冲洗，再用 3%碳酸氢钠（$NaHCO_3$）溶液或肥皂水处理；碱灼伤时，水洗后用 1%冰醋酸溶液或饱和硼酸溶液冲洗。

（5）酸或碱溅入眼内

酸液溅入眼内时，立即用大量自来水冲洗眼睛，再用 3% $NaHCO_3$ 溶液洗眼；碱液溅入眼内时，先用大量自来水冲洗眼睛，再用 10%硼酸溶液洗眼。最后均用蒸馏水将余酸或余碱洗净。

（6）皮肤被溴或苯酚灼伤

应立即用大量有机溶剂（如酒精或汽油）洗去溴或苯酚，最后在受伤处涂抹甘油。

（7）吸入刺激性或有毒气体

吸入 Cl_2 或 HCl 气体时，可吸入少量乙醇和乙醚的混合蒸气进行解毒；吸入 H_2S 或

CO 气体而感到不适时，应立即到室外呼吸新鲜空气。应注意 Cl$_2$ 或 Br$_2$ 中毒时不可进行人工呼吸，CO 中毒时不可使用兴奋剂。

（8）误服毒物

将 5～10 mL 5%硫酸铜（CuSO$_4$）溶液加入一杯温水中内服后，把手指伸入咽喉部，催吐出毒物，然后立即送医务室。

（9）触电

首先切断电源，然后在必要时进行人工呼吸与急救。

第 2 章

实验设计

实验设计是科学研究过程中最为关键的环节，是指在规划和准备过程或研究中，以及在数据收集、分析和解决问题过程中，将实验研究的关键因素（包括实验条件、质量管控、信息获取等）纳入考量范围，以期达成实验目的。水污染控制工程实验涉及物理、化学和生物等相关实验内容，有单因素、双因素和多因素实验，有验证性、设计性、探究性、演示性等不同实验设计类型。其需要达成的实验目的和需要采用的实验条件均不相同，因此开展科学合理的实验设计尤为重要。从实验教学角度出发，实验设计环节的另一个重要目的是通过合理的实验安排，以最少的人力、物力和时间取得理想的实验教学效果，使学生能够明确实验目的，掌握实验原理，获得个人能力的提高。因此，实验指导老师需要依据实验教学目标，确定实验内容，筛选实验变量，选择测试仪器、制订实验方案、完善数据处理等内容，并通过多年的教学实践不断优化实验设计方案。

在水污染控制实验教学过程中，验证性实验着重培训学生掌握基本实验操作，指导学生按照已有方案开展实验，对理论知识进行验证并加深理解。演示性实验不需要学生亲自操作，通过实验指导老师设计演示过程以及学生观察实验现象，加深学生对理论知识的认识和理解。因此，验证实验是实验教学的核心内容，实验指导老师应首先明确验证性实验内容，并在此基础上进一步确定演示性实验内容，以期较为全面地涵盖全部教学目标。与验证性和演示性实验相比，设计性和探究性实验在培养创新能力方面更具优势，具有启迪性和教育性。可针对实际工程问题，自主开展文献调研并设计形成解决方案，开展实验研究获取应用数据，在提出问题—分析问题—解决问题过程中，掌握基础和高阶实验技能，培养学生的独立思考能力和综合创新能力。

实验设计的核心在于针对专业理论和生产实践中具有代表性的问题，建立科学合理的实验方案，强调理论构建和实践创新并重，有机整合科学方法和技能应用，在实践过程中，不断对实验目标、实验方法和技术手段进行修正、完善和优化，以达到更理想的实验效果。因此，深入理解实验设计的核心思想和关键内容，并将其应用于实验教学中，对于培养、造就堪当历史使命的新一代高素质环境专业科研技术人员具有重要意义。

2.1 目的

实验设计是科学研究的具体实施方案，是进行实验和统计分析的先决条件，是实验研究获得预期结果的重要保证。一个科学合理的实验设计方案，不仅能够依据研究目的规划具体的研究内容以及所要采取的研究方法，而且能够以较少的人力、物力、财力和时间开展实验研究，提高实验成功率，获得可靠的研究结果。

科学合理的实验设计应做到以下几点：

①在保障实验目的达成的前提下，尽可能精简实验过程，以较少的人力、物力、财力和时间开展实验研究。

②实验数据要便于分析和处理，并能完成数据分析能力的考查。

③通过实验结果的计算、分析和处理，为下一步实验提供方向指引。

④实验结果要具有可靠性和说服力。

下面以生化需氧量（biochemical oxygen demand，BOD）的测定加以说明。

BOD 是指在一定条件下，微生物分解存在于水中的可生化降解有机物所消耗的溶解氧（dissolved oxygen，DO）的数量，以 mg/L 或%表示，是反映水中有机污染物含量的重要指标。若要测定最终生化需氧量（BOD_u）和生化反应速率常数 k_1，需对 BOD 这一指标进行长达 20 d 的测定。如何在保证实验结果正确的基础上，尽可能地减少测定时间，将直接影响该指标的应用效能。首先，生化降解耗氧过程遵循一级反应模型（图 2-1），BOD 数值在测试初期变化显著，而后期变化趋于缓慢，如果采用固定时间间隔的采样方式，前期难以有效描述曲线变化趋势，后期则易造成数据点浪费。其次，依据微生物降解原理，底物比降解速率与底物浓度具有明显相关性，当底物浓度较低时，底物比降解速率处于一级反应区，随着底物浓度增加，底物比降解速率明显增加；当底物浓度较高时，底物比降解速率处于混合反应区，随着底物浓度增加，底物比降解速率增加幅度变缓；当底物浓度达到较高值时，底物比降解速率进入零级反应区，继续提高底物浓度，底物比降解速率不再增加（图 2-2）。总体来说，在 BOD 测试周期内，随着测试时间的增加，有机物（底物）浓度逐渐降低，微生物降解有机物速率会逐渐降低，导致 BOD 增加幅度逐渐趋缓，采用差异性取样点设置更为合理。然后，从水污染控制工程角度出发，BOD 数值变化曲线会受到水质条件的影响，与是否含有有毒有害成分、实验微生物是否驯化、实验进水稀释倍数等有关。图 2-3 中曲线 A 为生活污水的 BOD 曲线，曲线 B 为驯化较慢的工业废水 BOD 曲线，曲线 C 为未接种驯化的工业废水 BOD 曲线，曲线 D 为未经驯化或含有有毒有害物质废水的 BOD 曲线。因此，在绘制 BOD 变化曲线时，也应充分考虑污水水质特征，进而设置合适的取样时间点。

这一实例说明，在 BOD 测试实验开始前，需充分了解污水水质特征，结合理论知识和相关研究进展，采用科学合理的实验方法，才能最大限度减少实验工作量，并获得合理的实验结果。如采用均匀时间节点取样或取样点安排不合理，会导致实验结果误差较大，造成人力、物力和时间的浪费，难以提高实验研究效率。如实验进水稀释倍数不合理或接种微生物未经驯化，则难以获得正确的实验结果，进而无法达到预期目的。

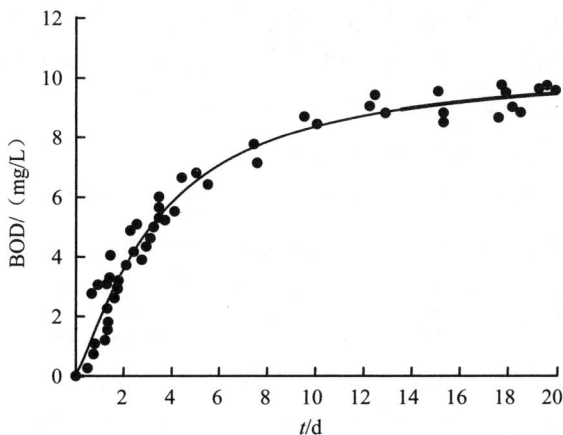

图 2-1　有机物的生化降解曲线

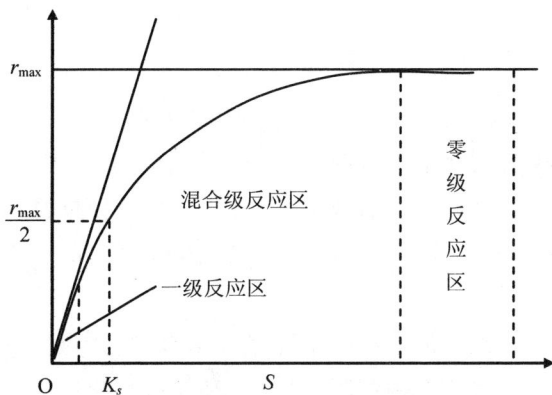

图 2-2　底物比降解速率与底物浓度的关系　　图 2-3　不同水样 BOD 随培养时间的变化曲线

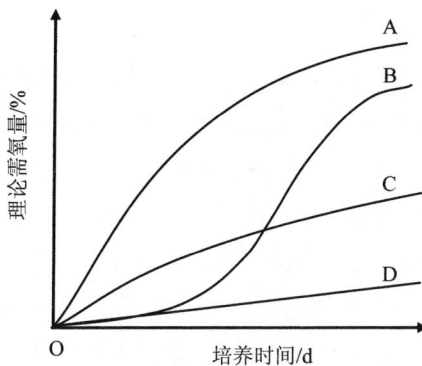

2.2　基本概念

2.2.1　指标

在实验设计中，依据实验目的而选定的用来衡量实验效果好坏的质量特性称为实验指标，简称指标。例如，在进行活性污泥评价指标测定实验时，可将活性污泥的显微观察、活性微生物量、沉降性能、脱水性能等作为评价活性污泥优劣的重要指标，对活性污泥法能否发挥最大效果进行有效评价。

2.2.2 因素

在实验过程中，对实验指标可能产生影响的条件都称为因素。通常把研究过程中影响实验指标的因素称为实验因素；把除实验因素外其他所有对实验指标有影响的因素称为条件因素，又称实验条件。实验过程中的因素可分为可控因素和不可控因素。可控因素是指在实验中可以人为调节和控制的因素，如曝气充氧实验中还原剂和催化剂的投药量、曝气转速等。不可控因素是指由于技术、设备和自然条件的限制，难以通过实验进行最优化控制的因素。例如，在分析测试中，环境参数、操作人员素质、仪器精确度和误差等均难以严格控制。实验设计一般只适用于可控因素。

对于任何一个实验研究内容，实验因素通常不止一个，但由于人力、物力和时间的限制，无法对所有实验因素均加以考察。有的因素对实验结果的影响已有较为清晰的认识，或对实验结果影响较小，可暂不考察，而对于未知的、影响实验结果的关键因素则需要加以考察。实验时，除了考察因素，其他因素均保持不变的实验，称为单因素实验；同时考察两个因素的实验，称为双因素实验；同时考察两个以上因素的实验，称为多因素实验。

2.2.3 水平

在实验过程中，为考察实验因素对实验指标的影响情况，要人为将实验因素设置为不同的状态。把实验因素所处的各种状态称为因素水平，简称水平。某个因素在实验中需要考察几种状态，就称它是几水平的因素。例如，在活性炭或其他吸附材料对染料的吸附实验中，将染料浓度设为考察因素，并设置了 6 个水平，即 10 mg/L、20 mg/L、50 mg/L、100 mg/L、150 mg/L 和 200 mg/L。

可采用数量表示水平的因素，称为定量因素。凡是不能用数量表示水平的因素，均称为定性因素。例如，在混凝沉淀实验中，要比较哪种混凝剂效果较好时，混凝剂种类就代表混凝剂这个定性因素的各个水平。对于定性因素，只要对每个水平规定具体含义，就可与定量因素一样对待。

2.3 步骤

2.3.1 明确实验目的与实验指标

实验研究需要解决的问题一般不止一个，且彼此常常相互关联。例如，活性污泥法处理生活污水时，衡量其处理效果的指标可包括 COD、BOD_5、总氮、氨氮、总磷、悬浮颗粒物（suspended solid，SS[①]）及微生物等。实验前应首先明确需要解决的核心问题是

[①] SS，悬浮物（suspended solids 的缩写），指水中悬浮的固体颗粒物质，包括悬浮颗粒、泥沙、有机物和无机物等。

什么，并依次选择相应的实验指标。

2.3.2　挑选实验因素

在明确实验目的和确定实验指标后，要依据理论知识或实践应用经验，系统归纳分析影响实验指标的各个因素，从所有影响因素中排除已经掌握或影响不大的因素，筛选出对实验指标有较大影响的因素进行考察，同时将非考察因素固定在某一水平上。例如，在 Fenton 氧化处理染料废水实验中，需要解决的问题是染料降解率和脱色率的差异性，确定了降解率（以 COD 进行衡量）和脱色率（以 UV 吸光度进行衡量）作为最主要的指标，选择的因素包括 Fe^{2+} 浓度、H_2O_2 用量、pH 和反应时间等。随后通过单因素控制实验，逐一确定每个因素的最佳水平，如控制 H_2O_2 用量、pH 和反应时间，考察 Fe^{2+} 浓度与染料降解率和脱色率的关系，以此评估 Fe^{2+} 浓度这一因素对 Fenton 氧化降解染料废水效果的影响。

2.3.3　选定实验设计方法

实验设计的方法很多，有单因素、双因素、正交、析因分析、序贯实验设计等。各种实验设计方法的目的和出发点不同，在进行实验设计时，应根据研究对象的具体情况选择适宜的方法。例如，对于单因素问题应选用单因素实验设计法；3 个以上因素的问题，可选择单因素实验设计法，也可以选择正交实验设计法；若要进行模型筛选或确定已知模型的参数时，可采用序贯实验设计法。

2.3.4　确定实验仪器设备与分析方法

设计好实验方案后，需要对实验所需仪器设备逐一进行排查，确保仪器设备处于正常状态，做好相应调试及校准工作，同时核查实验室已有试剂耗材是否满足实验开展的需求，提前做好相应的采购储备工作。

2.3.5　拟定实验操作程序

为确保实验顺利开展，需要提前完成预实验并开展风险评估工作，设置好预习内容，让每个参与实验的学生充分熟悉实验原理、实验流程、仪器使用规范及注意事项，明确实验中所涉及的实验操作和试剂存在的潜在安全风险，提出可行的应对措施。同时，切实落实好实验安排（包括操作程序、工作分工等），使工作、任务和职责具体到人。

2.4　应用

在科学研究和应用实践中，实验设计方法已得到广泛应用，具体如下：

（1）基于理论或数学模型合理设计实验

针对已有理论或数学模型，确定参数变量及其变化范围，并以较少的实验次数或较短的实验时间获得较精确的实验结果。例如，基于吸附等温线模型研究结果，设计吸附工艺参数。以生物质材料吸附处理微污染水的实验为例，滑菇菌株对有机物的吸附符合 Freundlich 模型，其吸附等温线方程为 $q = 7.432\,8C^{0.959\,8}$，相关系数为 0.962 7，等温线常数 K 和 $1/n$ 分别为 7.432 8 和 0.959 8，等温线的有机物 COD_{Mn} 值为 0.5～3.0 mg/L。当微污染水测得的 COD_{Mn} 浓度为 0.5～3.0 mg/L 时，就可以依据吸附等温线公式，结合进水 COD_{Mn} 浓度计算滑菇菌株的理论投加量，后按 120%～150% 的理论投加量进行微污染水吸附处理，进水 COD_{Mn} 浓度越高，其过量投加比例也越高。

（2）基于实验研究与生产需要设计实验

为了达到优质、高效、减污、降耗等目的，常需通过实验设计将关键因素控制在适宜范围。例如，混凝剂是水处理工艺中的常用药剂，其投加量会因水质特征、污染物浓度、共存物质、pH 等具体情况不同而异，进而直接影响处理效果和应用成本。以某自来水厂水源铬污染的应急处理为例。原水水温：10℃，COD_{Mn} 浓度：1.20～1.95 mg/L，pH：6.98，浊度：2.6 NTU，色度：25，Cr^{6+} 浓度：0.06～0.12 mg/L，需通过小试实验快速确定水厂现有技术条件下的应急处理方法，保证水厂供水水质。依据水厂现有工艺和技术，拟投加 5 mg/L、10 mg/L、15 mg/L、20 mg/L、25 mg/L 和 30 mg/L 聚合氯化铝（PAC），混凝参数为快速搅拌（400 r/min）30 s、中速搅拌（200 r/min）150 s、慢速搅拌（60 r/min）600 s 后，静置 30 min，取上清液过 0.45 μm 滤膜，检测残余 Cr^{6+} 浓度、COD_{Mn}、浑浊度、色度和 pH。结果发现，随着 PAC 投加量增加，Cr^{6+} 的去除率有较大幅度提高，但投加量高于 20 mg/L 后，效果提升不明显，且出水中 Cr^{6+} 浓度均超过允许值（0.05 mg/L）。究其原因，可能与 PAC 形成的絮体密实度不足有关。于是在原实验的基础上，同步增加氯化铁混凝剂，PAC 与氯化铁质量比设置为 7：3，投加总量为 20 mg/L 时，Cr^{6+} 去除率较单一投加 PAC 时有所改善，但出水中 Cr^{6+} 浓度仍未能达标。为进一步提高混凝对 Cr^{6+} 的去除效果，选择添加高分子混凝剂（PAM），设定投加量为 0.2 mg/L、0.4 mg/L、0.6 mg/L、0.8 mg/L 和 1.0 mg/L。结果发现，当 PAM 投加量达到 0.6 mg/L 时，出水中 Cr^{6+} 浓度达到了《生活饮用水卫生标准》（GB 5749—2022）的要求，为饮用水水源铬污染应急处理提出了一种切实可行的应急处理方案。

可见，实验设计是在理论知识和应用实践经验的基础上提出初步方案，然后依据实验结果不断进行优化改进，每次优化过程均是一个完整的实验设计过程。

2.5　单因素实验设计

实验中只有一个影响因素，或虽有多个影响因素，但在实验时只考虑一个对指标影响最大的因素，其他因素尽量保持不变的实验，称为单因素实验。在科学研究和生产实践中，为厘清混杂因素对结果的影响，在节约人力、物力和时间的考虑下快速找到各因素最佳水平点，常采用单因素实验设计法，具体方法有均分法、抛物线法、分批实验法、对分法、黄金分割法（也称 0.618 法）、分数法等。

2.5.1 均分法和抛物线法

均分法常用于具有一次线性关系的单因素实验研究，根据精度要求和实际应用情况，均匀地安排实验点，在每个实验点上进行实验并相互比较以求得最优值。在对考察因素的水平情况没有全面掌握的情况下，均分法是最为简单的，也可以作为预实验确定考察因素的合理实验范围。均分法的优点是得到的实验结果可靠、合理，适用于实验室小试研究和应急研究，如通过混凝六联搅拌器可一次性获得 1 个因素 6 个水平的实验样品，缺点是因素的水平设计较多或实验的取样点较多时，实验分析的工作量较大。

抛物线法又称二次插值法，常用于具有二次和多次线性关系的单因素实验研究，是用二次插值函数逼近未知函数而求解问题的方法。在结构优化方面是利用搜索区间内 3 个实验点测得的数值构造二次函数，从而求算其极值，以此作为下次实验的依据。例如，在 Fenton 氧化降解染料的实验中，考察最佳反应时间，设置 0.5 h、1.0 h 和 1.5 h 3 个实验点，染料去除率依次为 80.6%、96.7% 和 85.3%，说明 1.0 h 的反应时间效果最好，但是否有进一步提高去除率的可能性，需要在 1.0 h 附近安排实验；此时可采用抛物线法，根据 $y = ax^2 + bx + c$，将 3 组数据代入方程式，可求 a、b、c 的值，进而求出极大值，对应的反应时间可作为最佳反应时间开展后续实验或应用。

相较于均分法，抛物线法是在已有实验结果的基础上，有针对性地改进实验方案，以尽可能少的实验次数获得理想结果。

2.5.2 分批实验法

分批实验法是一种单因素优选法。若单次实验结果需要较长的时间才能得到，或者样品检测成本较高，且多个样品检测与单个样品检测所花的时间或代价相近，采用分批实验法最为合适，该方法可分为均分分批实验法和比例分割分批实验法两种。这里仅介绍均分分批实验法。

均分分批实验法是指在实验范围内，均等划分，以划分点为实验点，对比结果后留下较为理想的实验范围。再在此范围内均匀分成数份，重复上述实验，直至在窄小的范围内等分点结果较好且接近时，可终止实验并以此作为最优值。这种方法的优点是实验耗时短，但总的实验次数较多。例如，已知实验范围为 (a, b)，设定每批做 5 个水平的实验，即需将实验范围 (a, b) 均分为 6 份，在其 5 个分点 x_1、x_2、x_3、x_4、x_5 处做 5 个实验，将 5 个实验样本同时进行检测分析。如果 x_3 好，则去掉小于 x_2 和大于 x_4 的部分，在 (x_2, x_4) 范围内重新均分 6 份，并逐步缩小实验范围，直至找到最佳点。由于这种方法每批要取 5 个实验点，第 1 次实验后能确定的有效范围缩小为 1/3，以后每次实验后缩小为前次余下的 1/3（图 2-4）。

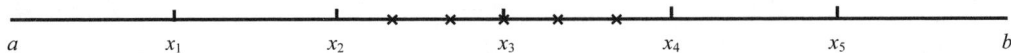

图 2-4　分批实验法示意图

2.5.3　对分法、0.618 法和分数法

相比分批实验法，对分法、0.618 法和分数法每次仅依据数学原理选定 1 个实验点。对分法的实验点为实验范围的中点，0.618 法的实验点为黄金分割点，分数法的实验点则是根据数列原理确定。对于实验周期过长，难以密集设计实验次数寻找适宜条件的实验，采用这 3 种方法更为合适。

（1）对分法

对分法是指重复地在因素变化范围的中点进行实验以取得最优方案的方法。假设实验范围在（a，b）之间，第 1 次实验点就取在（a，b）的中点 $x_1\left(x_1 = \dfrac{a+b}{2}\right)$。若实验结果表明 x_1 取大了，则弃去大于 x_1 的一半，第 2 次实验点安排在（a，x_1）的中点 $x_2\left(x_2 = \dfrac{a+x_1}{2}\right)$。如果第 1 次实验结果表明 x_1 取小了，则弃去小于 x_1 的一半，第 2 次实验点就取在（x_1，b）的中点。该方法适用于预先已了解所考察因素对指标的影响规律，可根据实验结果进一步筛选取值范围，其优点在于每次实验可缩小一半的数值范围。

（2）0.618 法

0.618 法是指在优选时每次将实验点选在因素变化范围的黄金分割点上，按对称规则进行搜索的方法。在实验范围内，实验点位于区间的 0.618（从另一端看是 0.382 = 1−0.618）倍处，且以不变的区间缩短率 0.618，逐步缩小实验范围区间，最终获取最佳点。不同于斐波那契法中每次不同的缩短率，0.618 法采用固定的缩减率。当 $n \to \infty$ 时，0.618 法的缩短率约为斐波那契法的 1.17 倍，故 0.618 法也可看成斐波那契法的近似。0.618 法实施起来较为方便，效果也较好，是优选法中进行单因素实验常用的方法。具体应用方法如下：

设实验范围为（a，b），第 1 次实验点 x_1 选在实验范围的 0.618 位置上，即

$$x_1 = a + 0.618(b-a) \tag{2-1}$$

第 2 次实验点选在第 1 点 x_1 的对称点 x_2 处，即实验范围的 0.382 位置上：

$$x_2 = a + 0.618^2(b-a) \tag{2-2}$$

设 $f(x_1)$ 和 $f(x_2)$ 表示 x_1 与 x_2 两点的实验结果，且 $f(x)$ 值越大，效果越好，则存在以下 3 种情况：

①如果 $f(x_1) > f(x_2)$，根据"留好去坏"的原则，去掉实验范围 $[a, x_2]$ 部分，在剩

余范围[x_2, b]内继续做实验。

②如果 $f(x_1) < f(x_2)$，则去掉实验范围[x_1, b]部分，在剩余范围[a, x_1]内继续做实验。

③如果 $f(x_1) = f(x_2)$，去掉两端，在剩余范围[x_1, x_2]内继续做实验。

根据单峰函数性质，上述 3 种做法舍弃不合适范围后，均可有效保留最优点。

对于上述 3 种情况，继续进行实验，取 x_3 时，则有

在第 1 种情况下，剩余实验范围[x_2, b]内计算新的实验点 x_3：

$$x_3 = x_2 + 0.618(b - x_2) \tag{2-3}$$

在第 2 种情况下，剩余实验范围[a, x_1]内计算新的实验点 x_3：

$$x_3 = a + 0.618^2(x_1 - a) \tag{2-4}$$

在第 3 种情况下，剩余实验范围[x_1, x_2]，计算两个实验点 x_3 和 x_4：

$$x_3 = x_2 + 0.618(x_1 - x_2) \tag{2-5}$$

$$x_4 = x_2 + 0.618^2(x_1 - x_2) \tag{2-6}$$

然后在 x_3、x_4 范围内安排新的实验，不断缩小范围，最后两个实验结果趋于接近，即可停止实验。

（3）分数法

分数法又叫斐波那契数列法，这个数列从第 3 项开始，每一项都等于前两项之和：1，1，2，3，5，8，13，21，34，55，89……这样一个完全是自然数的数列，当趋向于无穷大时，前一项与后一项的比值越来越逼近黄金分割点 0.618。对于实验点只能取整数或者限制实验次数的情况下，采用分数法较好。由表 2-1 可推导出，当需要做 n 次实验时，等分实验范围的份数为 F_{n+1}，第一次在 $\dfrac{F_n}{F_{n+1}}$ 处，对应精度为 $\dfrac{1}{F_{n+1}}$。

表 2-1 分数法实验点位置与精确度

实验次数	等分实验范围的份数	第 1 次实验点的位置	精确度
2	3	2/3	1/3
3	5	3/5	1/5
4	8	5/8	1/8
5	13	8/13	1/13
6	21	13/21	1/21
7	34	21/34	1/34
……	……	……	……
n	F_{n+1}	F_x/F_{n+1}	$1/F_{n+1}$

在分数法中，可用式（2-7）、式（2-8）计算实验点：

$$第 1 个实验点 =（大数-小数）\times \frac{F_n}{F_{n+1}} + 小数 \tag{2-7}$$

$$新实验点 =（大数-中数）+ 小数 \tag{2-8}$$

式中，中数为已试的实验点数值。新实验点安排在余下范围内与已试点相对称的点上，具体见图 2-5。

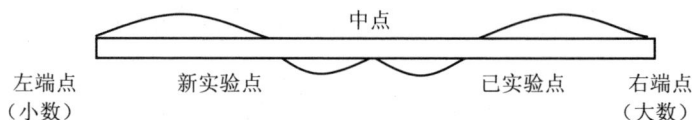

图 2-5　分数法实验点位置示意图

2.6　双因素实验设计

对于同时存在两个影响因素且相互关联的实验，往往采用降级法（把两个因素削减为一个因素）来解决，也就是先固定第一个因素做第二个因素的实验，再固定第二个因素做第一个因素的实验。

（1）好点实验法

该方法是先将一个因素如 x 固定在实验范围内的某一点 x_1（0.618 或中点处），然后根据另一因素 y 的已知特点，选择上述的任一种方法对其进行单因素考察，确定好点 A_1（x_1，y_1）；再在 y_1 点处，对因素 x 进行单因素考察，获得好点 A_2（x_2，y_1）。若 $x_2<x_1$，因为 A_2 比 A_1 好，可以去掉大于 x_1 的部分，如果 $x_2>x_1$，则去掉小于 x_1 的部分。然后，在剩下的实验范围内，再从最佳点 A_2 出发，把 x 固定在 x_2 处，对因素 y 进行实验，得到好点 A_3（x_2，y_2），重复以上步骤，直至获得最优点（图 2-6）。该方法的关键在于对某一因素进行最优点考察时，另一个因素需固定在上次实验结果的好点上。

（2）平行线法

若两个因素中有一个因素变化不大，宜采用平行线法。设因素 y 不易变动，可先将 y 固定在其实验范围的 0.618 或中点处，过该点作平行于 x 轴的直线，并用单因素方法找出另一因素 x 的最佳点 A_2；对比 A_1 和 A_2，若 A_1 比 A_2 好，则舍弃直线 $y = 0.25$ 下面的部分，然后在剩下的范围内用对分法找出因素 y 的第 3 点 0.625；第 3 次实验将因素 y 固定在 0.625 处或者 0.25 以上部分的 50%处，用单因素法找出因素 x 的最佳点 A_3，若 A_1 优于 A_3，则又可将直线 $y=0.625$ 以上的部分舍弃。重复进行以上操作直至获得满意结果（图 2-7）。

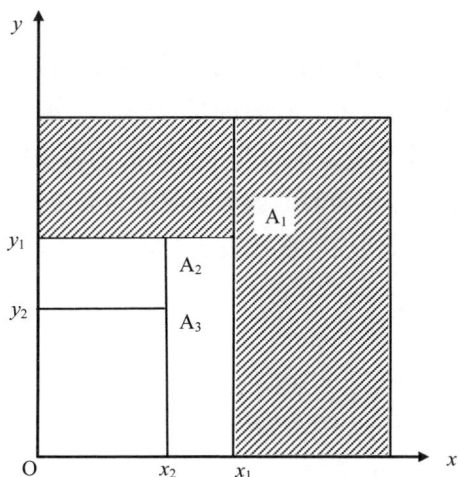

图 2-6 好点实验法示意图

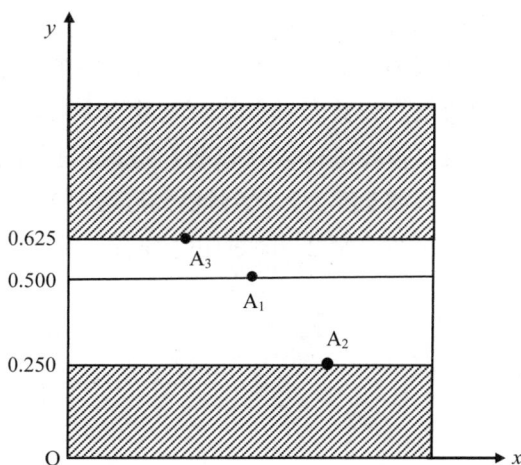

图 2-7 平行线实验法示意图

2.7 正交实验设计

正交实验设计是指研究多因素、多水平的一种实验设计方法。根据正交性从全面实验中挑选出部分有代表性的点进行实验，实验点具备均匀分散、齐整可比的特点。在科学研究和实际生产中遇到的问题一般都较为复杂，存在多个因素且彼此间相互影响，每个因素又均有多个水平。例如，在研究水力条件对混凝效果的影响时，需要考察快搅转速、快搅时间、慢搅转速、慢搅时间这 4 个因素，若每个因素设置 3 种水平（如快搅转速设置为 300 r/min、400 r/min 和 500 r/min 3 个水平），会存在 64 种不同的组合，也就是要经过 64 次实验才能知道哪一种组合更优。但如果采用正交实验设计法，只需要进行 9 次实验便能得到满意结果。正交实验设计通过合理地挑选和安排实验点，可从以下几个方面解决多因素实验存在的突出问题：

①全面实验次数与实验周期（实际可行实验次数）间的矛盾。

②实际所做的有限数量实验与获取实验对象内在规律间的矛盾。

③如何经济高效地研究各因素间相互作用关系并寻求优化工艺组合。

2.7.1 正交表

正交实验设计法是一种研究多因素实验问题的数学方法，主要利用正交表这一工具从所有可能的实验搭配中挑选出若干必需的实验，然后用统计分析方法对实验结果进行综合处理，获取最优结果。

正交表是利用组合数学和概率学原理构建出均衡分散、整齐可比的规格化表格，正交表的设计确保了实验点具有代表性，并且不同实验点之间的数据便于比较，使其在数据分析时呈现高效性。

正交表的一般表示形式为 L 行数（列数），其中字母 L 代表正交表，行数表示需要进行实验的次数，列数表示实验中变量的个数。例如，$L_4(3)$，代表的是一个含有 4 行 3 列的正交表，需要进行 4 次试验，每次实验考察 3 个变量。但有些正交表的列数由底数和指数组成，如 $L_4(2^3)$，括号内的底数"2"表示安排实验时，被考察的因素有 2 种水平，称为水平 1 与水平 2，即表中每列有 2 种数据，指数代表列数（表2-2）。

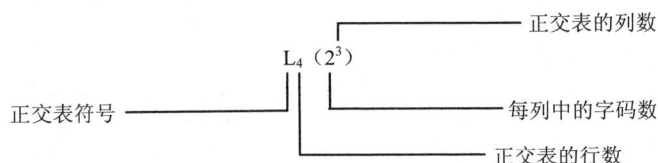

图 2-8　正交表记号示意图

表 2-2　$L_4(2^3)$ 正交表

实验序号	列号			实验结果
	1	2	3	
1	1	1	1	1
2	1	2	2	2
3	2	1	2	3
4	2	2	1	4

当正交表中各因素的水平数不同时，此正交表称为混合水平正交表，其表示方式与前述略有不同。如 $L_{12}(6 \times 2^2)$，它表示有 12 行（要做 12 次实验）、3 列（有 3 个因素），而括号内的第 1 项"6"表示被考察的第 1 个因素是 6 水平，在正交表中位于第 1 列，这一列由 1、2、3、4、5、6 6 种数字组成。括号内第 2 项的指数"2"表示另外还有 2 个考察因素，底数"2"表示后 2 个因素均有 2 个水平，即后 2 列由 1、2 两种数字组成（表2-3）。

表 2-3　$L_{12}(6 \times 2^2)$ 正交表

实验序号	列号		
	1	2	3
1	1	1	1
2	2	1	2
3	1	2	2
4	2	2	1
5	3	1	2
6	4	1	1

实验序号	列号		
	1	2	3
7	3	2	1
8	4	2	2
9	5	1	1
10	6	1	2
11	5	2	2
12	6	2	1

2.7.2 实验步骤

（1）根据实验目的，选定实验指标

（2）筛选因素，确定水平，列出因素水平表

由于影响实验结果的因素较多，无法对每个因素都进行单独考察。对于那些难以明确不同水平间差别的因素，或无法判断其作用的不可控因素，均不能列为被考察因素。对于可控因素则应挑选对指标影响较大且尚未掌握的因素进行考察，特别注意不能固定重要因素。对于选定的因素，可以根据文献调查或已有研究基础确定水平的范围，再结合单因素法，设置实验点数。

（3）选用正交表

通常是根据因素和水平的多少来制定正交表格，比如选定 4 个因素，每个因素均有 4 个水平，则采用 L_{16}（4^4）正交表。但实际情况中，可以根据时间和预算调整水平个数，建议不缩减考察因素，以免影响实验结果的正确性。

（4）获得实验方案

因素及其水平选定后，便可借助软件"正交设计助手"，在软件的工具栏中，点击"实验"，选中"新建实验"，在弹出的"设计向导"框中点击"选择正交表"，在"因素与水平"框中输入相关因素名称和水平数值，点击"确定"，即可获得设计好的正交表（图 2-9）。

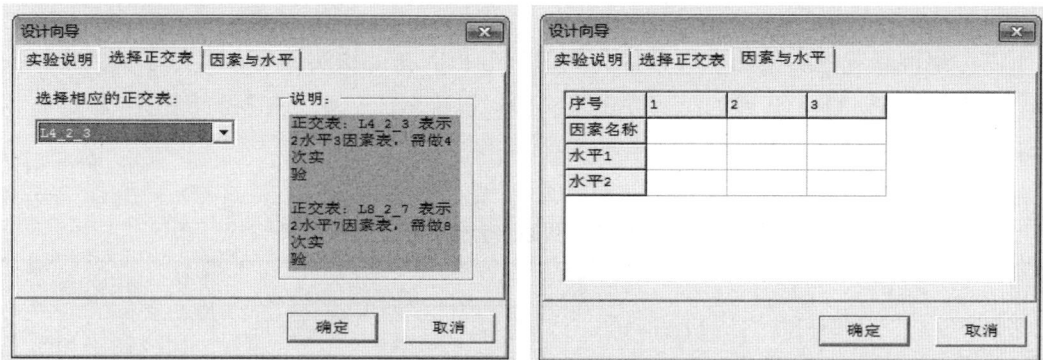

图 2-9　正交设计软件使用示意图

（5）结果分析与讨论

按照正交表进行实验，测定相关指标，并在此基础上运用统计学原理对数据进行分析，并从中得出结论。通过正交实验可以获得以下结论：

①实验中各因素的主次关系。

②确定各因素的最佳水平，获得最优化的因素组合或工艺技术参数。

以 $L_4(2^3)$ 正交实验为例，具体步骤如下：

①实验结束后，应归纳各组实验数据，填入表2-4的"实验结果"栏中。

②计算各列的 K_i、$\overline{K_i}$ 和 R 值，并填入表2-4，其中，

$$K_i（第 m 列）=第 m 列中"i"水平的实验组测得的指标值之和$$

$$\overline{K_i} = \frac{K_i（第 m 列）}{第 m 列中"i"水平的重复次数} \tag{2-9}$$

正交表中 R 为极差，是该列中 $\overline{K_i}$（最大值）与 $\overline{K_i}$（最小值）间的差值。极差是衡量数据波动大小的重要指标，极差越大的因素，说明其对结果的影响越大。

表2-4 $L_4(2^3)$ 表的实验结果分析

实验号	列号			
	1	2	3	实验结果（试验指标）
1	1	1	1	x_1
2	1	2	2	x_2
3	2	1	2	x_3
4	2	2	1	x_4
K_1				$\sum_{i=1}^{n} x$（n=实验次数）
K_2				
$\overline{K_1}$				
$\overline{K_2}$				
R				

以考察混凝脱色实验的水力条件为例进行分析。在此次实验中，考虑了 4 个因素，每个因素有 3 个水平，开展 $L_9(3^4)$ 正交实验，以染料脱色率为指标，测定结果如表2-5所示。

表2-5 混凝脱色实验的水力条件正交实验结果

实验序号	因素				测定指标
	快搅转速/（r/min）	快搅时间/min	慢搅转速/（r/min）	慢搅时间/min	染料脱色率/%
1	300	1	50	15	2.98

实验序号	因素				测定指标
	快搅转速/（r/min）	快搅时间/min	慢搅转速/（r/min）	慢搅时间/min	染料脱色率/%
2	300	1.5	75	20	21.03
3	300	2	100	25	0.96
4	350	1	75	25	31.80
5	350	1.5	100	15	20.44
6	350	2	50	20	40.70
7	400	1	100	20	18.88
8	400	1.5	50	25	28.84
9	400	2	75	15	20.98
K_1	24.97	53.66	72.52	44.4	
K_2	92.94	70.31	73.81	80.61	
K_3	68.7	62.64	40.28	61.6	
$\overline{K_1}$	8.32	17.89	24.17	14.8	
$\overline{K_2}$	30.98	23.44	24.60	26.87	
$\overline{K_3}$	22.9	20.88	13.43	20.53	
R	22.66	5.55	11.17	12.07	

③比较各因素极差 R，列出各因素间主次顺序。从表 2-5 可以看出，考察混凝脱色实验的水力条件时，影响染料脱色率的各因素主次顺序是快搅转速＞慢搅时间＞慢搅转速＞快搅时间。应该注意，实验分析得到的因素主次、水平优劣都是相对于这一具体实验而言的，如果改换到另一实验中，条件发生改变，现有主要因素也可能成为次要因素。

④确定最佳的水平组合。染料脱色率的最高水平条件是 $A_2B_2C_2D_2$。

第3章

实验数据处理与结果分析

水环境是一个复杂、开放的系统，具有成分复杂多变、时间跨度长、空间尺度大等特点。开展水污染防控研究或水污染控制工程实验，需要对一系列参数进行测定并获取原始数据，据此进行科学研究、理论验证和工程技术研发。实践表明，所有实验研究均会存在误差，即实验值与真实值之间存在差异。实验环境、实验条件、实验设备、实验技术、实验方法、实验人员素质水平等都会导致同一项目的多次重复测量结果间出现差异。因此，在完成实验测试后，仍需对测试数据进行分析处理和结果解释，主要目的如下：

①正确处理实验数据，以便在现有实验条件下得到接近真实值的最佳结果。

②合理选定实验结果误差，避免由于误差选取不当造成人力、物力和时间的浪费。

③总结测定结果，得出正确的实验结论，并通过必要的归纳整理（如绘制曲线或得出经验公式）为理论验证提供依据。

④根据实验目的，结合实验结果，为进一步优化实验装置、仪器、条件和方法提供指引。

3.1 基本概念

3.1.1 测试数据的"五性"

从质量保证和质量控制的角度出发，为了使实验数据能够准确地反映实际问题，要求所取得的测试数据具有代表性、准确性、精密性、可比性和完整性。

（1）代表性

代表性是指在具有代表性的时间或地点，按规定的取样要求采集有效样品。所采样品能有效反映被测指标的真实状况。

（2）准确性

准确性是指测试值与真实值接近的程度，会受水样预处理、分析测试等各环节的影响，测试值与真实值越接近，测试越准确。误差是衡量准确度高低的尺度，有绝对误差和相对误差两种表示方法。

（3）精密性

精密性是指平行测试各测试值之间互相接近的程度。各测试值间越接近，测试的精密度越高。精密度的高低以偏差来衡量，偏差表示数据的离散程度，偏差越大，数据越分散，精密度越低；反之，偏差越小，数据越集中，精密度就越高。

精密性通常采用偏差、平均偏差和相对平均偏差、标准偏差和相对标准偏差表示。在进行精密性分析时，常需要取 2 个或 2 个以上不同水平的样品进行测试，并需要保证足够多的测试次数，以提高标准偏差的可靠程度。

重复性、中间精密度及重现性均反映测试结果的精密度，但三者意义不同。重复性是指在同样操作条件下，在较短时间间隔内，由同一分析人员对同一样品测定结果的接近程度；中间精密度是指在同一实验室内，由于某些实验条件改变，如时间、分析人员、仪器设备等，对同一样品测定结果的接近程度；重现性是指在不同实验室之间，由不同分析人员对同一样品测定结果的接近程度。

（4）可比性

可比性是指不同测试方法测定同一水平的样品时，所得出结果的吻合程度。可比性要求各实验室之间对同一样品的测试结果应相互可比，也要求每个实验室对同一样品的测试结果应该达到相关项目之间的数据可比，非特殊情况下，相同项目历年同期的数据也应可比。

（5）完整性

完整性是指测试得到的有效数据的量与在正常条件下所期望得到的数据之间的比较，其强调的是完成整个工作计划，保证按预期计划取得在时间、空间上有系统性、周期性和连续性的有效样品，且完整地获得这些样品的测试结果及其相关信息。

在实验过程中，分析测试结果只有达到这"五性"质量指标的要求，才是真正正确可靠的，也才能保障后续数据处理与结果分析具有权威性和合法性。在水污染控制工程实验研究中，只有取得合乎质量要求的测试结果，才能准确评价水环境污染现状、提出有效的水环境治理技术、发展先进的水污染控制理论和形成完备的水污染防控策略，避免盲目行动对水环境造成不良影响或不良后果，这就是实施分析测试质量控制的重要意义所在。

3.1.2　灵敏度

灵敏度是指某检测方法对单位浓度或单位量待测物质变化所产生响应量的程度，它可以用仪器的响应量或其他指示量与对应待测物质的浓度或含量之比来描述，如分光光度法常以校准曲线的斜率来度量灵敏度。在一定实验条件下，灵敏度具有相对的稳定性，但实验条件的变化会导致其发生改变。

灵敏度的表示方法如下：

（1）校准曲线

通过校准曲线可以将仪器响应量与待测物质的浓度或含量相互关联，其中标准曲线直线部分所对应待测物质浓度或含量的变化范围为该方法的线性范围，用公式表示为

$$Y = ax + b \tag{3-1}$$

式中，Y——仪器响应值；

　　x——待测物质浓度；

　　a——该检测方法灵敏度，即校准曲线的斜率；

　　b——校准曲线的截距。

校准曲线包括标准曲线和工作曲线，前者用标准溶液直接测定，没有经过样品的预处理；而后者所使用的标准溶液经过了与实际样品相同的前处理（如消解、净化等）和测试分析。

样品采用相同测试方法获得信号值（峰面积、吸光度等），依据校准曲线可计算样品浓度或含量。因此，校准曲线绘制得是否准确，直接影响样品分析结果的准确度。此外，校准曲线只可在分析范围内使用，超过分析范围的样品需要稀释后测定，且应避免使用校准曲线边缘区域范围。

校准曲线绘制应注意：

①对标准系列应先做空白，测定结果应扣除空白的干扰，再绘制标准曲线。

②标准溶液应尽量可直接测定，但若样品的预处理易导致污染或损失不可忽略时，应和样品进行同样处理后再测定，并作工作曲线。

③校准曲线的斜率常随环境温度、仪器状态、试剂批号和贮存时间等实验条件的变化而改变。

因此，在测试样品前重新绘制校准曲线最为理想，否则需要同时平行测定零浓度和中等浓度标准溶液各两份，取均值相减后与原校准曲线上的相应点核对，其相对差值根据方法精密度不得大于 5%～10%（视方法不同有差异），否则应首先检查仪器状态，若无法解决则需重新绘制校准曲线。

（2）特征浓度和特征含量

特征浓度和特征含量是指能产生 1%响应信号时所对应的待测物质的浓度或含量，单位为（μg/mL）/（1%A）。特征浓度或特征含量为相对灵敏度，不包含测定时的噪声，常用于火焰原子吸收法分析。

（3）摩尔吸光系数

对于分光光度法，当测量光程为 1 cm，待测物质浓度为 1 mol/L 时，相应待测物质的吸光度值被称为摩尔吸光系数，其数值越大，方法的灵敏度越高。

（4）物质响应值的变化率

在气相色谱分析中，灵敏度是指待测物质的浓度或含量发生变化时，该物质响应值

的变化率。

3.1.3　检出限和定量限

检出限为某特定分析方法在给定的置信度内，待测物质可被检出的最小浓度或最小含量，所谓检出，是指定性检出，即判定样品中存在浓度高于空白的待测物质。国际纯粹与应用化学联合会（IUPAC）规定，检出限是指信号为空白测量值（至少 20 次）标准偏差的 3 倍时所对应的浓度或质量，即置信度为 99.7%时被检出的待测物质的最小浓度或最小含量。值得注意的是，分析方法不同，检出限的规定有所区别。

定量限分为定量下限和定量上限。定量下限是指在满足分析误差要求的前提下，用特定方法能够准确定量测定待测物质的最低浓度或最小含量。IUPAC 规定为信号空白测量值标准偏差的 10 倍所对应的浓度或质量。定量上限是指在满足分析误差要求的前提下，用特定方法能够准确定量测定待测物质的最大浓度或最大含量。

在误差能够满足预定要求的前提下，特定方法的定量下限与定量上限之间的浓度范围，被称为最佳测定范围，在此范围内能够准确定量测定待测物质的浓度或含量。对结果的精密度要求越高，相应的最佳测定范围越小。最佳测定范围应小于方法的适用范围，其分析方法特性关系如图 3-1 所示。

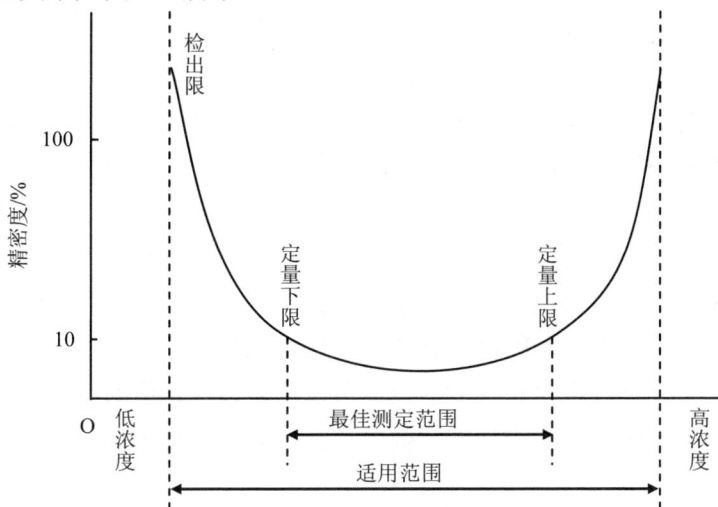

图 3-1　分析方法特性关系

3.2　误差的基本概念

3.2.1　误差的分类

（1）系统误差

系统误差又称可定误差，是由某种确定的原因造成的误差，一般有固定方向（正或负）和大小，重复测定时重复出现。根据系统误差的来源，可将其分为方法误差、仪器或试剂误差及操作误差。

1）方法误差。由不适当的实验设计或实验方法所引起的误差，通常对测定结果影响较大。

2）仪器或试剂误差。由实验仪器本身精度受限或试剂纯度不足等引起的误差。

3）操作误差。由于操作者的主观原因在实验过程中的不正确判断而引起的误差。

在一个测定过程中，上述 3 种误差均可能存在，并且通常是定量的或是定比例的，分别被称为恒量误差和比例误差，它们与被测物的量有关，被测物的量越小，误差将越明显（相对值越大）。因为系统误差以固定的方向和大小出现，并具有重复性，故可用加校正值的方法予以消除。

（2）随机误差

随机误差又称偶然误差，是由测定过程中各种随机因素共同作用造成的。偶然误差的方向（正或负）和大小都是不固定的，因此不能用加校正值的方法减免。偶然误差的出现服从统计规律，即大误差出现的概率小，小误差出现的概率大，绝对值相同的正、负误差出现的概率大体相同，它们之间常能部分或完全抵消。所以，在消除系统误差的前提下，平行测量的次数越多，测量值的均值越接近真实值。因此，适当地增加平行测定次数，取平均值表示测定结果，可以减小偶然误差。

（3）过失误差

过失误差又称错误，是由操作人员工作粗心大意或操作不正确等因素引起的，是一种与事实明显不符的误差。过失误差是可以避免的。

3.2.2　真实值与平均值

实验过程中要做各种测试工作，由于仪器状态、测试方法、环境温度、人员素质能力等都不可能做到完美无缺，我们无法测得真实值。如果对同一样品进行无限多次测试，然后基于正、负误差出现概率相等的假设，可以求得各测试值的平均值，此值为接近真实值的数值。一般来说，由于测试的次数总是有限的，用有限的测试次数求得的平均值只能是真实值的近似值。

常用的平均值主要有算术平均值、均方根平均值、加权平均值、中位值（或中位数）和几何平均值。一般需要依据观测值的分布类型，选择适合的平均值计算方法。

（1）算术平均值

算术平均值是最常用的一种平均值，当观测值呈正态分布时，算术平均值最近似真实值。算术平均值定义为

$$\overline{x} = \frac{x_1 + x_2 + \cdots + x_n}{n} = \frac{1}{n}\sum_{i=1}^{n} x_i \qquad (3\text{-}2)$$

式中，$\bar{x}$——算术平均值；

　　x_i——各次观测值，$i = 1，2，\cdots，n$；

　　n——观测次数。

（2）均方根平均值

均方根平均值应用较少，多用于信号处理、电气工程领域，可反映信号或数据集的"有效值"，在处理交流电信号时尤为重要，主要是由于交流电信号的瞬时值可能随时间变化，其定义为

$$\bar{x} = \sqrt{\frac{x_1^2 + x_2^2 + \cdots + x_n^2}{n}} = \sqrt{\frac{\sum\limits_{i=1}^{n} x_i^2}{n}} \tag{3-3}$$

式中各符号意义同式（3-2）。

（3）加权平均值

若对同一事物用不同方法测定，或者由不同的人测定，计算平均值时，常用加权平均值。计算公式为

$$\bar{x} = \frac{w_1 x_1 + w_2 x_2 + \cdots + w_n x_n}{w_1 + w_2 + \cdots + w_n} = \frac{\sum\limits_{i=1}^{n} w_i x_i}{\sum\limits_{i=1}^{n} w_i} \tag{3-4}$$

式中，w_i——各观测值相应的权数，$i = 1，2，\cdots，n$。各观测值的权数 w_i 可以是观测值的重复次数，观测者在总数中所占的比例，或者根据经验确定。

（4）中位值

中位值是指一组观测值按大小次序排列的中间值。若观测次数是偶数，则中位值为正中两个值的平均值。中位值的最大优点是求法简单。只有当观测值的分布呈正态分布时，中位值才能代表一组观测值的中心趋向，近似于真实值。

（5）几何平均值

如果一组观测值是非正态分布，当对这组数据取对数后，所得图形的分布曲线更对称时，常用几何平均值。几何平均值是一组 n 个观测值连乘并开 n 次方求得的值，计算公式为

$$\bar{x} = \sqrt[n]{x_1 \cdot x_2 \cdot, \cdots, \cdot x_n} \tag{3-5}$$

也可用对数表示为

$$\lg \bar{x} = \frac{1}{n} \sum\limits_{i=1}^{n} \lg x_i \tag{3-6}$$

3.2.3 误差的表示方法

（1）绝对误差与相对误差

绝对误差是指对某一指标进行测试后，测定值与其真实值之间的差值，用以反映测定值偏离真实值的大小，其单位与测定值相同，即

$$绝对误差=测定值-真实值 \tag{3-7}$$

相对误差是指绝对误差与真实值的比值，即

$$相对误差 = \frac{绝对误差}{真实值} \times 100\% \tag{3-8}$$

（2）绝对偏差与相对偏差

绝对偏差是指对某一指标进行多次测试后，某一观测值与多次观测值的均值之差，即

$$d_i = x_i - \bar{x} \tag{3-9}$$

式中，d_i——绝对偏差；

x_i——观测值；

$\bar{x}$——全部观测值的平均值。

相对偏差是指绝对偏差与平均值的比值，常用百分数表示，即

$$相对偏差 = \frac{d_i}{\bar{x}} \times 100\% \tag{3-10}$$

（3）平均偏差与相对平均偏差

平均偏差是指观测值与平均值之差的绝对值的平均值，即

$$\bar{d} = \frac{\sum\limits_{i=1}^{n} |x_i - \bar{x}|}{n} = \frac{\sum\limits_{i=1}^{n} |d_i|}{n} \tag{3-11}$$

式中，$\bar{d}$——平均偏差；

n——观测次数。

相对平均偏差是指平均偏差与平均值的比值，即

$$相对平均偏差 = \frac{\bar{d}}{\bar{x}} \times 100\% \tag{3-12}$$

（4）标准偏差与相对标准偏差

标准偏差（均方根偏差、均方偏差、标准差）是指各观测值与平均值之差的平方和的算术平均值的平方根，其单位与实验数据相同，即

$$S = \sqrt{\frac{\sum\limits_{i=1}^{n} (x_i - \bar{x})^2}{n}} \tag{3-13}$$

式中，S——标准偏差。

在有限观测次数中，标准偏差常用式（3-14）表示：

$$S = \sqrt{\frac{\sum_{i=1}^{n}(x_i - \overline{x})^2}{n-1}} \tag{3-14}$$

由式（3-14）可知，观测值越接近平均值，标准偏差越小；观测值与平均值相差越大，标准偏差越大。

相对标准偏差又称变异系数，是指样本的标准偏差与平均值的比值，前者记为 RSD，后者记为 CV，即

$$\text{RSD（CV）} = \frac{S}{\overline{x}} \times 100\% \tag{3-15}$$

（5）极差

极差是指一组观测值中的最大值与最小值之差，是用以描述实验数据分散程度的一种特征参数，即

$$R = x_{\max} - x_{\min} \tag{3-16}$$

式中，R——极差；

$x_{\max}$——观测值中的最大值；

$x_{\min}$——观测值中的最小值。

在实际应用中，经常会遇到两组观测数据，一组数值较接近，另一组数值较离散，但用平均偏差表示时，两组数据的结果相同。此时，标准偏差则能较好地反映测试结果与真实值的离散程度。平均偏差的缺点是无法表示出各次测试间彼此符合的情况。因为在一组测试中偏差彼此接近的情况下，与另一组测试中偏差有大、中、小 3 种情况下，所得的平均误差可能完全相等。标准偏差对测试中的较大误差或较小误差比较灵敏，能有效体现实验数据分散程度，是表示精密度较好的方法。极差的缺点是只与两极端观测数据有关，而与观测次数无关，用它反映精密度的高低比较粗糙，但其计算简便，在快速检验中可用来度量数据波动的大小。在工程实践中，由于真实值不易测得，常将偏差称为误差。

3.3　实验数据的统计处理

3.3.1　有效数字与运算

（1）有效数字

有效数字是指在分析工作中实际上能测量到的数字，保留有效数字位数的原则是在记录测量数据时，只允许保留一位可疑数（欠准数），即只有数据的末位数欠准，其误差

是末位数的±1个单位。由于仪器精度的限制，对末位数进行估计时加入了实验者的主观因素，因而准确度较差。有效数字不仅能表示数值的大小，还可以反映测量的精确程度。

例如，采用万分之一电子天平称量的最小度量为 0.000 1 g，当其称取的样品质量为1.345 6 g，前 4 位 1.345 为读取的准确数字，第 5 位的"6"为估读数字（或可疑数字），但这 5 位数字都是有效数字。由此可见，有效数字的位数反映了测量结果的准确程度，绝不能随意增加或减少。

实验中观测值的有效数字与仪器、仪表的刻度有关，一般可根据实际估读到 1/10、1/5 或 1/2。例如，滴定管的最小刻度是 1/10（0.1 mL），百分位上是估读值，故在读数时可读到百分位，即其有效数字到百分位。

数字"0"的含义与其在有效数字中的位置有关。当它表示与准确度有关的数字或者非零数字间的"0"时，为有效数字，如 1.800 和 5.023，均为 4 位有效数字；当它只用于表示小数点位置时，不是有效数字，如 0.008，一位有效数字；以零结尾的整数，有效数字视具体情况而定，如 23 000，若写成 2.3×10^4，则为两位有效数字，写成 2.30×10^4，则为 3 位有效数字。

（2）数字修约规则

在数据统计处理过程中，若测定的数据有效数字位数不同，必须舍弃一些多余的数字，以便于运算，这些舍弃多余数字的过程称为"数字修约过程"，其基本原则如下：

①采用"四舍六入五考虑，五后非零则进一，五后皆零视奇偶，五前为偶应舍去，五前为奇则进一"。例如，要求只保留一位小数，11.341 5 修约后为 11.3，即四舍；11.361 5 修约后为 11.4，即六入；11.350 1 修约后为 11.4，即五后非零则进一；11.450 0 修约后为 11.4，即五后皆零视奇偶，五前为偶应舍去；11.350 0 修约后为 11.4，即五后皆零视奇偶，五前为奇则进一。

②禁止分次修约。只允许对原测量值一次修约至所需位数，不能分次修约。如将11.354 8 修约成 4 位有效数字，应一次修约为 11.35，而不能先修约成 11.355，再二次修约成 11.36。

③可多保留一位有效数字进行运算。在大量运算中，为了提高运算速度，而又不使修约误差迅速累积，可采用"安全数字"。即将参与运算各数的有效数字修约到比绝对误差最大的数据多保留一位，运算后，再将结果修约至应有的位数。

④修约标准偏差。对标准偏差的修约，其结果会使准确度降低，所以在作统计检验时，标准偏差可多保留 1~2 位数字参与运算，计算结果的统计量可多保留一位数字与临界值比较。表示标准偏差和 RSD 时，一般取两位有效数字。

⑤与标准限度值比较时不应修约。在分析测定中常需将测定值（或计算值）与标准限度值进行比较，以确定样品是否合格。若标准中无特别注明，一般不应对测量值进行修约，而采用全数值进行比较。

（3）有效数字的运算规则

在整理数据时，常要运算一些精密度不相同的数值，此时要按一定规则计算，既可节省时间，又可避免烦琐计算导致的错误，常用规则如下：

①记录测定结果时，只保留一位可疑数，其余一律舍弃。

②加减运算中，运算结果所保留的小数位数应与所给各数中小数点后位数最少的相同，即运算前先将各数据比小数点后位数最小的数据多保留一位小数，再进行计算。例如，30.42、0.586、0.008 2 三个数相加时，应写为 30.42+0.586+0.008 = 31.014，修约后为31.01。

③乘除运算中，几个数据相乘/除时，运算后所得的积或商的有效数字与参加运算各有效数中位数最少的相同。在实际运算中，先将各数据修约成比有效数据位数最少者多保留一位有效数字，再将计算结果按上述规则修约。

④乘方和开方运算中，运算结果有效数字的位数与原数据有效数字位数相同。如 $2.47^2 = 6.100\ 9$，应修约为 6.10。

⑤对数与反对数运算中，计算结果的有效数字仅取决于小数部分数字的位数，因为整数部分只代表该数的方次。如对数 −5.42 实际为 3.8×10^{-6}，为两位有效数字，而不是3 位。

⑥计算平均值时，若为 4 个数或 4 个以上数相平均，则平均值的有效数字位数可增加一位。误差和偏差计算时，有效数字通常只取一位，测定次数很多时，方可取两位，并且最多只能取两位，运算后再按规则修约到要求的位数。

特别注意，环境工程领域中一些公式的系数不是用实验测得的，在计算中不应考虑其位数。

（4）可疑数据的取舍

在整理分析实验数据时，有时会发现个别观测值与其他观测值相差很大，我们称这种明显偏离的数据为"离群值"，或者把这种尚未经检验断定其是离群的测定数据称为"可疑数据"。对于"离群数据"的处理一定要采用科学谨慎的态度，切不可凭主观意愿随意剔除，应该进行统计判别，再基于判别结果进行处理。可疑数据可能是由偶然误差造成的，也可能是由系统误差和过失误差引起的。如果保留这样的数据，可能会影响平均值的可靠性，但把未经判别属于偶然误差范围内的数据任意剔除，尽管能得到精密度较高的结果，也是不科学的。因此，在整理数据时，应科学正确地判断可疑值的取舍。

可疑值的取舍，实质上是区别离群较远的数据究竟是偶然误差还是系统误差造成的。因此，应该按照以下统计检验方法进行判别。

1）狄克逊（Dixon）检验法

此法适用于一组测定值的一致性检验和剔除离群值。具体检验步骤如下：

①将一组观测数据按从小到大进行排序为 x_1、x_2、x_3、$\cdots$、x_n，其中 x_1 和 x_n 分别为最小可疑值和最大可疑值。

②按表 3-1 求 Q 值。

③根据给定的显著性水平（a）和样本容量（n）查表 3-2，求得临界值（Q_a）。

若 $Q_a \leqslant Q_{0.05}$，则可疑值为正常值；若 $Q_{0.05} \leqslant Q_a \leqslant Q_{0.01}$，则可疑值为偏离值；若 $Q_a > Q_{0.01}$，则可疑值为离群值，应予以剔除。

表 3-1　狄克逊（Dixon）检验统计量 Q 计算公式

n 值范围	可疑数据为最小值 x_1	可疑数据为最大值 x_n
3～7	$Q = \dfrac{x_2 - x_1}{x_n - x_1}$	$Q = \dfrac{x_n - x_{n-1}}{x_n - x_1}$
8～10	$Q = \dfrac{x_2 - x_1}{x_{n-1} - x_1}$	$Q = \dfrac{x_n - x_{n-1}}{x_n - x_2}$
11～13	$Q = \dfrac{x_3 - x_1}{x_{n-1} - x_1}$	$Q = \dfrac{x_n - x_{n-2}}{x_n - x_2}$
14～25	$Q = \dfrac{x_3 - x_1}{x_{n-2} - x_1}$	$Q = \dfrac{x_n - x_{n-2}}{x_n - x_3}$

表 3-2　狄克逊（Dixon）检验临界值（Q_a）表

n	显著性水平 a		n	显著性水平 a	
	0.05	0.01		0.05	0.01
3	0.941	0.988	15	0.525	0.616
4	0.765	0.889	16	0.507	0.595
5	0.642	0.780	17	0.490	0.577
6	0.560	0.698	18	0.475	0.561
7	0.507	0.637	19	0.462	0.547
8	0.554	0.683	20	0.450	0.535
9	0.512	0.635	21	0.440	0.524
10	0.477	0.597	22	0.430	0.514
11	0.576	0.697	23	0.421	0.505
12	0.546	0.642	24	0.413	0.497
13	0.521	0.615	25	0.406	0.489
14	0.546	0.641			

2）鲁勃斯（Grubbs）检验法

此法适用于检验多组测定值均值的一致性和剔除多组测定值的离群值，也适用于检验一组测定值的一致性和剔除离群值。具体方法如下：

①有 m 组观测值，每组 n 个测定值的均值分别为 x_1、x_2、x_3、$\cdots$、x_m，其中最大值为 $x_{\max}$，最小值为 $x_{\min}$。

②按式（3-17）和式（3-18），分别由 m 个均值计算总均值和标准差；可疑值最大值为 $x_{\max}$、最小值为 $x_{\min}$ 时，依据式（3-19）和式（3-20）计算 T_1、T_2。

③根据给定值组数和给定的显著性水平，查表 3-2，求得临界值 $T_{0.05}$ 和 $T_{0.01}$。

若 T_1 或 $T_2 \leqslant T_{0.05}$，则该组可疑值为正常值；若 $T_{0.05} < T_1$ 或 $T_2 \leqslant T_{0.01}$，则该组可疑值为偏离值；若 T_1 或 $T_2 > T_{0.01}$，则该组可疑值为离群值，应予以剔除（剔除一组数据）。

$$\overline{x} = \frac{1}{m}\sum_{i=1}^{m} x_i \tag{3-17}$$

$$S_{\overline{x}} = \sqrt{\frac{1}{m-1}\sum_{i=1}^{m}(\overline{x_i} - \overline{x})^2} \tag{3-18}$$

$$T_1 = \frac{\overline{x}_{\max} - \overline{x}}{S_{\overline{x}}} \tag{3-19}$$

$$T_2 = \frac{\overline{x} - \overline{x}_{\min}}{S_{\overline{x}}} \tag{3-20}$$

3）3S 检验法

3S 检验法又称拉依达检验法。在一般情况下，当误差具有正态分布规律，并且测定次数较多时可应用该方法。具体检验步骤为：

①求出整个数据组的平均值和标准偏差 S。

②求出数据组的平均值与可疑值间的差，当其平均值与可疑值之差的绝对值大于 3 倍标准差，即

$$|x_d - \overline{x}| > 3S \tag{3-21}$$

则可认为 x_d 为离群值，应该予以剔除。

3.3.2　实验数据的方差分析

方差分析是研究一种或多种因素的变化对实验结果是否具有显著性影响的数理统计方法。基本思想是通过分析，将由因素变化引起的实验结果差异与实验误差引起的差异进行区分，即将总变差或总差方和（S_T）、组内差方和或随机作用差方和（S_E）以水平间差方和（S_A、S_B 等）表示。若因素变化引起的实验结果变化落在误差范围内，表明因素对实验结果无显著影响；反之，若因素变化引起的实验结果的变动超出误差范围，则说明因素变化对实验结果有显著影响。因此，方差分析的关键是寻找误差范围，这就需要利用 F 检验法解决这一问题。

为研究某因素不同水平对实验结果有无显著影响，设 A_1、A_2、$\cdots$、A_b 个水平，在每一水平下都进行了 a 次实验，x_{ij}（$j=1$，2，$\cdots$，a）表示在 A_i 水平下进行的实验。现通过实验数据分析，研究水平变化对实验结果有无显著影响，具体步骤如下：

（1）计算Σ、$(\Sigma)^2$、Σ^2，见表 3-3

表 3-3 单因素方差分析计算

水平	A_1	A_2	...	A_i	...	A_b	
1	x_{11}	x_{21}	...	x_{i1}	...	x_{b1}	
2	x_{12}	x_{22}	...	x_{i2}	...	x_{b2}	
...	...	...	...	...	...	...	
j	x_{1j}	x_{2j}	...	x_{ij}	...	x_{bj}	
...	...	...	...	...	...	...	
a	x_{1a}	x_{2a}	...	x_{ia}	...	x_{ba}	
Σ	$\displaystyle\sum_{j=1}^{a}x_{1j}$	$\displaystyle\sum_{j=1}^{a}x_{2j}$	...	$\displaystyle\sum_{j=1}^{a}x_{ij}$	...	$\displaystyle\sum_{j=1}^{a}x_{bj}$	$\displaystyle\sum_{i=1}^{b}\sum_{j=1}^{a}x_{ij}$
$(\Sigma)^2$	$\left(\displaystyle\sum_{j=1}^{a}x_{1j}\right)^2$	$\left(\displaystyle\sum_{j=1}^{a}x_{2j}\right)^2$	...	$\left(\displaystyle\sum_{j=1}^{a}x_{ij}\right)^2$	...	$\left(\displaystyle\sum_{j=1}^{a}x_{bj}\right)^2$	$\left(\displaystyle\sum_{i=1}^{b}\sum_{j=1}^{a}x_{ij}\right)^2$
Σ^2	$\displaystyle\sum_{j=1}^{a}x_{1j}^2$	$\displaystyle\sum_{j=1}^{a}x_{2j}^2$	...	$\displaystyle\sum_{j=1}^{a}x_{ij}^2$	...	$\displaystyle\sum_{j=1}^{a}x_{bj}^2$	$\displaystyle\sum_{i=1}^{b}\sum_{j=1}^{a}x_{ij}^2$

（2）计算有关统计量 S_T、S_A、S_E

$$S_T = S_A + S_E \qquad (3\text{-}22)$$

$$S_A = Q - P \qquad (3\text{-}23)$$

$$S_E = R - Q \qquad (3\text{-}24)$$

$$P = \frac{1}{ab}\left(\sum_{i=1}^{b}\sum_{j=1}^{a}x_{ij}\right)^2 \qquad (3\text{-}25)$$

$$Q = \frac{1}{a}\sum_{i=1}^{b}\left(\sum_{j=1}^{a}x_{ij}\right)^2 \qquad (3\text{-}26)$$

$$R = \sum_{i=1}^{b}\sum_{j=1}^{a}x_{ij}^2 \qquad (3\text{-}27)$$

式中，S_T——总差方和；

$\qquad S_A$——组间差方和；

$\qquad S_E$——组内差方和。

（3）求自由度

$$f_T = ab - 1 \qquad (3\text{-}28)$$

$$f_A = b - 1 \qquad (3\text{-}29)$$

$$f_E = b(a-1) \qquad (3\text{-}30)$$

式中，f_T——S_T 自由度，为实验次数减 1；

f_A——S_A 自由度，为水平数减 1；

f_E——S_E 自由度，为水平数与实验次数减 1 之积。

（4）列表计算 F，见表 3-4

表 3-4　方差分析

方差来源	差方和	自由度	均方	F
组间误差	S_A	$f_A = b-1$	$\overline{S}_A = \dfrac{S_A}{b-1}$	$F = \dfrac{\overline{S}_A}{\overline{S}_E}$
组内误差	S_E	$f_E = b(a-1)$	$\overline{S}_E = \dfrac{S_E}{b(a-1)}$	
总和	$S_T = S_A + S_E$	$f_T = ab-1$		

（5）显著性差异

F 值定义为该因素不同水平对实验结果所造成的影响与由误差所造成的影响的比值。F 越大，说明因素变化对结果的影响越显著；F 越小，说明因素影响越小，判断影响显著与否由 F 表给出。

根据组间与组内自由度 $[n_1 = f_A = b-1，n_2 = f_E = b(a-1)]$ 与显著性水平，从 F 分布表中查出临界值 λ_a。若 $F > \lambda_a$，说明在显著性水平 a 下，因素对实验结果有显著影响，是重要因素；反之，若 $F < \lambda_a$，说明因素对实验结果无显著影响，是一个次要因素。

显著水平的选取应依据问题的要求。通常使用 $a=0.05$ 和 $a=0.01$ 两个显著水平。$F < \lambda_{0.05}$ 时，认为因素对实验结果影响不显著；$\lambda_{0.05} < F < \lambda_{0.01}$ 时，认为因素对实验结果影响显著；$F > \lambda_{0.01}$，认为因素对实验结果影响特别显著。

3.4　实验数据的表示法

在完成对实验数据统计计算、剔除"离群"数据和分析评价后，还需要对实验所获得的"有效"数据进行归纳整理，用图表或数学模型加以呈现，以找出实验因素及其水平间的相互关系或变化规律，为水污染现状评价、水污染控制理论研究、应用技术研发以及污染防治策略构建等提供数据支撑。常用的实验数据表示方法有列表表示法、图形表示法和回归分析表示法 3 种。

3.4.1　列表表示法

列表表示法是将一组实验数据中的自变量、因变量的各个数值按照一定的形式和顺序一一列出，借以反映各变量之间的关系。列表法常用于项目内容较多、数据量较大且统计规律不够明显的情况，具有简单易作、形式紧凑、数据易参考比较等优点，但对客观规律的反映不如图形表示法和回归分析表示法直观明确，不便于进行理论分析，更适合原始数据的统计。完整的表格建议采用三线表，包括表的序号、表名、项目名称和单位、实验数据等要素，表格名称和序号位于表的上方，所有内容应居中，具体如表 3-5 所示。

表 3-5 50 mL 亚甲基蓝染料溶液（10 mg/L）调节不同 pH 所用酸或碱剂量

pH	酸或碱投加量/μL			
	NaOH 溶液（0.1 mg/L）	NaOH 溶液（1 mg/L）	H_2SO_4 溶液（0.1 mg/L）	H_2SO_4 溶液（1 mg/L）
3	—	—	500	100
5	—	—	340	50
7	—	—	150	—
9	450	—	—	—
11	—	600	—	—

3.4.2 图形表示法

图形表示法的优点在于形式简明直观，便于比较，能形象地反映数据的对比关系和变化规律，且易显示数据中的峰谷值、转折点、周期性以及其他特异性等。图形表示法多用于以下两种场合：

①已知变量间依赖关系图形，通过实验取得数据并作图，求出相应参数。

②变量间的关系不清时，将实验数据绘制成图，用以分析变量间的关系和规律。常见的图形有点线图、线图、柱状图、百分条图和饼状图等。

绘制图形需借助 Excel 或 Origin 等绘图软件。若实验数据在 3 个以上时，可采用点线图或线图描述实验指标受因素及其水平的影响，若实验数据在 3 个及以下时，则更适合采用柱状图或饼状图。

（1）线图的绘制方法（以 Excel 为例）

①确定实验数据的自变量和因变量，以 x 轴为自变量（水平值），y 轴为因变量（实验指标测定值）。

②在 Excel 表格的第一列第一行输入自变量名称及单位，将具体的水平值依次列于下方，在表格的第二列第一行输入因变量名称及单位，将具体的实验指标测定值依次列于下方。

③选中已输入数据的 Excel 表格范围，点击插入，根据实验数据的分布情况和预期呈现效果，选择点线图或线图；对于实验数据较少、不易确定自变量与因变量之间的对应关系，或自变量与因变量间不一定呈函数关系时，建议将各点用直线直接连接；而对于实验数据足够多，或自变量与因变量呈函数关系，则可选择光滑连续曲线。

④生成图形，根据图形绘制要求，应有图序号、图名、横/纵坐标轴名称和单位、横/纵坐标轴分度值（标记应朝内）等元素（图 3-2）。

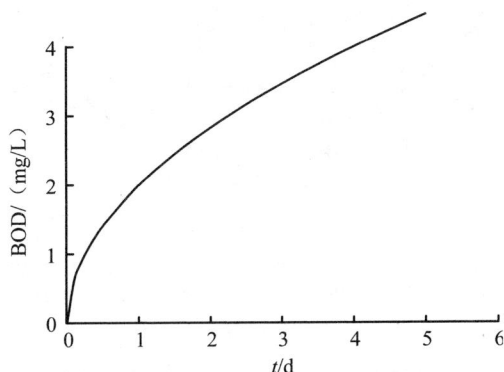

图 3-2　某污水 BOD 与时间的关系曲线

⑤如果测定对象不止一个，可以在表格第三列、第四列中依次输入其他测定对象在相同自变量下所测得的指标值，所得的点线图中将有不止一条曲线，这种情况下，应该增加图注，标记清楚曲线对应的测定对象（图 3-3）。

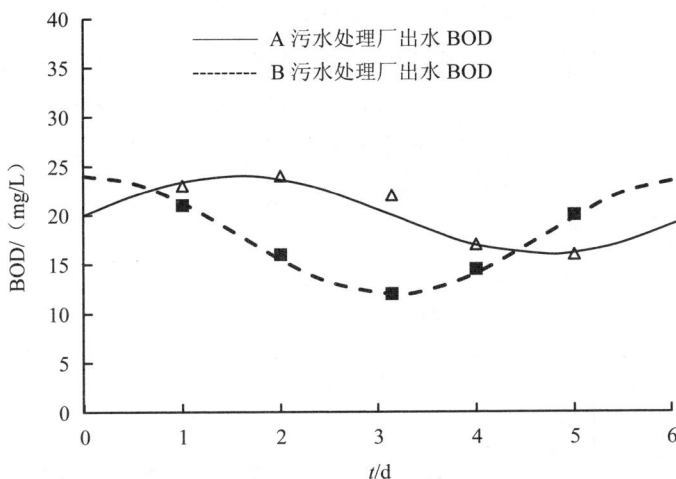

图 3-3　A、B 污水处理厂出水 BOD 与取样时间的关系曲线

⑥如果测定对象为同一个，但测定指标有多个时，同样可以在表格第三列、第四列中依次输入该测定对象在相同自变量下所测得的不同指标值，所得的点线图中将有不止一条曲线，这种情况下，应该增加图注，标记清楚曲线对应的测定指标（图 3-4）。

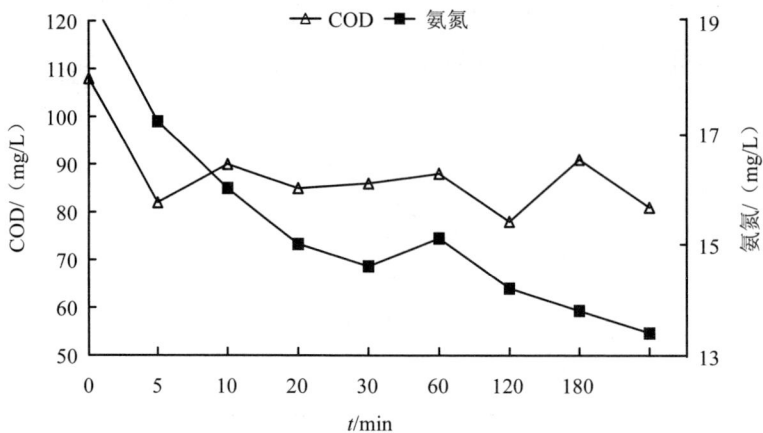

图 3-4 活性炭吸附后出水的 COD 和氨氮与时间的关系曲线

需要注意的是，坐标原点不一定就是零点，也可用低于实验数据中最低值的某一整数作起点，高于最高值的某一整数作终点。坐标轴分度应与实验精度一致，不宜过细，也不能太粗。

（2）柱状图/饼状图绘制方法（以 Excel 为例）

柱形图又称长条图、柱状统计图、条图、条状图或棒形图，是一种以长方形长度为变量的统计图表。长条图多用来比较两个或两个以上变量的条件下，某个或多个指标的情况，同时实现横、纵向对比。长条图也可横向排列，或用多维方式呈现。对于内容独立的指标比较，采用条图。对于多组分样品，当要求表示各组分相对含量时，需采用百分条图，即将整个长条的长度作为 100%，按各部分的百分比分别表示其中一段，各段采用不同线条图案或颜色区分，并以文字或图例加以说明。对于需要了解各数据的分布及比例时，多采用百分位数条图（图 3-5）。

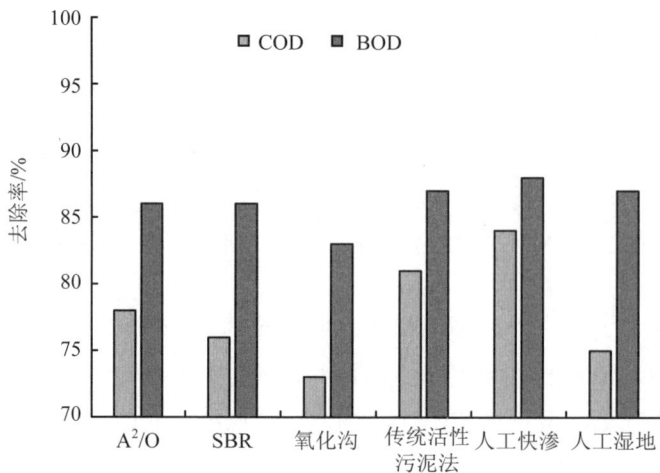

图 3-5 某污水处理厂不同工艺条件下的 COD、BOD 去除率

饼状图显示一个数据系列中各项占比,每个数据系列具有唯一的颜色或图案并且在图表的图例中表示,饼状图中的数据点显示为占整个饼状图的百分比。

3.4.3 回归分析表示法

实验数据用列表或图形表示后,使用时虽然较直观简便,但不便于理论分析或规律研究,故常需要用数学表达式来反映自变量与因变量的关系。由于水环境的污染组分复杂,影响测试结果的因素较多,再加上取样点有限、分析测试误差、仪器检出限等影响,导致变量与变量之间难以呈现明显的数学函数关系,只能表现为相关关系。

研究变量之间关系的统计方法称为回归分析和相关分析,其中回归分析用于研究变量之间的相关关系,而相关分析则用于评价变量间关系的密切程度。回归分析的主要目的是:

①确定变量间是否存在相关关系和相关关系是什么。

②在回归方程点群范围内,通过一个变量值去预测或计算另一个变量值。

③评价检验回归方程。

（1）一元线性回归

一元线性回归是科研和工程应用中常常遇到的问题,当自变量取一系列值 x_1、x_2、x_3、…、x_n 时,相应因变量 y 的测定值分别为 y_1、y_2、y_3、…、y_n,如果两个变量间存在一定的线性相关关系,则可用最小二乘法求出截距 a 和回归系数 b,并建立回归方程 $y = a+bx$（称为 y 对 x 的回归线）。

$$\bar{y} = a + b\bar{x} \tag{3-31}$$

$$b = \frac{L_{xy}}{L_{xx}} \tag{3-32}$$

式中,

$$\bar{x} = \frac{1}{n}\sum_{i=1}^{n} x_i \tag{3-33}$$

$$\bar{y} = \frac{1}{n}\sum_{i=1}^{n} y_i \tag{3-34}$$

$$L_{xx} = \sum_{i=1}^{n} x_i^2 - \frac{1}{n}\left(\sum_{i=1}^{n} x_i\right)^2 \tag{3-35}$$

$$L_{xy} = \sum_{i=1}^{n} x_i y_i - \frac{1}{n}\left(\sum_{i=1}^{n} x_i\right)\left(\sum_{i=1}^{n} y_i\right) \tag{3-36}$$

具体计算步骤如下:

①按式（3-33）~式（3-36）计算 $\bar{x}$、$\bar{y}$、L_{xy}、L_{xx}。

②代入式（3-31）、式（3-32）计算 a、b,求得一元线性回归方程。

（2）一元线性回归方程检验

对于无法直接确定是否具有规律的一组数据，均可先根据最小二乘法的原则求出回归方程，但所求回归方程是否具有实际意义仍需要判断或检验。相关系数 r 是判断两个变量之间相关关系密切程度的指标，或是检验一元线性回归方程是否具有实际意义的指标。相关系数计算式为

$$r = \frac{L_{xy}}{\sqrt{L_{xx}L_{yy}}} \tag{3-37}$$

式中，$0 \leqslant |r| \leqslant 1$。$|r|$ 越接近 1，x 与 y 的线性关系越好；反之，则越不明显。由于 $|r|$ 的大小可以反映 x 与 y 的线性关系，可以采用 $|r|$ 作为判别线性关系的统计量。

当 $|r|=1$ 时，x 与 y 完全线性相关。其中 $r=+1$ 时，称为完全正相关；$r=-1$ 时，称为完全负相关。当 $0<|r|<1$ 时，说明 x 与 y 之间存在着一定的线性关系。当 $r>0$ 时，直线斜率是正的，y 随 x 增大而增大，此时称 x 与 y 为正相关；当 $r<0$ 时，直线斜率是负的，y 随 x 的增大而减小，此时称 x 与 y 为负相关。当 $r=0$ 时，说明变量 y 的变化可能与 x 无关，这时 x 与 y 没有线性关系。

相关系数只表示 x 与 y 线性相关的密切程度，当 $|r|$ 很小甚至为零时，只表明 x 与 y 之间线性相关不密切，或不存在一元线性关系，并不表示 x 与 y 之间没有关系，可能两者间存在着非一元线性关系（如二次线性关系等）。不同显著性水平 a 下相关系数的显著性检验见表 3-6，其中的数据为相关系数的临界值。r 为由实测值（x_i、y_i）求出的相关系数，当 $|r| \leqslant r_{0.05}$ 时，表明所求一元线性回归方程线性相关不明显；当 $r_{0.05} \leqslant |r| \leqslant r_{0.01}$，表明所求一元线性回归方程线性相关显著；当 $|r| \geqslant r_{0.01}$，表明所求一元线性回归方程线性相关高度显著。

表 3-6 相关系数临界值

$n-2$	显著性水平 a		$n-2$	显著性水平 a		$n-2$	显著性水平 a	
	0.05	0.01		0.05	0.01		0.05	0.01
1	0.997	1.000	11	0.553	0.681	21	0.413	0.526
2	0.950	0.990	12	0.532	0.661	22	0.404	0.515
3	0.878	0.959	13	0.514	0.641	23	0.396	0.505
4	0.811	0.917	14	0.497	0.632	24	0.388	0.496
5	0.754	0.874	15	0.482	0.606	25	0.381	0.487
6	0.707	0.834	16	0.468	0.590	26	0.374	0.478
7	0.666	0.798	17	0.456	0.575	27	0.367	0.470
8	0.632	0.765	18	0.444	0.561	28	0.361	0.463
9	0.602	0.735	19	0.433	0.549	29	0.355	0.456
10	0.576	0.708	20	0.423	0.537	30	0.349	0.449

（3）一元非线性回归

在水污染控制工程研究或实践应用过程中，两个变量之间的关系可能并不是线性关系，而是某种曲线关系（如吸附等温式），需要根据实际测得的数据匹配合适的曲线并以此确定相关函数参数。具体步骤如下：

1）确定变量间函数的类型

具体方法主要有两种：

①根据已有的专业知识确定函数关系，例如吸附等温式曲线主要有以下两种表达方式：

Langmuir 模型方程：$q_\mathrm{e} = \dfrac{K_1 q_m \times C_\mathrm{e}}{1 + K_1 C_\mathrm{e}}$

Freundlich 模型方程：$q_\mathrm{e} = K C_\mathrm{e}^{\frac{1}{n}}$

②当无法确定变量间函数关系类型时，可先根据实验数据作散点图，再从散点图的分布形状选择适当的曲线方程进行尝试。

2）确定相关函数参数

在确定函数类型后，需要确定函数关系式中的相关参数。具体方法如下：

①通过坐标变换（变量变换）把非线性函数关系转化成线性关系，即化曲线为直线。

②在新坐标系中用线性回归方法匹配出回归线。

③还原回原坐标系，即得所求回归方程。

3）函数相关系数比较

如果散点图所反映出的变量间关系与两种函数类型均相似，无法确定哪一个曲线方程更优时，可以都进行线性回归，再计算它们的相关系数 r 并做比较，相关系数越大，则说明数据更符合这一函数类型。

常见的函数图形有双曲线、幂函数、指数函数、对数函数和 S 形曲线，它们通过坐标变换后可转化为一元线性回归方程。

①双曲线（图 3-6）。

$$\frac{1}{y} = a + \frac{b}{x} \tag{3-38}$$

令 $y' = \dfrac{1}{y}$，$x' = \dfrac{1}{x}$，则有 $y' = a + bx'$

②幂函数（图 3-7）。

$$y = ax^b \tag{3-39}$$

令 $y' = \lg y$，$x' = \lg x$，$a' = \lg a$，则有 $y' = a' + bx'$

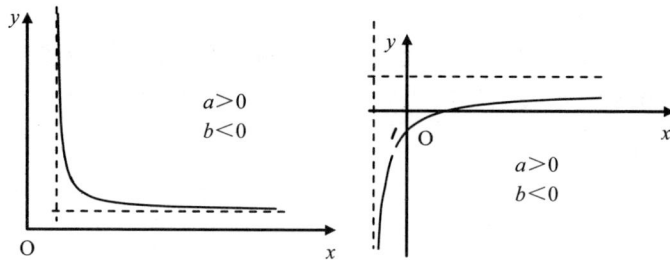

图 3-6 双曲线 $\dfrac{1}{y} = a + \dfrac{b}{x}$ 的曲线

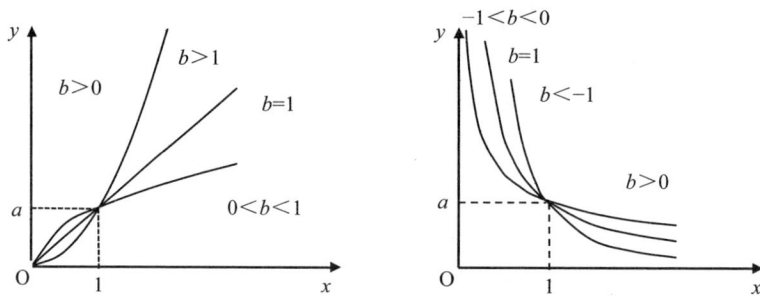

图 3-7 幂函数 $y = ax^b$ 的曲线

③指数函数（图 3-8）。

$$y = ae^{bx} \tag{3-40}$$

令 $y' = \lg y$，$a' = \lg a$，则有 $y' = a' + bx$

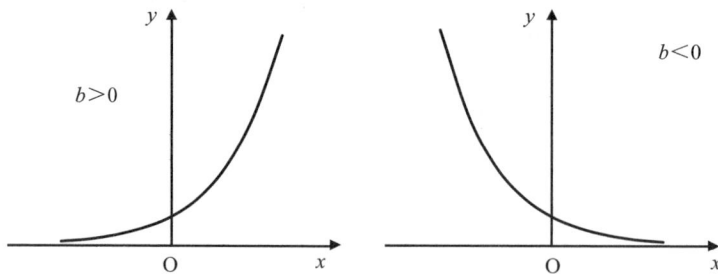

图 3-8 指数函数 $y = ae^{bx}$ 的曲线

④对数函数（图 3-9）。

$$y = a + b\lg x \tag{3-41}$$

令 $x' = \lg x$，则有 $y = a + bx'$

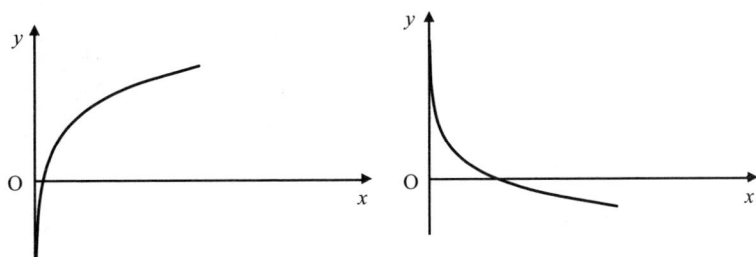

图 3-9　对数函数 $y = a + b\lg x$ 的曲线

⑤S 形曲线（图 3-10）。

$$y = \frac{1}{a + be^{-x}} \tag{3-42}$$

令 $y' = \dfrac{1}{y}$，$x' = e^{-x}$，则有 $y' = a + bx'$

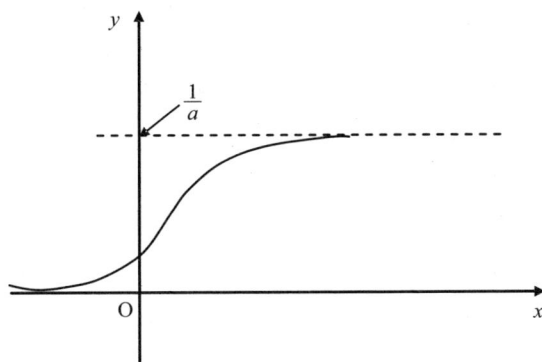

图 3-10　S 形曲线 $y = \dfrac{1}{a + be^{-x}}$ 的图

第 4 章
水样的采集、管理运输、保存及预处理

　　水污染控制工程涉及水污染现状调查、污染溯源与成因分析、污染防治技术研究与应用实践等内容，研究目的与研究对象差异性大，所涉及的水样采集、运输、保存与预处理方法均有明显不同并需要严格按照控制标准进行，以获取科学合理的分析结果。例如，河流等自然水体需在监测断面上取样；污水源中第一类污染物水样应在车间排放口采取混合样，而第二类污染物水样应在企业污染排放口采取；实验室研究最好收集全部出水的混合样或固定周期内的混合样，而非瞬时水样等。

　　为确保所采集水样具有代表性和完整性，能够反映被测对象的真实情况，国家对水和废水监测的布点与采样、水质样品的保存和管理、水质监测项目与相应的监测分析方法等制定了一系列规范文件，如《水质　采样技术指导》（HJ 494—2009）、《水质　采样方案设计技术规定》（HJ 495—2009）、《湖泊和水库采样技术指导》（GB/T 14581—93）、《水质　样品的保存和管理技术规定》（HJ 493—2009）、《地表水和污水监测技术规范》（HJ/T 91—2002）、《地下水环境监测技术规范》（HJ 164—2020）和《水污染物排放总量监测技术规范》（HJ/T 92—2002）等，为水样采样点的设置、采样、运输和保存制定了规范性的操作方法。对于非环境监测的水污染防治技术或应用研究，水样采取的频次可以不受上述规范的限制，但在采样点位设置、水样采集、水样运输保存和预处理等方面仍应遵循上述规范的技术要求。

4.1　采样点的设置

4.1.1　地表水污染防治水样采样断面和采样点的设置

　　地表水因水体规模较大，多具有规律性流动特性，且受气候气象、地形地貌、生态环境、城乡分布、社会经济等众多因素的影响，水样采集前应做好资料收集和实地调查工作，科学规划合理的采样点位。

（1）资料收集和实地调查

1）资料收集

在制订采样方案之前，应全面收集目标水体及其所在区域的相关资料，主要包括：

①水体的水文、气候、地质和地貌等自然背景资料。例如，水位、水量、流速及流向的变化；降水量、蒸发量及历史上的水情；河流的宽度、深度、河床结构及地质状况；湖泊沉积物的特性、间温层分布、等深线等。

②水体沿岸城市分布、人口分布、工业布局、污染源及其排污情况、城市给排水情况等。

③水体沿岸资源（包括森林、矿产、土壤、耕地、水资源）情况和水资源用途，饮用水水源分布和重点水源保护区等。

④地面径流污水排放、雨污水分流情况，以及水体流域土地功能、农田灌溉排水、农药和化肥施用情况等。

⑤历年水质监测资料等。

2）实地调查

在背景资料收集的基础上，要进一步对目标水体进行实地调查，更全面地了解和掌握水体以及周边环境的相关信息，包括现场的交通状况、河宽、河床结构、岸边标志等。当目标对象为饮用水水源时，应开展一定范围的公众调查，必要时还要进行流行病学的调查，并与历史数据和文献资料综合分析，为科学制订水样采集方案提供重要依据。

（2）水样采样断面的设置原则

为完整评价江河流域或水系的水质，水样采样断面的布设应能充分体现所在区域水环境的污染特征，尽可能以最少的断面获取足够的有代表性的水污染信息，同时还需兼顾实际采样时的可行性和便利性。具体设置原则如下：

①对流域或水系要设立背景断面、对照断面、控制断面和削减断面，对流经某一区域的某一河段，只需布设对照断面、控制断面和削减断面。

②削减断面的设置取决于河段是否有足够长度，控制断面下游至少有 10 km 的长度，方可设削减断面。

③断面位置应避开死水区、回水区、排污口处，尽量选择顺直河段、河床稳定、水流平稳、水面宽阔、无急流、无浅滩处。

④采样断面应力求与水文测流断面一致，以便利用其水文参数，实现水质监测与水量监测的结合。

（3）水样采样断面的设置方法

1）河流采样断面布设（图 4-1）

①背景断面：设在基本上未受人类活动影响的河段，以反映水系未受污染时的背景状态。

②对照断面：为了解流入采样河段前的水质状况而布设。该断面应布设在水系进入

某行政区域但尚未受到本区域人类活动影响处，一个采样河段一般只设一个对照断面。

③控制断面：为评价水体沿岸污染源对水质的影响而布设。一般布设在排污口下游废（污）水与江、河基本混合均匀处。对于调查范围内的重点保护水域（饮用水水源地、渔业养殖区和地球化学异常区）、水文站附近等，应增设控制断面。

④削减断面：指纳污河流水中污染物经稀释扩散、水体自净等作用后，在其浓度显著下降处布设的采样断面，该断面的左、中、右三点污染物浓度应无明显差异。

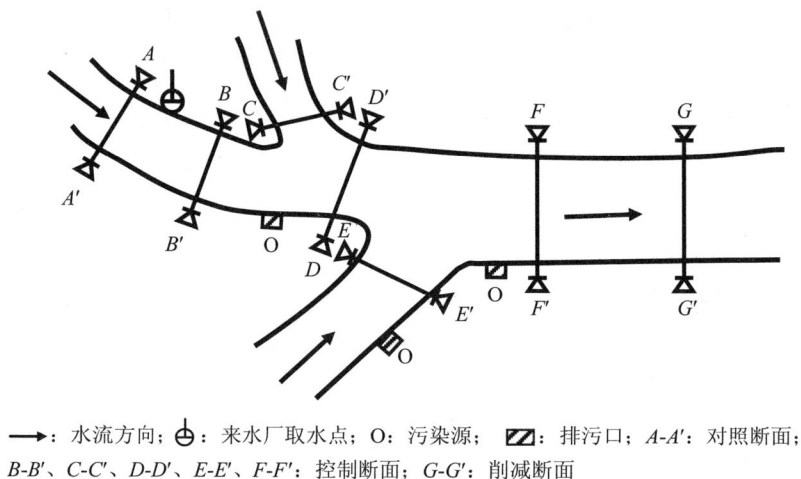

→：水流方向；⊕：来水厂取水点；O：污染源；▨：排污口；*A-A′*：对照断面；
B-B′、*C-C′*、*D-D′*、*E-E′*、*F-F′*：控制断面；*G-G′*：削减断面

图 4-1　控制断面设置

2）潮汐河流采样断面布设

①根据潮汐河流"双向流动"的水文特征，将对照断面移到上游更远位置，即设在潮区界。

②控制断面应设在排污口上、下两侧。

③潮汐河流的削减断面，一般应设在近入海口处。若入海口处于城市管辖区域外，则设在城市河段的下游。

3）湖泊、水库采样断面的设置

①湖泊、水库通常只设采样垂线，如有特殊情况可参照河流的有关规定设置采样断面。

②湖（库）区的不同水域，如进水区、出水区、深水区、淡水区、湖心区、岸边区，按水体类别和功能设置采样垂线。

③以湖泊、水库的各功能区为中心，如饮用水水源、排污口、风景游览区、渔业作业区、水生生物经济区和环境敏感区等，在其辐射线上布设弧形采样断面。

4）近岸海域采样断面布设

①近岸海域空间尺度大，一般采用网格法布设采样断面，可依据海域范围和受污染影响的情况确定网格密度。

②海洋环境功能区采用收敛型集束式（近似扇形）法布设采样断面，并以经纬度表示。

（4）采样点确定

地表水采样断面布设后，应根据各水面宽度合理布设采样断面上的采样垂线，再以此处水深进一步确定采样点的位置和数量。表 4-1 和表 4-2 分别列出了江、河水面宽度与采样垂线数和采样深度的关系，表 4-3 为湖泊水面宽度与采样垂线数和采样深度的关系。

表 4-1　采样垂线数的设置

水面宽/m	垂线数	说明
≤50	一条（中泓）	1. 垂线布设应避开污染带，污染带应另加垂线；
50～100	二条 （近左、右岸有明显水流处）	2. 确能证明该断面水质均匀时，可仅设中泓垂线；
≥100	三条（左、中、右各一条）	3. 凡在该断面计算污染物通量时，必须按本表设置垂线

表 4-2　采样垂线上采样点数的设置

水深/m	采样点数	说明
≤5	上层一点	1. 上层指水面下 0.5 m 处，水深不到 0.5 m 时，在水深 1/2 处；
5～10	上、下层两点	2. 下层指河底以上 0.5 m 处； 3. 中层指 1/2 水深处；
≥10	上、中、下层三点	4. 凡在该断面计算污染物通量时，必须按本表设置采样点

表 4-3　湖（库）采样垂线采样点的设置

水深/m	分层情况	采样点数	说明
≤5		一点（水面下 0.5 m 处）	1. 分层是指湖水温度分层状况；
5～10	不分层	二点（水面下 0.5 m，水底上 0.5 m 处）	2. 水深不足 0.5 m，在 1/2 水深处设置采样点；
5～10	分层	三点（水面下 0.5 m、1/2 斜温层、水底上 0.5 m 处）	3. 有充分数据证实垂线水质均匀时可酌情减少采样点
≥10		除水面下 0.5 m 和水底上 0.5 m 处外，还要在每一斜温层 1/2 处设置	

如果是近岸海域的采样点需要根据水深分层来确定。如水深 50～100 m，在水面以下 0.5 m、10 m、50 m 层和水底以上 0.5 m 层设采样点，同时要设置明显的标志物，或采用 GPS 准确定位。

（5）采样时间和采样频率

依据不同的水体功能、水文要素、污染源特征、污染物排放等实际情况，采样时间和采样频率应能反映水质在时间和空间上的变化特征并具有较好的代表性。力求以最少的采样频率，取得最有代表性的样品。确定采样时间和采样频率的基本原则如下：

①背景断面每年采样 1 次；较大河流、湖泊、水库上的采样断面，逢单月采样 1 次，全年 6 次，采样时间可设在丰水期、枯水期和平水期，每期采样 2 次；底泥每年在枯水期采样 1 次。

②饮用水水源地、各行政区交界断面中需要重点控制的采样断面，每月至少采样 1 次，全年不少于 12 次。

③受潮汐影响的采样断面分别在大、小潮汐采样，每次采集涨、退潮水样。涨潮水样应在水面涨平时采样，退潮水样应在水面退平时采样。

④属于国家监控的采样断面（或垂线），每月采样 1 次，一般设置在每月 5—10 日采样。

⑤海水水质监测分析，一般每年只开展 1 次监测，监测时间应在 2—9 月。

⑥对陆域重点污染排放源（包括工业源、畜牧业源、生活源和集中式污染治理设施排放口、市政污水排放口等）的监测，参照《水污染物排放总量监测技术规范》（HJ/T 92—2002）的相关规定确定采样时间和采样频率。

4.1.2 地下水污染防治监测采样断面和采样点的设置

地下水是指储存在土壤和岩石空隙（孔隙、裂隙、溶隙）中的水资源，具有流动缓慢、水质参数相对稳定的基本特征。《地下水环境监测技术规范》（HJ 164—2020）对地下水监测点网布设、采样、样品管理、监测项目和检测方法、实验室分析，以及监测数据的处理和质量保证等环节都作了明确规定。

（1）资料收集和实地调查

①收集、汇总监测区域内的水文、地质方面的资料和以往的监测资料，包括地质图、剖面图、测绘图、水井资料和地下水类型，以及作为地下水补给水源的地理分布及其水文特征、地下水径流和排泄方向等。

②对泉水出露位置进行调查，了解泉的成因类型、补给来源、流量、水温、水质和利用情况。

③调查区域内城市发展规划、工业布局、地下水资源开发和土地利用等情况；了解化肥和农药的施用面积与施用量；查清污水灌溉、排污、纳污及地表水的污染现状。

④基于前期的监测资料，对地下水位和水深进行实际测量，确定污染源类型和监测项目，明确采水器和采水泵的类型、所需费用、确定水文地质单元划分和采样程序。

（2）地下水监测点网设置原则

①总体上能控制不同的水文地质单元，能反映所在区域地下水系的环境质量状况和地下水质量空间变化，监测重点为水源地的含水层。

②考虑工业建设项目、矿山开发、水利工程、石油开发及农业活动等对地下水的影响，监控地下水重点污染区及可能产生污染的地区，监视污染源对地下水的污染程度及动态变化，以反映所在区域地下水的污染特征，如污水灌溉区、垃圾堆积处理场地区、

地下水回灌区及大型矿山排水地区等。

③监控地下水水位下降的漏斗区、地面沉降以及本区域的特殊水文地质问题，能反映地下水补给源和地下水与地表水的水力联系。

④监测点网布设密度的原则为主要供水区密、一般地区稀，城区密、农村稀，地下水污染严重地区密、非污染区稀；国控地下水监测点网密度一般不少于每 $100 km^2$ 0.1 眼井，每个县至少应有 $1\sim2$ 眼井，平原（含盆地）地区一般为每 $100 km^2$ 0.2 眼井，重要水源地或污染严重地区适当加密，沙漠区、山丘区、岩溶山区等可根据需要选择典型代表区布设监测点。

⑤考虑监测结果的代表性和实际采样的可行性、便利性，尽可能从经常使用的民井、生产井以及泉水中选择布设监测点。

⑥监测点网不要轻易变动，尽量保持单井地下水监测工作的连续性。

（3）监测点（监测井）设置方法

通过对基础资料、实地测量结果的综合分析，应根据饮用水、地下水水源监测要求和监测项目、水质的均一性、水质分析方法、环境标准法规以及人力、物力等因素综合考虑，布设监测井并确定采样深度。一般布设两类采样井，用于背景值监测和污染控制监测，必要时可构建合理的采样监测网络。

1）背景值监测井的布设

为全面了解地下水体未受人为影响的水质状况，需在污染区外围地下水水流上方垂直水流方向，设置一个或数个背景值监测井（对照井）。背景值监测井应尽量远离城市居民区、工业区、农药化肥施放区、农灌区及交通要道。

2）污染控制监测井的布设

污染源的分布和污染物在地下水中的扩散形式是布设地下水污染控制监测井的首要考虑因素。各地可根据地下水流向、污染源分布状况和污染物在地下水中的扩散形式，采取点面结合的方法布设污染控制监测井，监测重点是供水水源地保护区。

（4）采样时间和采样频率

背景值监测井每年采样 1 次，而如果是饮用水集中供水水源，则要求每月采样 1 次；污染调查与控制监测井每月采样 1 次；特设监测井按设置目的与要求确定采样时间和采样频率；如有异常情况，应及时增加采样监测频率。

4.1.3　污染源污（废）水调查和监测采样

水污染源包括工业废水、生活污水和医院污水等。

（1）资料收集和实地调查

①掌握排放污（废）水的类型、主要污染物及其排水去向（江、河、湖等水体）和排放总量。

②调查相应的排污口位置和数量，有无污（废）水处理设施等。

（2）采样点位设置原则

①第一类污染物（包括总汞、总镉、总砷、总铅、六价铬等无机化合物及有机氯化合物和强致癌物质等），采样点位均设在车间或车间处理设施的排放口或专门处理此类污染物设施的排污口。

②第二类污染物（包括悬浮物，硫化物，挥发酚，氰化物，有机磷化合物，石油类，铜、锌、氟的无机化合物，硝基苯类，苯胺类等），采样点位一律设在排污单位的外排口。

③进入集中式污水处理厂和进入城市污水管网的污水采样点位应设在离污水入口20～30倍管径的下游处。

④城市污水进入水体时，应在排污口上下游设置采样点。

（3）采样位置的设置

采样位置设在采样断面的中心，当水深大于1 m时，位于1/4水深处；当水深小于等于1 m时，位于1/2水深处。

（4）采样时间和采样频率

我国《水污染物排放总量监测技术规范》（HJ/T 92—2002）对采样时间和采样频率提出了明确要求：

①水质比较稳定的污（废）水的采样按生产周期确定采样频率，生产周期在8 h以内的，每2 h采样1次；生产周期大于8 h的，每4 h采样1次；其他污水采样，每24 h不少于2次。

②排放的废水中如果含有第一类污染物，废水污染物浓度和废水流量应同步监测，并尽可能实现同步连续在线监测。

③对重点污染源每季度进行1次总量控制监督性监测，一般污染源按上半年、下半年各进行1～2次监督性监测。

4.1.4 其他监测采样

（1）构筑物和反应器运行状况与处理效果监测采样

构筑物和反应器内部运行状况监测采样，如开展池内溶解氧分布、池内污泥浓度分布等研究时，可参考地表水采样断面进行设计；考察污水处理设施运行效果和污染物达标排放情况时，可按照污染源采样布点方法进行，而且必须在正常生产工况并达到设计规模75%以上的运行条件下进行采样。

（2）应急监测采样

突发性水污染事故应急监测分为事故现场监测和跟踪监测。事故现场监测一般在事故发生地点及其附近进行采样，根据现场具体情况和污染水体特性进行布点，并确定采样频次。对于江河应在事故地点及其下游布点采样，同时在事故地点上游采对照样。对于湖（库），采样布设以事故地点为中心，沿水流方向以扇形或圆形布点采样，同时采集对照样。采样要采平行样，一份现场快速监测，另一份送回实验室测定。

（3）跟踪监测采样

需根据污染物的稀释、沉降、扩散、降解作用以及污染物性质、水体的水文状况等设置数个采样断面，湖（库）同时还要考虑不同水层采样，频次不得少于 2 次/d。

4.2　水样的采集、管理运输及保存

水样的采集和保存是水质分析的重要环节，水样采集和保存的主要原则是水样必须有足够代表性，避免受到任何意外污染。

4.2.1　水样的分类

因采样目的和具体情况差异，采样方式及其水样类型会有所不同。通常，对河流、湖（库）等天然水体可以采集瞬时水样，而对生活污水和工业废水应采集混合水样。

（1）瞬时水样

指在某一时间和地点，从水体中［天然水体或污（废）水排污口］随机采集的不连续水样，适用于采集水质比较稳定的水样。当水质随时间发生变化时，则要在适当时间间隔内采集多个瞬时水样，绘制浓度-时间或流量-时间曲线，掌握水质随时间的变化规律。

（2）定时水样

在同一采样点处，相同时间间隔下采集等体积的单一水样，且每个样品单独测定，用于研究水体、污（废）水排放（或污染物浓度）随时间变化的规律。

（3）等时综合水样

同时从不同采样点按照流量大小采集多个瞬时水样进行混合，或特定采样点分别采集的不同深度水样后进行混合，即等时综合水样。其适用于多支流河流、多个排放口的污水样品的采集，是获得测试对象平均浓度的重要方式。

（4）等时混合水样

指在某一时段内，在同一采样点位以相等时间间隔采集等体积的多个水样并混合后所得的水样。此方式适用于流量相对稳定（变化小于 20%），且水中污染物浓度随时间变化的水体，常用于测定水质监测项目的平均值，但不适用于贮存过程中测试成分会发生明显变化的水样，如含挥发酚、油类、硫化物等的水样。

（5）等比例混合水样

指在某一时段内，使用流量比例采样器，在同一采样点位所采水样量与时间或流量成比例的混合水样。当水量和水质随时间变化时，应基于流量变化按比例采集混合样，即按一定流量采集适当比例的水样，如每 5 t 采样 50 mL 混合而成。

对于排污企业，生产的周期性会影响排污的规律性。为了获得代表性的污水水样，应根据排污情况进行采样。不同的工厂、车间生产周期不同，排污的规律也不同。一般来说，应在一个或几个生产或排放周期内，按一定的时间间隔分别采样。对于水量和水

质稳定的污染源，可采集等时混合水样；对于水量和水质不稳定的污染源，可采集等比例混合水样或者可分别采样、分别测定后按流量比例计算平均值。

4.2.2 采样前的准备工作

（1）制订采样计划

在充分了解研究目的和要求的基础上，有针对性地制订采样计划，包括采样方法、采样时间、容器及其洗涤要求、样品保存运输与分析检测方法等，并将相应的任务落实到人。对于需要现场测定的项目，应提前熟悉相关检测技术。

（2）采样器准备

采样应选择适宜的采样器。采样器的材质和结构应符合《水质　采样技术指导》（HJ 494—2009）的相关规范。采样器使用较为简单，一般只要将其沉入采样点对应深度即可。采样器使用前需要清洗，塑料或玻璃采样器要按一般洗涤方法洗净备用；金属采样器应先用洗涤剂清洗油污，再用清水洗净，晾干备用；特殊采样器的洗涤方法需按说明书要求进行。

（3）盛水容器准备

根据水样的理化性质选择合适的容器对水样进行保存。容器材质应保证水样各组分在贮存期内不与容器发生反应，不对水质造成污染，且廉价易得、易清洗、能反复使用。常见的盛水容器材质的稳定性顺序为聚四氟乙烯＞聚乙烯＞石英玻璃＞硼硅玻璃。通常，塑料容器（聚四氟乙烯、聚乙烯等材质）常用作含金属、放射性元素和其他无机物水样的保存；玻璃容器用作含有机污染物和生物类水样的保存。容器盖和塞的材质应与容器材料一致，容器洗涤方法基于水样成分和测试项目确定。《地表水和污水监测技术规范》（HJ/T 91—2002）对不同项目及容器材质提出了明确要求，并对洗涤方法一一列出（表 4-4）。容器洗涤晾干后，应按类型和项目编号，粘贴"四要素"标签，可在标签表面覆盖透明胶层，防止标签内容模糊损坏。

表 4-4　水样保存和容器的洗涤

项目	采样容器	保存剂及用量	保存期	采样量/mL[①]	容器洗涤
浊度[②]	G，P	—	12 h	250	I
色度[②]	G，P	—	12 h	250	I
pH[②]	G，P	—	12 h	250	I
电导率[②]	G，P	—	12 h	250	I
悬浮物[③]	G，P	—	14 d	500	I
碱度[③]	G，P	—	12 h	500	I
酸度[③]	G，P	—	30 d	500	I

项目	采样容器	保存剂及用量	保存期	采样量/mL[①]	容器洗涤
COD	G	加 H_2SO_4，pH≤2	2 d	500	I
高锰酸盐指数[③]	G	—	2 d	500	I
DO[②]	溶解氧瓶	加入硫酸锰，碱性 KI/叠氮化钠溶液，现场固定	24 h	250	
BOD$_5$[③]	溶解氧瓶	—	12 h	250	I
TOC	G	加 H_2SO_4，pH≤2	7 d	250	I
F^-[③]	P	—	14 d	250	I
Cl^-[③]	G，P	—	30 d	250	I
Br^-[③]	G，P	—	14 h	250	I
SO_4^{2-}[③]	G，P	—	30 d	250	I
PO_4^{3-}	G，P	NaOH，H_2SO_4 调 pH=7，$CHCl_3$ 0.5%	7 d	250	IV
总磷	G，P	HCl，H_2SO_4，pH≤2	24 h	250	IV
氨氮	G，P	H_2SO_4，pH≤2	24 h	250	I
NO_2^--N[③]	G，P	—	24 h	250	I
NO_3^--N[③]	G，P	—	24 h	250	I
总氮	G，P	H_2SO_4，pH≤2	7 d	250	I
硫化物	G，P	1 L 水样加 NaOH 至 pH=9，加入 5%抗坏血酸 5 mL，饱和 EDTA 3 mL，滴加饱和 $Zn(Ac)_2$ 至胶体产生，常温蔽光	24 h	250	I
总氰	G，P	NaOH，pH≥9	12 h	250	I
Be	G，P	HNO_3，1 L 水样中加浓 HNO_3 10 mL	14 d	250	III
B	P	HNO_3，1 L 水样中加浓 HNO_3 10 mL	14 d	250	I
Na	P	HNO_3，1 L 水样中加浓 HNO_3 10 mL	14 d	250	II
Mg	G，P	HNO_3，1 L 水样中加浓 HNO_3 10 mL	14 d	250	II
K	P	HNO_3，1 L 水样中加浓 HNO_3 10 mL	14 d	250	II
Ca	G，P	HNO_3，1 L 水样中加浓 HNO_3 10 mL	14 d	250	II
Cr（II）	G，P	NaOH，pH=8~9	14 d	250	III
Mn	G，P	HNO_3，1 L 水样中加浓 HNO_3 10 mL	14 d	250	III
Fe	G，P	HNO_3，1 L 水样中加浓 HNO_3 10 mL	14 d	250	III
Ni	G，P	HNO_3，1 L 水样中加浓 HNO_3 10 mL	14 d	250	III
Cu	P	HNO_3，1 L 水样中加浓 HNO_3 10 mL	14 d	250	III
Zn	P	HNO_3，1 L 水样中加浓 HNO_3 10 mL	14 d	250	III
As	G，P	HNO_3，1 L 水样中加浓 HNO_3 10 mL；DDTC 法，HCl 2 mL	14 d	250	I
Se	G，P	HC1，1 L 水样中加浓 HCl 2 mL	14 d	250	III
Ag	G，P	HNO_3，1 L 水样中加浓 HNO_3 2 mL	14 d	250	III

项目	采样容器	保存剂及用量	保存期	采样量/mL①	容器洗涤
Cd	G，P	HNO₃，1 L 水样中加浓 HNO₃ 10 mL④	14 d	250	III
Sb	G，P	0.2% HCl（氢化物法）	14 d	250	III
Hg	G，P	1%HCl，即 1 L 水样中加浓 HCl 10 mL	14 d	250	III
Pb	G，P	HNO₃，1 L 水样中加浓 HNO₃ 10 mL④	14 d	250	III
油类	G	加入 HCl 至 pH≤2	7 d	250	II
农药类③	G	加入 0.01～0.02 g 抗坏血酸除去残余氯	24 h	1 000	I
除草剂类③	G	加入 0.01～0.02 g 抗坏血酸除去残余氯	24 h	1 000	I
邻苯二甲酸酯类③	G	加入 0.01～0.02 g 抗坏血酸除去残余氯	24 h	1 000	I
挥发性有机物③	G	用 HCl（1+10）调至 pH=2，加入 0.01～0.02 g 抗坏血酸除去残余氯	12 h	1 000	I
甲醛③	G	加入 0.2～0.5 g/L 硫代硫酸钠除去残余氯	24 h	250	I
酚类③	G，P	用 H₃PO₄ 调至 pH=2，用 0.01～0.02 g 抗坏血酸除去残余氯	24 h	1 000	I
阴离子表面活性剂	G，P	—	24 h	250	IV
微生物③	G	加入 0.2～0.5 g/L 硫代硫酸钠除余氯，4℃保存	12 h	250	I
生物③	G，P	不能现场测定时用甲醛固定	12 h	250	I

注：①为单项样品的最少采样量。②表示应尽量做现场测定。③低温（0～4℃）避光保存。④如用溶出伏安法测定，可改用 1 L 水样中加 19 mL 浓 HClO₄；G 为硬质玻璃瓶；P 为聚乙烯瓶（桶）；I 为洗涤剂洗 1 次，自来水洗 3 次，蒸馏水洗 1 次；II 为洗涤剂洗 1 次，自来水洗 2 次，（1+3）HNO₃ 荡洗 1 次，自来水洗 3 次，蒸馏水洗 1 次；III 为洗涤剂洗 1 次，自来水洗 2 次，（1+3）HNO₃ 荡洗 1 次，自来水洗 3 次，去离子水洗 1 次；IV 为铬酸洗液洗 1 次，自来水洗 3 次，蒸馏水洗 1 次。如污水样品可省去用蒸馏水清洗的步骤。

4.2.3 采样方法

（1）地表水水样的采集

1）采样方法和采样器

对于地表水，通常采集的是瞬时水样，遇有重要支流的河段，则需要采集混合水样或综合水样。通过船只、桥梁、索道或涉水等方式，借助聚乙烯塑料桶、单层采样器、直立式采样器或自动采样器进行采集。采集表层水时，可用桶、瓶或采样器沉入水下 0.5 m 处（不足 0.5 m 时，在 1/2 水深处）直接采集；采集深层水时，可使用带重锤的采样器沉入水中采集；对于水流湍急的开阔河段或湖泊（水库），建议采用急流采样器（图 4-2）。急流采样器将一根长钢管固定在带重锤的铁框上，管内装有一根橡胶管，橡胶管上部用夹子夹紧，下部与瓶塞上的短玻璃管相连，瓶塞上另有一长玻璃管通至采样瓶近底处。采样前塞紧橡胶塞，然后垂直沉入要求的水深处，打开橡胶管上部的夹子，水即沿长玻璃管流入采样瓶中，瓶内空气由短玻璃管沿橡胶管排出。采集的水样与空气隔绝，可用于水中溶解性气体的测定。

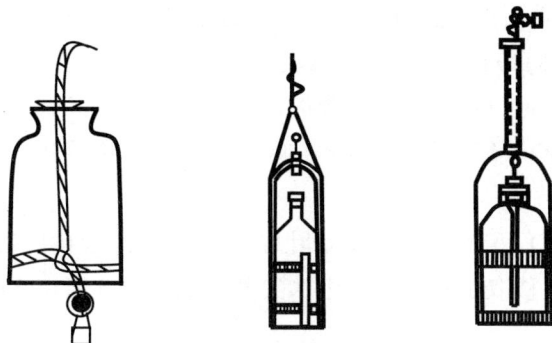

图 4-2　急流采样器

采集水样量大时，可借助采样泵（图 4-3）采集水样。作为一种机械泵式自动采样器，其能够借助泵的吸力将设定水层的水样抽取至采样瓶中。

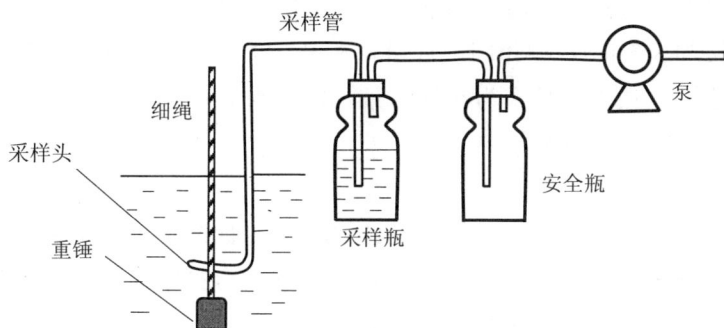

图 4-3　机械泵式采样器

2）采集量

水样采集量与分析方法、水样性质等有关，具体采样量见表 4-4。

3）注意事项

①水温、pH、电导率、溶解氧、氧化还原电位（Eh）等项目需要现场利用便携式设备进行测定。

②正式采样前，一般要用待采水样冲洗采样器 2～3 次，但油类水样除外，洗涤废水不能直接倒入水体中，以免搅起水中悬浮物或沉积物。

③采样时，应注意避开水面漂浮物，尤其油类水样，必须避开水面浮油，应在水面以下 5～10 cm 处采集柱状水样，并单独采样用于测定。针对不同的测定指标，采用的采样器有所差异，当测定水中溶解油或乳化油时，可用一般采样器。当测定水面浮油含量时，可用一个已知面积带不锈钢丝网的不锈钢钢架，网上固定易吸油介质（如合成纤维、有机溶剂浸泡过的纸浆或厚滤纸），放在水面吸附浮油。吸附后去除吸油介质，用正己烷

溶解油分后测定。

④如果水样中含沉降性固体（如泥沙等），则应将所采水样摇匀后倒入筒形玻璃容器（如 1～2 L 量筒），静置 30 min，将已不含沉降性固体但含有悬浮性固体的水样移入盛样容器并加入保存剂。测定总悬浮物和油类的水样除外。

⑤测定 BOD_5、DO、硫化物、余氯、粪大肠菌群、悬浮物、放射性等项目要单独采样。

⑥测定湖库水 COD、高锰酸盐指数、叶绿素 a、总氮、总磷时的水样，需静置 30 min 后，用吸管一次或几次移取水样，吸管进水尖嘴应插至水样表层 5 cm 以下位置，再加保存剂。

⑦现场认真填写"水质采样记录表"。内容包括采样日期、断面名称、采样位置（断面号、垂线号、点位号、水深）、现场测定记录（水温、pH、DO、Eh、透明度、电导率、浊度、水样感官指标）、水文参数（流速、流量）和气象参数（气温、风向、相对湿度等）。

（2）地下水水样的采集

地下水可分为上层滞水、潜水和承压水。上层滞水水质与地表水基本相同；潜水层通过包气带直接与大气圈/水圈相同，水质和水量受季节变化影响；承压水受气象因素和季节变化影响小，水质不易受人为活动污染。地下水通常采集的也是瞬时水样。对于不同研究对象，采集方法有所差异。

1）监测井水

专用地下水监测井的井口较窄（5～10 cm），井管深度视监测要求有所不同（1～20 m），多采用机械泵或虹吸管采样法。采样必须在充分抽吸后进行，抽吸水量不得少于井内水体积的 2 倍，采样深度应在地下水水面 0.5 m 以下，以保证水样具有代表性。采样器放下或提起时动作要轻，以免搅动井水及底部沉积物。对于封闭的生产井可在抽水时从泵房出水管放水阀处采样，采样前应将抽水管中的存水排净。

2）泉水、自来水

对于自喷泉水，可在涌水口处直接采集水样；对于非自喷泉水，可按监测井水采集方法进行取样。采集自来水龙头水样时，应将水龙头完全打开 3～5 min，使积留在水管中的陈旧水排出后再取样。

（3）污水采样

污水的采样方法取决于污水来源的生产工艺、排污工艺、排污规律和监测目的。由于工业污水的水量和水质多随时间动态变化，可根据能反映其变化规律的采样要求，采集瞬时、混合或综合水样。

1）浅层污水

以沟渠形式向水体排放污水时，应设适当的围堰，可用长柄采水勺从堰溢流中直接采集；在排污管道或渠道中采样时，应在液体流动的部位采集水样。

2）深层污水

深层污水是指污水处理池中的水，可使用专用的深层采样器采集。

3）自动采样

自动采样器有瞬时自动混合采样器和定时自动分配混合采样器两类。前者可在一个生产周期内，将按时间间隔采集或按流量比采集的多个水样混合，结果以平均值形式呈现；后者则可连续定时采集水样，并分配于不同的容器中，以获得监测指标浓度与时间的关系，达到研究水质-时间变化趋势的目的。

（4）特殊水样采样

1）微生物水样

选用带磨口塞的广口耐热玻璃瓶做采样容器。微生物、生物采样容器采样前必须先进行灭菌（160℃干热灭菌 2 h 或 121℃湿热灭菌 15 min），干热灭菌的容器必须在两周内使用，否则需重新灭菌；湿热灭菌的采样容器如不立即使用，应在 60℃环境下将瓶内冷凝水烘干，两周内使用。细菌检测项目采样时不能用水样冲洗采样容器，不能采混合水样，应单独采样后 2 h 内送至实验室分析，否则应在 4℃环境下保存，并于 4 h 内送至实验室检验。

如在同一采样点采集几个监测项目水样时，应优先采微生物水样。

2）放射性水样

容器采用聚四氟乙烯或高压聚乙烯瓶，采用方法与一般水样相同。

4.2.4　水样的管理运输

为保证水样能顺利送到实验室，且检测数据可靠，水样必须妥善严格管理，应注意以下细节：

①水样采集后，需根据分析检测项目分装成数份，并分别加入保存剂。对每一份样品都应附一张完整的"四要素"标签，包括采样点位编号、采样日期和时间、测定项目、保存方法，并写明用何种保存剂。标签表面可覆盖透明胶层，防止标签内容模糊损坏。

②盛水容器应妥善包装，特别是采样瓶颈部和瓶塞，防止破损或丢失。

③根据季节气温情况，严格控制运输过程的环境温度（冷藏或保温）。

④同一采样点的样品应装在同一包装箱内，如样品量较多，需分装在两个或几个箱子时，则应在每个箱内放入相同的现场采样记录。运输前应检查现场采样记录上的所有水样是否全部装箱，要用记号笔在包装箱顶部和侧面标上"此面朝上、切勿倒置"的标记。

⑤水样的运输时间一般以每个项目分析前最长可保存的时间为依据，并尽可能缩短实际运输时间，在现场工作开始之前，应提前选择好妥善的运输方式，以防延误。

⑥在样品运输过程中应有押运人员，防止样品损坏或污染。

⑦移交实验室时，交接双方应一一核对样品，办妥交接手续，并在管理程序记录卡

上签字。

4.2.5 水样的保存

水样采集后，应尽快送到实验室分析。若样品久放，受生物、化学或物理作用的影响，某些组分的浓度可能会发生变化，甚至产生新的组分。

（1）生物作用

微生物代谢活动，如细菌、真菌和其他生物会对多种被测物的化学形态产生影响，从而影响相应测定指标的浓度，主要反映在 pH、DO、BOD_5、游离 CO_2、碱度、硬度、磷酸盐、硫酸盐、硝酸盐和某些有机化合物的浓度上。

（2）化学作用

测定组分可能被氧化或还原，如六价铬在酸性条件下易被还原为三价铬，低价铁在氧气作用下会氧化成高价铁。由于铁、锰等物质价态的改变，可导致沉淀、溶解、聚合或解聚作用的发生，使测定结果与水样实际情况不符。

（3）物理作用

阳光、温度、静置或振动、容器材质等会对水样性质产生一定影响，如塑料容器长时间放置可能会有微塑料等组分溶解至水样中。此类作用常在很短时间内导致样品发生明显变化，可采用的保护措施有：

1）冷藏或冷冻保存法

将水样冷藏在 4℃或迅速冷冻，贮存于暗处，可以抑制生物活动，减缓物理挥发作用和化学反应速度。冷藏是短期内保存样品的一种较好方法，对测定基本无影响，但不能超过保存期限。冷藏时温度必须控制在 4℃左右，温度太低（如≤0℃）会导致水样结冰膨胀导致玻璃容器破裂，或样品瓶盖被顶开失去密封，进而导致样品被污染；反之，温度太高会出现微生物滋生，导致水质变化。

2）加入化学保存剂

①控制溶液 pH。控制水样的 pH，可使一些处于不稳定态的待测组分转化为稳定态。例如，测定水中金属离子时，常采用加酸的方式使 pH≤2，防止金属离子水解沉淀或被容器壁吸附。

②加入生物抑制剂。可有效抑制微生物作用。例如，测定含酚水样时用磷酸调节 pH 至 4，并加入适量硫酸铜可抑制苯酚菌的分解作用。

③加入氧化剂或还原剂。可有效抑制氧化或还原作用对水样待测组分形态或浓度的影响。例如，在水样中加入抗坏血酸可防止硫化物被氧化。但应当注意的是，投加保存剂的前提是不能干扰后续的测定，保存剂应采用优级纯试剂配制，同时在采样前进行相应空白试验，对测定结果进行校正。当保存剂间存在相互干扰时，建议采用分瓶采样、分别加入不同的保存剂。

　　3）过滤或离心分离

　　浑浊水样会导致某些分析检测数据发生波动，如分光光度检测法。通常用孔径为 0.45 μm 的滤膜分离水中溶解态与颗粒态物质，但不可采用直径为 0.22 μm 的滤膜进行过滤，其会导致细菌被同时去除。不建议采用自然沉降取上清液的方法测定溶解态物质，对于含泥沙较多的水样可用离心法分离，含有机物多的水样可用中速定量滤纸过滤。

4.3　水样的预处理

4.3.1　水样稀释

　　各种分析测试方法均有一定的检出范围，通常为标准曲线浓度范围。在分析测试时需预估样品中的被测组分浓度，对超出检出浓度范围的样品进行稀释。采取科学的稀释方法，确定适当的稀释倍数，不仅可以减少分析工作量，还可降低杂质干扰，提高检测结果的可靠性。根据稀释时使用的样品处理程度，可分为原始样品稀释法、中间样品稀释法和分析后样品稀释法。

　　（1）原始样品稀释法

　　水污染监测或分析中绝大部分样品都可采用原始样品稀释法，根据样品中待测组分浓度，又可分为一次稀释法和逐级稀释法。若样品基础溶剂是水，可用水进行稀释；若是其他溶剂，需用与之相同或相近组分的溶剂稀释。原始样品稀释法一般吸取（或量取）一定体积的均匀原始样品于容量瓶中，用溶剂稀释至刻度，稀释后总体积与吸取样品体积的比即为稀释倍数。原始样品稀释法的主要优点是，样品稀释过程中对原样品中待测组分性质影响较小，并可降低干扰物质的浓度，但操作烦琐，稀释溶剂用量大。如果稀释倍数不当，需重新确定稀释倍数后进行测试，工作量大。

　　（2）中间样品稀释法

　　中间样品是指原始样品经预处理后的样品，如挥发酚、氨氮等原始样品经蒸馏后的待测样品，或砷、汞、镉等金属消解后的样品。利用中间样品进行稀释，可减少试剂用量，且操作方便。稀释的具体操作与原始样品稀释法相同，注意稀释使用的溶剂和稀释倍数。

　　（3）分析后样品稀释法

　　对比前两种方法，该方法更为方便，也是保障样品分析数据可靠性的重要手段。例如，分光光度法测定苯酚，在显色反应后发现样品吸光值高于规定范围时，可将显色后的样品用溶剂进一步稀释后再测定。采用分析后样品稀释时，要注意采用相同方法处理空白样品，扣除试剂空白的干扰。

　　实际工作中，根据样品情况选择合适的稀释样品，优先使用分析后样品，其次是中间样品。一般来讲，分光光度法分析的样品大多可在显色后稀释，也就是分析后样品稀释，如氨氮、总磷、总氮、铁、锰等；挥发酚、汞、镉、铅等测试项目多采用中间样品稀释；COD、BOD$_5$ 等测试项目需要采用原始样品稀释。

样品的稀释误差主要来源于量器误差，以及溶剂组分与样品溶剂组分间差异性而引起的体积误差。稀释过程需借助移液枪、移液管或量筒准确量取原始溶液，移入容量瓶进行稀释定容，量器误差主要来自取液工具和容量瓶。使用移液工具时，量程的选择非常重要，所取溶液体积应位于总量程的一半及以上，这样所取的体积较为准确。移液枪的定量作用是通过弹簧实现的，若是从大量程调至小量程，直接旋至相应刻度即可，如果是从小量程旋至大量程，应先超过目标刻度，再旋回，以减少取样误差。实验结束后，要将移液枪调回最大刻度，防止定量弹簧长时间受压迫变形而导致取样体积不准确。定容时应将容量瓶刻度线与视线平齐，定容时应将凹液面的最低处与刻度线相切。为降低分析误差，要选择适宜的溶剂，避免样品组分变化或样品与稀释溶剂不互溶的情况发生。为减小稀释误差，节约溶剂用量，一般原溶液的体积不宜过少，一次稀释倍数也不应太大，若达不到所要求的稀释倍数，可采取逐级稀释法。如样品需要稀释 1 000 倍方可进行实验，可以先稀释 50 倍，再以稀释后的溶液为母液，稀释 20 倍即可。

4.3.2　水样消解

消解是用氧化性酸、混合酸或碱处理水样的过程。当需要测定含有机物等杂质的水样中的无机组分，或需要测定溶解态、吸附态和沉淀态的金属组分的总浓度时，水样需要进行消解处理。水样消解的目的是破坏有机物并消除有机物对测定的干扰，溶解悬浮固体，将待测元素氧化成单一高价态或转化成易于分离的无机化合物，以便保障分析检测数据的准确性和可靠性。目前，常用于水样消解的方法有湿法消解、干法消解、微波消解和紫外光消解。

（1）湿法消解

湿法消解适用于清洁的地表水和地下水、微污染水源、污水以及水体沉积物等环境样品的预处理，常用的酸有硝酸、硫酸、高氯酸和磷酸，常用的氧化剂有高锰酸钾、过氧化氢、硝酸和高氯酸等，常用的碱有氢氧化钠、氨水和过氧化氢溶液。

1）硝酸消解

硝酸是最常用的一元强酸，主要用于较洁净的水样消解。具体操作方法是取混匀水样 50～200 mL 于锥形瓶中，加入 5～10 mL 浓硝酸，在电热板上控温（95±5）℃加热煮沸，并蒸发至小体积，试液应清澈透明，呈浅色或无色，否则应补加少许浓硝酸继续消解。蒸至近干时，取下锥形瓶，稍冷却后加入质量分数为 2% 的硝酸溶液 20 mL，温热溶解可溶盐。若有沉淀，应过滤，滤液冷却至常温后于 50 mL 定量瓶中定容备用。

2）硝酸-硫酸消解

硝酸-硫酸（5∶2）为消解常用的混合酸组合，最高温度可达 220℃。两种酸均具有强氧化能力，混合使用可明显提高水样的消解温度和消解效果，故该法适用于各种类型水样的消解，但当水样中含有能生成难溶硫酸盐的组分时，如钡离子，宜改用硝酸-盐酸的混合酸体系。

消解时，通常先将浓硝酸加入待消解样品中，加热蒸发至小体积，稍冷却后再加入一定体积的浓硫酸和浓硝酸，继续加热蒸发至冒大量白烟，稍冷却后加入质量分数为 2% 的硝酸溶液，温热溶解可溶盐。若有沉淀，应过滤，滤液冷却至常温后定容备用。

3）硝酸-高氯酸消解

硝酸和高氯酸混合使用能提高难降解有机物的消解效果。具体操作方法为，先加 5～10 mL 浓硝酸，在电热板上加热，消解至大部分有机物被分解。稍冷后再加入 2～5 mL 高氯酸，继续加热至开始冒白烟，如试液呈深色，再补加浓硝酸至浓厚白烟将尽，稍冷却后加入质量分数为 2% 的硝酸溶液，温热溶解可溶盐。若有沉淀，应过滤，滤液冷却至常温后定容备用。

消解过程中，不得把高氯酸加入含有机物的热溶液中，任何情况下不得将高氯酸水解的水样蒸干。高氯酸与含羟基有机物会发生剧烈反应，生成高氯酸酯，有爆炸危险，消解时必须十分小心。

4）硝酸-氢氟酸消解

氢氟酸能与水样中的硅酸盐和硅胶态物质发生反应，生成四氟化硅后挥发分离，消除其干扰。但氢氟酸也能与玻璃发生反应，消解时应使用聚四氟乙烯材质的烧杯。

5）硫酸-磷酸消解

硫酸具有强氧化性，而磷酸能与一些金属离子络合，使用二者混合酸进行消解处理，有利于消除 Fe^{3+} 等离子对水样测定的干扰。

6）硫酸-高锰酸钾消解

该方法主要用于测定含 Hg 水样的消解。高锰酸钾为强氧化剂，对有机物有较强的氧化作用，多形成草酸盐氧化产物，但在酸性条件下，氧化分解有机物的能力更强。然而，高锰酸钾的颜色可能会对后续测定产生干扰，消解后可通过滴加盐酸羟胺溶液反应中和过量的高锰酸钾，消除高锰酸钾颜色的干扰。消解要点是，取适量水样，加入适量浓硫酸和质量浓度为 50 g/L 的高锰酸钾溶液，混合均匀后控制温度在（95±5）℃煮沸，直至消解液蒸发至近干，冷却后滴加盐酸羟胺溶液分解过量的高锰酸钾。

7）碱消解

遇到采用酸消解法无法彻底消除干扰物质或会造成某些挥发性组分损失的水样，可改用碱消解法。其方法要点是在水样中加入适量氢氧化钠-过氧化氢混合溶液，或加入氨水-过氧化氢混合溶液，加热煮沸至近干，稍冷却后加入去离子水或稀碱溶液，温热溶解可溶盐。若有沉淀，应过滤，滤液冷却至室温后转移至 50 mL 容量瓶，定容后待分析测定。

8）多元消解

对于成分比较复杂的水样，为提高消解效果，可联合使用 3 种或多种酸或氧化剂进行消解。例如，测定废水全元素时，需使用硫酸-盐酸-高锰酸钾三元体系消解。

（2）干法消解

干法消解又称干灰化法或高温分解法，多用于固态样品如沉积物、底泥等底质以及土壤样品的消解。操作过程是：取适量水样于白瓷或石英蒸发皿中，在水浴上蒸干后移入马弗炉内，于 450～550℃灼烧到残渣呈灰白色，使有机物完全去除。取出蒸发皿稍冷却后，用适量质量分数为 2%的硝酸或盐酸溶液充分溶解样品灰分，溶解液经过滤、定容后待分析测定。

（3）微波消解

微波消解是将高压消解和微波快速加热相结合的消解新技术，微波是指频率为 300～300 000 MHz 的电磁波，民用微波频率一般采用 2 450 MHz，所对应的能量大约为 0.96 J/mol，能级属于范德华力（分子间作用力）范畴，微波能穿透一些用非导体材料制作的容器（如石英或玻璃制品、聚四氟乙烯制品），以其中的水样和消解酸的混合液为发热体，从内部对样品进行激烈搅拌、充分混合和快速加热，可显著提高样品的分解速率。微波频率越高，输入的能级越高，消解效果越好；物质的介电常数越高，吸收的微波能越高，消解的效果也越好。

与传统加热相比，微波加热具有以下优点：

①加热快速均匀。

②密闭消解时容器内产生的压力可提高溶样酸的沸点，温度可达 350℃，压力可达 20 MPa，有利于难消解组分的充分消解。

③密闭消解时，能降低样品受到外界污染的风险，有利于提高测定结果的准确度。

④减少了水样消解过程中的热损失和挥发组分排放，节能环保。从科学原理上讲，传统的酸消解均可采用微波消解，但为确保消解完全，需根据具体的水样测定项目和样品性质优化微波消解条件。

《水质　金属总量的消解　微波消解法》（HJ 678—2013）中，微波消解步骤如下：

①取 25 mL 水样于消解罐中，先加入适量过氧化氢，再根据待测元素加入适量消解液Ⅰ（5 mL 浓硝酸）或消解液Ⅱ（4 mL 浓硝酸和 1 mL 浓盐酸混合液），置于通风柜中观察溶液，待氧化反应平稳后加盖旋紧。

②将消解罐放在微波消解仪中，按推荐的升温程序（10 min 升温至 180℃并保持 15 min）进行消解。

③微波程序运行结束后，将消解罐取出并置于通风柜内冷却至室温，放气开盖，转移消解液至 50 mL 容量瓶中，定容备用。

（4）紫外光消解

紫外光消解是利用紫外光（UV）和氧化剂相结合的一种湿式催化氧化消解方法。其原理是在常温常压条件下，利用紫外光的能量激发，使氧化剂分解，产生氧化能力强、反应速率快、反应彻底的羟基自由基（·OH）等活性物种，从而氧化传统酸、碱和氧化剂难以氧化分解或消解的难降解有机物。消解过程不产生二次污染，且消解完全彻底。

4.3.3　水样分离与富集

在水污染控制工程科学研究中，常常遇到水样成分复杂、干扰因素多，且待测组分含量低于分析方法检测下限的情况，采用掩蔽剂消除干扰是一种比较简单有效的方法，但对于采用掩蔽方法还不能解决的情况，就需将待测组分与干扰物质分离或者尽可能完全地提取富集待测组分。

被测组分与干扰组分的分离方法是否合适，取决于被测定组分的回收率高低，在实际工作中，样品中被测组分含量不同，对回收率的要求也不同。在一般情况下，对于含量在 1%以上的组分，回收率应在 99%以上；对于微量组分，回收率为 95%、90%或更低一些也是允许的。

$$回收率 = \frac{分离后测得的实际含量}{原本理论含量} \times 100\% \qquad (4\text{-}1)$$

常用分离或富集方法有沉淀分离法、液-液萃取分离法、离子交换分离法、色谱分离法、蒸馏和挥发分离法，另外还有过滤、汽提、顶空、固相萃取、固相微萃取和液相微萃取等。

（1）沉淀分离法

沉淀分离法是基于溶度积原理、利用沉淀反应进行分离的方法。共沉淀是指溶液中一种难溶化合物在形成沉淀过程中，将共存的某些痕量组分同步沉淀出来的现象。共沉淀的机理是基于吸附、生成混晶、异电荷胶体物质相互作用等。

1）利用吸附作用的共沉淀分离

该方法常用的无机载体有 $Fe(OH)_3$、$Al(OH)_3$、$Ga(OH)_3$、$Mn(OH)_2$、$Mg(OH)_2$ 等，均是比表面积大、吸附力强的非晶型胶体沉淀，吸附和富集效率高。例如，分光光度法测定水样中 Cr^{6+} 时，当水样有色度、浑浊，且 Fe^{3+} 浓度低于 200 mg/L 时，可在 pH 为 8～9 条件下，用 $Zn(OH)_2$ 作共沉淀剂吸附分离干扰物质。

2）利用生成混晶的共沉淀分离

当微量组分及沉淀剂组分生成沉淀时，如具有相似的晶格，就可能生成混晶而共同析出。例如，硫酸铅和硫酸锶的晶型相同，在分离水样中的痕量 Pb^{2+} 时，可加入适量 Sr^{2+} 和过量可溶性硫酸盐，生成 $PbSO_4\text{-}SrSO_4$ 混晶，将痕量 Pb^{2+} 共沉淀出来。

3）利用有机共沉淀剂进行共沉淀分离

有机共沉淀剂的选择性较无机沉淀剂高，得到的沉淀也更为纯净，并且通过灼烧可除去有机共沉淀剂，留下待测组分。例如，痕量 Ni^{2+} 与丁二酮肟生成螯合物分散在溶液中，若加入丁二酮肟二烷酯（难溶于水）的乙醇溶液，则析出固体的丁二酮肟二烷酯，便可将丁二酮肟镍螯合物共沉淀出来，此时丁二酮肟二烷酯只起到载体作用，称为惰性共沉淀剂。

（2）汽提、顶空和蒸馏法

汽提、顶空和蒸馏法适用于测定水样中易挥发组分的提取分离。在水样预处理时，向水样中通入惰性气体或对水样加热，将待测易挥发组分气化，达到分离和富集的目的。

1）汽提法

该方法是将惰性气体（氮气或氦气）通入待预处理的水样中，将待测组分气化带出，直接导入仪器测定，或导入吸附柱（或吸收液）吸收富集后再测定。该方法适于被测组分沸点较高和水溶性较大的水样。例如，用分光光度法测定水体中的硫化物时，先使之在磷酸介质中生成硫化氢，再用惰性气体导入乙酸锌-乙酸钠吸收溶液中，达到与母液分离和富集的目的。

2）顶空法

该方法常用于测定挥发性有机物（volatile organic compounds，VOCs）或挥发性无机物（volatile inorganic compounds，VICs）的水样。测定时，先在密闭的容器中装入水样，容器上部留存一定空间，再将容器置于恒温水浴中，经过一定时间，容器内的气液两相达到平衡，待测组分在两相中的分配系数 K 和两相体积比 β 分别为

$$K = \frac{[X]_G}{[X]_L} \tag{4-2}$$

$$\beta = \frac{V_G}{V_L} \tag{4-3}$$

式中，$[X]_G$——平衡状态下待测物 X 在气相中的浓度；

$\quad\quad [X]_L$——平衡状态下待测物 X 在液相中的浓度；

$\quad\quad V_G$——气相体积；

$\quad\quad V_L$——液相体积。

根据物料平衡原理，可以推导出被测组分在气相中的平衡浓度$[X]_G$ 及其在水样中原始浓度 $[X]_L^0$ 之间的关系式：

$$[X]_G = \frac{[X]_L^0}{K + \beta} \tag{4-4}$$

K 值大小受温度影响，并与被处理对象的物理性质、组成及其各组分浓度有关。如果向水样中加入盐析剂（如氯化钠）或升高水温，K 值将变小，有利于$[X]_G$ 的提高；减小顶空部分体积 V_G，也有利于$[X]_G$ 的提高。当从顶空装置取气样测得$[X]_G$后，即可利用式（4-4）计算出水样中待测物的原始浓度$[X]_L$。

3）蒸馏法

蒸馏法是基于气液平衡原理，利用各组分的沸点及蒸气压差异性达到分离目的，在加热时水样中易挥发的组分富集在蒸气相，通过冷凝，进入馏出液或吸收液中，从而得到富集。蒸馏主要有常压蒸馏和减压蒸馏两类。常压蒸馏适用于沸点为 40～150℃的化合物分离，常用于测定水样中的挥发酚、氰化物、氟化物等。蒸馏同时具有消解、分离和

富集 3 种效果，通过控制蒸馏条件可以获得较好的分离效果以及较纯的待测物质。

（3）液-液萃取分离法

液-液萃取分离法又称溶剂萃取分离法，一般简称萃取分离法。这种方法是基于物质在互不相溶的两种溶剂中分配系数不同，达到组分的分离和富集。萃取分离法设备简单、操作快速、分离效果好，广泛用于痕量组分（包括有机物和金属元素）的提取和分离，但工作量较大、萃取溶剂种类受限、易挥发、易燃和有毒等是限制其应用的重要原因。如果被萃取组分是有色化合物，则可以取有色相直接进行比色测定，称为萃取比色法，具有较高的灵敏度和选择性。

1）萃取过程的本质

无机盐类溶于水中并发生离解时，会形成水合离子，如 $Al(H_2O)_6^{3+}$、$Zn(H_2O)_4^{2-}$、$Fe(H_2O)_2Cl_4^-$ 等，它们易溶于水而难溶于有机溶剂，该性质称为亲水性。许多有机化合物（如油脂、萘、蒽等）难溶于水而易溶于有机溶剂，该性质称为疏水性。萃取的本质是相似相溶，即性质相似的物质会溶解在相对应的溶剂中。如果想将水溶性物质溶解于有机溶剂中，就必须将物质由亲水性转化为疏水性。若想将有机相中的物质再次转入水相中，相应过程被称为反萃取。萃取与反萃取配合使用，可提高萃取分离的选择性。

物质亲水性的强弱规律可简单概括如下：

①凡是离子均有亲水性。

②物质含亲水基团越多，其亲水性越强，常见的亲水基团有—OH、—SO_3H、—NH_2 和—COOH 等。

③物质含疏水基团越多，分子量越大，其疏水性越强，常见的疏水基团有烷基（如—CH_3、—C_2H_5）、卤代烷基、芳香基（如苯基、萘基）等。

2）分配定律

物质在水相和有机相中均具有一定的溶解度，亲水性强的物质在水相中的溶解度较大，在有机相中的溶解度较小；疏水性强的物质则与之相反。在萃取分离过程中，达到平衡状态时，被萃取物质在有机相和水相中均具有一定的浓度，相应浓度之比称为分配系数。

当有机相和水相的混合物中溶有溶质 A 时，如果 A 在两相中的平衡浓度分别为$[A]_有$、$[A]_水$，根据分配定律：

$$K_D = \frac{[A]_有}{[A]_水} \tag{4-5}$$

式中，K_D——分配系数，它与溶质和溶剂的特性、温度等因素有关。

分配定律适用范围如下：

①溶质浓度应较低，若浓度较高时，应校正离子强度的影响。

②溶质在两相中的存在形式相同，没有离解、络合等副反应。

因此，分配定律一般仅适用于如 I_2 这样的简单物质的稀溶液。试验证明，I_2 在水相中的浓度（用$[I_2]_水$表示）<0.2 g/L 时，它在水和 CCl_4 中的分配系数 K_D 是一常数；浓度

大时，K_D 值增大。

3）分配比

在分析工作中，常遇到溶质在水相和有机相中具有多种赋存形态的情况，此时分配定律需要加以修正。通常把溶质在有机相中各种赋存形态的总浓度 $C_{有}$ 与在水相中各种赋存形态的总浓度 $C_{水}$ 之比称为分配比，用 D 表示：

$$D = \frac{C_{有}}{C_{水}} \qquad (4-6)$$

当两相的体积相等时，若 $D>1$，则说明溶质进入有机相的量比留在水相中的量多。在实际工作中，如果要求溶质绝大部分进入有机相，则 D 值应大于 10。

对于用 CCl_4 萃取 I_2 这样的简单体系，溶质在两相中的赋存形态相同，则 K_D 和 D 相等：

$$K_D = D = \frac{[I_2]_{有}}{[I_2]_{水}} \qquad (4-7)$$

在复杂体系中，K_D 和 D 可能并不相等。D 值的表示式有时虽然很复杂，但它的数值容易测得。

4）萃取百分率

在实际工作中，常用萃取百分率 E 来表示萃取的完全程度。萃取百分率是物质被萃取到有机相中的百分率：

$$E = \frac{被萃取物质在有机相中的总含量}{被萃取物质的总量} \times 100\% \qquad (4-8)$$

E 与 D 的关系如下：

$$E = \frac{D}{D + \dfrac{V_{水}}{V_{有}}} \qquad (4-9)$$

式中，$V_{有}$——有机相的体积；

$V_{水}$——水相的体积。

当采用等体积溶剂进行萃取时，即 $V_{有} = V_{水}$，则

$$E = \frac{D}{D+1} \times 100\% \qquad (4-10)$$

式（4-10）说明，当有机相和水相体积相等时，若 $D=1$，则萃取一次的萃取百分率为 50%；若要求萃取一次后的萃取率大于 90%，则 D 必须大于 9。同等体积的萃取溶剂，分几次萃取的效率比一次萃取的效率高。但应注意，增加萃取次数会增加萃取操作的工作量。实际工作中应平衡萃取效率与实验成本，尽可能选择萃取效率高的萃取溶剂，降低试剂的使用量，减少萃取时间。

5）分离系数

用萃取法分离 A、B 两种物质时，分离效果取决于两者在萃取体系中的分配比，一

般用分离系数 β 来表示分离效果。

$$\beta = \frac{D_A}{D_B} \tag{4-11}$$

为达到分离目的，不仅要求目标物质 A 具有高的萃取效率，而且要求与共存组分间具有良好的分离效果。故如果 D_A 与 D_B 数值相差很大，则两物质可以定量分离；若 D_A 与 D_B 数值相近，则 β 值接近于 1，此时两物质具有相近的萃取率，一般难以定量分离。

常用的萃取剂有二硫化碳、四氯化碳、氯仿、二氯甲烷、己烷、苯、甲苯、甲基异丁酮、乙酸乙酯等。萃取后的组分可直接用于分光光度法、原子吸收法、气相色谱法等测定方法，或蒸去有机溶剂得到较纯的待测目标物质，随后可根据需要采用其他合适溶剂复溶，再用发射光谱法、电化学法等其他方法测定。

（4）吸附分离法

吸附法是指利用多孔固体吸附剂处理水样，使水样中某些特定组分被吸附，再经加热、投加再生剂等方式使之脱附或解吸，从而达到分离、富集的目的。传统吸附剂有沸石、活性炭、吸附树脂等，新型吸附剂有生物质（藻类或其碳化后颗粒）、金属氧化物或氢氧化物颗粒等。按吸附剂与吸附质间作用力的不同，可分为物理吸附和化学吸附，该方法适合于低浓度污染物的分离和富集，具有操作简单、处理效率高的技术优势。

（5）液相色谱分离法

液相色谱法的分离机理是基于混合物中各组分对两相亲和力的差别，而实现混合物中各组分的分离。根据物质与固定相之间的作用不同，液相色谱分为液固色谱和液液色谱。液固色谱法是基于物质吸附作用的不同而实现分离，其固定相是具有吸附活性的物质（如硅胶、氧化铝、分子筛、聚酰胺等）；液液色谱法是基于被测物质在固定相和流动相之间的相对溶解度的差异，通过溶质在两相之间不断进行重新分配而实现分离。根据固定相与流动相的极性不同，也可将液相色谱法分为正相色谱和反相色谱。前者是用硅胶或极性键合相为固定相，相对极性较弱的溶剂为流动相；后者是硅胶为基质的烷基键合相为固定相，相对极性较强的溶剂为流动相，适用于非极性化合物的分离。反相色谱和正相色谱两种分离模式刚好相反互补，实际应用中在反相色谱中保留差、分离效果不佳的混合物可在正相色谱中进行分离尝试，往往会有较好的分离效果，但需注意样品与流动相溶剂间的互溶性。

根据固定相的形式，液相色谱法还可分为柱色谱法、纸色谱法及薄层色谱法等。按作用力的不同，也可分为吸附色谱、分配色谱、离子交换色谱和凝胶渗透色谱等。近年来，在液相柱色谱系统中加上高压输液系统，使流动相在高压下输送流动以提高分离效果，出现了高效（又称高压）液相色谱法。以下介绍几种常用的液相色谱法。

1）纸色谱法

纸色谱法是指用滤纸作为载体，将待分离的水样用毛细管滴在滤纸的原点位置上，利用纸上吸附的液体（一般为滤纸质量 20%的水分）作为固定相，另取一其他极性的溶剂作流动相（展开剂）。流动相由于毛细管作用，自下而上地不断上升，流动相上升时，与滤纸上的固定相相遇，这时被分离的组分就在两相间不断分配（相当于一次又一次的萃取），分配比大的组分上升得快，分配比小的组分上升得慢，从而将它们逐个分开。经一定时间后，取出滤纸，喷上显色剂显斑，可以得到含有不同组分的色谱图。将对应组分的滤纸裁剪下来，用合适的洗脱剂进行洗脱，即可获得相应组分。

2）离子交换色谱法

离子交换色谱法是利用离子交换剂与水样中的离子发生交换反应而实现分离的方法。离子交换剂分为无机（如天然黏土、合成沸石）和有机（如离子交换树脂）两类，其中离子交换树脂应用最为广泛，包含了阳离子型、阴离子型和螯合型。该方法分离效率高、操作简单，且树脂可再生后重复利用，不仅适用于带相反电荷的离子，还可用于带相同电荷或性质相近的离子，广泛应用于微量组分的富集和高纯物质的制备，但缺点是工作周期长、分析效率低。

3）凝胶渗透色谱法

凝胶渗透色谱法又称尺寸排阻色谱法。以溶剂为流动相，多孔填料（如多孔硅胶、多孔玻璃）或多孔交联高分子凝胶为分离介质的液相色谱法。当混合物溶液进入凝胶色谱柱后，流经多孔凝胶时，体积比多孔凝胶孔隙大的分子不能渗透到凝胶孔隙内而从凝胶颗粒间隙中流过，较早地被冲洗出柱外，而小分子可渗透到凝胶孔隙内，会较晚地被冲洗出来，混合物经过凝胶色谱柱后就按分子大小顺序先后由柱中流出而达到分离目的。凝胶渗透色谱法的优点是：分离不需要梯度冲洗装置；同样大小的柱能接受比通常液相色谱大得多的试样量；试样在柱中稀释少，易于检测；组分的保留时间可提供分子尺寸信息；色谱柱寿命长。凝胶渗透色谱法的缺点主要有：不能分离分子尺寸相同的混合物，色谱柱的分离度低；峰容量小；若存在其他保留机理时会引起干扰。凝胶渗透色谱法主要应用于测定高聚物分子量和分子量分布梯度，同时也可用于分离齐聚物、单体和聚合物添加剂等。

（6）气相色谱分离法

气相色谱法与液相色谱分离法最显著的区别是以气体为流动相的色谱分析方法。分析对象是气体或可挥发性物质。水样中的待测物若采用气相色谱法分离则需要直接气化或添加物质衍生化成易气化的物质后再进行分离。气相色谱法是基于不同物质理化性质的差异，在固定相（色谱柱）和流动相（载气）构成的两相体系中具有不同的分配系数（或吸附性能），当两相做相对运动时，不同物质在两相间进行反复多次的分配（吸附—脱附或溶解—析出），使得那些分配系数只有微小差别的物质，在迁移速度上逐步拉大差距，从而实现复杂混合物中各组分的彼此分离。相较于液相色谱分离法，气相色谱法的优点是分离效能高，尤其是使用毛细管柱，每米总柱效可达 10^6 理论塔板数。在同样的分离时间内可以比液相色谱分离法分离出更多的化合物。气相色谱分离法按固定相的状态又可分为气液色谱和气固色谱两大类：

1）气液色谱固定相

气液色谱固定相由固定液和载体组成。载体是一种惰性固体颗粒，用作支持物。固定液是渍涂在载体上的高沸点物质。固定液按照化学结构可分为烃类（角鲨烷），聚硅氧烷类，酯类，聚乙二醇类等；按照相对极性可分为非极性、中等极性和极性。固定液种类众多，在实际应用中根据相似性原则选择，即按被分离组分的极性或基团类型与固定液相似的原则来选择。混合物经过分离后的流出顺序符合以下规律：

①分离非极性组分，选用非极性固定液，组分按沸点顺序流出色谱柱，沸点低的组分先出峰。

②分离中等极性组分，选用中等极性固定液，出峰顺序与沸点和极性有关。若组分级性差异小，而沸点有较大差异，则按沸点顺序出峰；若组分间沸点相近，极性有较大差异，则极性小的组分先出峰。

③分离极性组分，选用极性固定液，组分按极性顺序流出色谱柱，极性小的组分先流出色谱柱。

④分离能形成氢键的组分，选用氢键型固定液，组分按与固定液形成氢键的能力大小先后流出，形成氢键能力弱的组分先流出色谱柱。

2）气固色谱固定相

固定相吸附剂多为硅胶、氧化铝、分子筛、高分子多孔微球等。该类固定相具有以下特点：

①耐高温。

②无固定液涂敷，无柱流失现象，柱寿命长。

③一般按极性顺序分离化合物，极性大的组分先出锋。

在气相色谱测定中，水样的进样方式尤为重要。气相色谱分离中使用的毛细管色谱柱固定相均不耐受水分子，水分子进入色谱柱会对色谱柱造成不可逆的损坏。因此，采用气相色谱测定水样中的待测物时，一般需要通过有机溶剂萃取分离，或者加入试剂进行衍生化后从水相中提取，还可根据待测物性质，使其从水相体系中气化后与水相分离，采用顶空方式进样分析。

第 5 章

水污染控制物理处理法实验

5.1 加压溶气气浮实验

气浮是工业废水处理中常用的一种固-液或液-液分离方法,它通过人为手段产生大量微小气泡,使气泡与水中杂质微粒相吸附形成相对密度比水低的气浮体,在浮力作用下上浮到水面而形成浮渣,进而达到杂质分离目的。该方法可去除水中密度小于水或接近水的悬浮物,如乳化油、纤维或悬浮污泥等,具有较高的水力负荷与表面负荷。在气浮过程中,水中杂质微粒是否能与气泡黏附主要取决于微粒表面性质。若颗粒表面疏水则有利于气泡黏附,进而形成牢固且稳定的气浮体。反之,若颗粒表面呈亲水性则不利于气泡黏附。微粒表面亲疏水性可由气、液、固三相接触时形成的接触角来表征。依据制取微小气泡的方式,气浮法可分为电解气浮法、布气气浮法和溶气气浮法。溶气气浮法根据气浮池中气泡析出时所处的压力不同,又可分为溶气真空气浮法和加压溶气气浮法两类,其中加压溶气气浮法应用最为广泛。

（1）实验目的

1）了解加压溶气气浮法的基本原理。

2）掌握全流程加压溶气气浮法和回流加压溶气气浮法的工艺流程。

3）掌握回流加压溶气气浮法中设计参数"气固比"及"释气量"的测定方法。

（2）实验原理

加压溶气气浮法是指将回流水或废水在溶气罐内加压至 $1\sim5$ kg/cm^2,使空气溶于水中达到过饱和状态,再通入接近大气压的浮选单元（气浮池）中,在骤然减压条件下溶解空气会以微细气泡的形式从水中释放出来,微细气泡附着于悬浮颗粒上或进入絮凝体,使其表观密度减小,使其迅速载浮于水面,最后通过刮渣器去除。该方法具有以下特点:

1）高压下水中空气溶解度大,能为后续气浮过程提供充足的微气泡,可满足不同要求的固液分离,确保去除效果。

2）减压释放后形成的气泡粒径小且均匀（一般为 $20\sim100$ μm）,具有更大的比表面积且上升速度较慢,能与污染物作用更充分,相较于布气气浮具有更好的去除效果。

　　3）设备和工艺流程比较简单，维护管理方便。

　　加压溶气气浮法根据加压溶气水的来源，可分为全流程加压溶气气浮法、部分加压溶气气浮法和回流加压溶气气浮法。全流程加压溶气气浮系统是将全部废水直接接触压缩空气，再经气浮池处理，废水中溶气量大，所需气浮池较部分加压溶气法小，但溶气罐和加压泵较其他两种系统大，投资与运行能耗较高。部分加压溶气气浮系统是将部分废水进行加压溶气，其余废水直接进入气浮池并在气浮池内与溶气废水混合，所需溶气罐和加压泵较全流程加压溶气要小，能降低投资与运行能耗。回流加压溶气气浮系统是取一部分处理后的水回流进入溶气罐，再进入气浮池与新流入的废水混合，加压水量小，溶气管路不易发生堵塞，但气浮池容积较其他两种系统大，具体流程如图 5-1 所示。

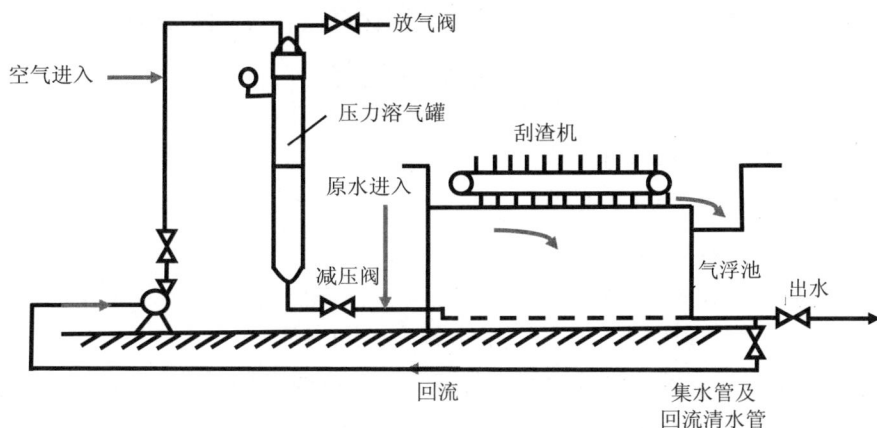

图 5-1　回流加压溶气气浮装置

回流加压溶气气浮系统主要由以下几部分组成：

　　1）空气供给及加压溶气设备

　　在一定压力下，将供给的空气溶于水中，以提供废水处理所需溶气水，主要包括以下设备：

　　①加压水泵：输送加压水。

　　②溶气罐：使水与空气充分接触，加速空气溶解并形成溶气水。

　　③空压机：提供溶气水所需空气。

　　2）溶气水减压释放设备

　　使压力溶气水减压，促使溶于水中的空气以微小气泡的形式释放出来，在实际处理中常用的减压释放设备为减压阀。

　　3）气浮池

　　使释放的微小气泡与废水充分接触，与杂质微粒黏附并形成气浮体，完成水与杂质微粒的分离过程。气浮池上部设有浮渣槽，用来收集上浮后的杂质。

4）贮水池及净水回流装置

相较于全流程加压溶气气浮法，回流加压溶气气浮法是将部分处理水用于制备溶气水，由于处理水的溶解空气含量一般比原水含量高，可以减少空压机的工作量，降低运行成本的同时可大幅提高工作效率。

影响回流加压溶气气浮效果的因素有很多，如气固比、水中空气溶解量、气泡粒径、气浮时间、水质特征等，其中气固比是最为关键的影响因素。微小气泡在上升过程中附着于悬浮颗粒上，使颗粒表观密度降低，上浮到气浮池表面与液体分离。黏附于悬浮颗粒上的气泡越多，形成的气浮体与水的密度差越大，上浮速度越快，有助于提升气浮池固液分离效果。废水中悬浮颗粒浓度越高，气浮时需要的微细气泡数量越多，通常以气固比表示单位重量悬浮颗粒需要的空气量。气固比可按式（5-1）计算。

$$\alpha = \frac{A}{S} = \frac{\rho Q_r c_a (fP-1)}{Qc_S} \tag{5-1}$$

式中，A——减压至 1 atm[①]时释放的空气量，g/d；

S——悬浮固体干重，g/d；

ρ——空气密度，g/L；

Q_r——加压水回流量，m^3/d；

c_a——1 atm 操作条件下水中空气的溶解度，mL/L；

f——加压溶气系统的溶气效率，为实际空气溶解度与理论空气溶解度之比，与溶气罐参数等有关；

P——溶气绝对压力，atm；

Q——原水水量，m^3/d；

c_S——原水的悬浮固体浓度，mg/L。

气固比与操作压力、悬浮固体浓度、悬浮固体性质等有关，在一定范围内，气浮效果随气固比的增大而变好，即气固比越大，出水悬浮固体浓度越低，浮渣的固体浓度越高。除了气固比，溶解空气量和释放的气泡粒径也是影响气浮效果的重要因素。空气的加压溶解过程虽服从亨利定律，但是由于溶气罐设计、溶解时间、废水性质、减压装置的不同，溶解气体的释放量、形成气泡的粒径也会有所不同。因此，采用回流加压溶气气浮法进行废水处理时，需通过实验确定气固比和释气量，对于溶气、释气系统的设计和运行管理均有重要意义。

（3）实验设备

1）仪器：回流加压溶气气浮装置（图 5-1）、气固比实验装置（图 5-2）、释气量实验装置（图 5-3）、电子天平、多参数水质测定仪、真空泵。

---

① atm，标准大气压，1 atm=101.325 kPa。

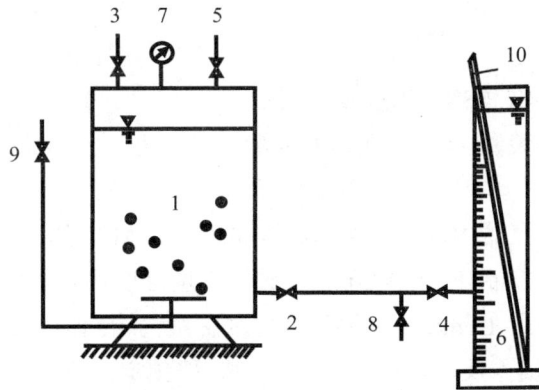

1—压力溶气罐；2—减压阀；3—加压水进水口；4—入水阀；5—排气口；6—反应量筒；7—压力表；

8—排水阀；9—压缩空气进气阀；10—搅拌棒

图 5-2　气固比实验装置

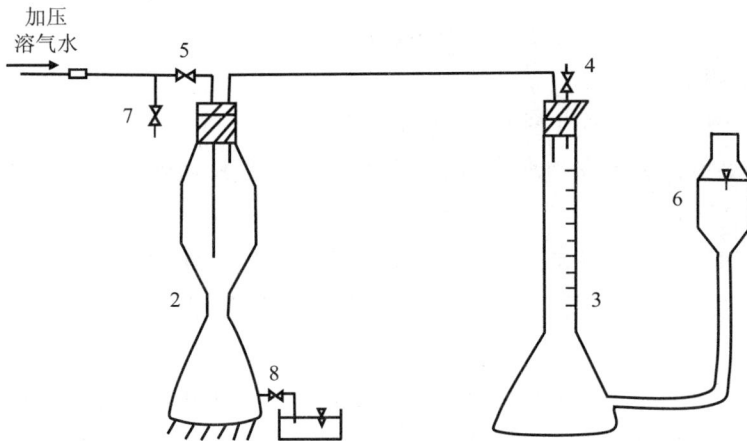

1—减压阀或释放器；2—释气瓶；3—气体计量瓶；4—排气阀；5—入流阀；6—水位调节瓶；

7—分流阀；8—排放阀

图 5-3　释气量实验装置示意图

2）玻璃仪器：砂芯过滤器。

3）其他仪器：微孔滤膜（水系 0.45 μm）、带盖铝盒、洗瓶、镊子、干燥器。

（4）实验用试剂

1）水样：含乳化油及其他杂质的废水。

2）COD 消解试剂。

（5）实验步骤

1）气固比测定

①测定水样中悬浮物（SS）浓度及 COD。

②采用气固比实验装置（图 5-2）进行实验，打开进气阀门使压缩空气进入加压溶气罐至 0.3 MPa 左右。

③打开水泵，向溶气罐内注入压力水，在 0.3～0.4 MPa 压力下，将气体溶于水中形成溶气水，进水流量可控制在 2～4 L/min，进气流量可设置为 0.1～0.2 L/min。

④关进气阀门并静置 10 min，使溶气罐内水中空气达到饱和。

⑤将 500 mL 水样倒入反应量筒，打开减压阀，按预定流量往反应量筒内加溶气水（其流量可根据所需回流比而定），同时用搅拌棒搅动 0.5 min，使气泡分布均匀。

⑥观察并记录反应量筒中随时间而上升的浮渣界面高度并计算分离速度。

⑦静止分离 10～30 min 后分别记录清液与浮渣的体积。

⑧打开排放阀门分别排出清液和浮渣，并测定清液和浮渣中的 SS 浓度。

⑨按几个不同回流比重复上述实验即可得出不同气固比条件下的出水 SS 浓度及 COD，分别记录实验数据于表 5-1 和表 5-2 中。

2）释气量测定

①采用释气量实验装置（图 5-3）进行实验，打开气体计量瓶的排气阀，释气瓶内注入清水至计量刻度，上下移动水位调节瓶，将气体计量瓶内液位调至零刻度，然后关闭排气阀。

②当加压溶气罐运行正常后，打开减压阀和分流阀，使加压溶气水从分流口流出，在确认流出的加压溶气水正常后，打开入流阀，关闭分流阀，使加压溶气水进入释气瓶内。

③当释气瓶内增加的水达到 100～200 mL 后，关闭减压阀和入流阀并轻轻摇晃释气瓶，使加压溶气水中能释放出的气体全部从水中分离出来。

④打开释气瓶的排放阀，使瓶中液位降回至计量刻度，同时准确计量排出液的体积。

⑤上下移动水位调节瓶，使调节瓶中的液位与气体计量瓶中的液位处于同一水平线上，此时记录的气体增加量即所排入释放瓶中加压溶气水的释气量，记录实验数据于表 5-3 中。

3）回流加压溶气气浮法净水过程

①测定水样的 SS 浓度及 COD。

②采用回流加压溶气气浮装置（图 5-1）进行实验，向贮水池及气浮池中注入清水至有效水深的 90%左右，按上述实验结果所得的最佳气固比及释气量，设置相关参数。

③打开空压机，向溶气罐内注入压缩空气至 0.3 MPa 左右。

④打开水泵，向溶气罐内注入压力水，在 0.3～0.4 MPa 压力下，将空气溶于水中形成溶气水，进水流量可控制在 2～4 L/min，进气流量可设置为 0.1～0.2 L/min。

⑤待溶气罐中水位升至溶气罐中上部时，缓慢打开溶气罐底部出水阀，使出水量与溶气罐压力水进水量相对应。

⑥当加压溶气水在气浮池中释放并形成大量微小气泡时，再打开废水进水阀门，废水进水量可控制在 4～6 L/min。

⑦上浮杂质由浮渣槽收集，出水由贮水池收集，测定出水中 SS 浓度和 COD，记录实验数据于表 5-5 中。

（6）注意事项

1）定期检查压力排气阀等配件，确保加压装置的安全性。

2）含乳化油及其他杂质的废水在实验前需通过搅拌或超声充分分散均匀，立即开展实验并取样，以防沉降对实验结果造成干扰。

3）取样时间要保持一致。

4）COD 测样需要进行空白测定。

（7）实验记录

表 5-1　气固比测定原始数据记录

序号	溶气水体积/L	单位溶气水释气量/（mL/L）	原水中 SS 浓度/（mg/L）	原水体积/L	出水中 SS 浓度/（mg/L）	浮渣中固体百分数/%
1						
2						
3						

表 5-2　浮渣高度与分离时间记录

测定参数	序号		
	1	2	3
出现浮渣界面的时间 t/min			
浮渣界面高度 h/cm			
反应量筒内液面总高度 H/cm			
浮渣高度（$H-h$）/cm			
浮渣体积 V_2/mL			
出水体积 V_1/mL			

表 5-3　释气量测定数据记录

序号	加压溶气水				释气	
	压力/MPa	体积/L	水温/℃	理论释气量/（mL/L）	释气量/mL	溶气效率/%
1						
2						
3						

注：理论释气量 $V=K_T p$；释气量 $V_1=K_T p W$。式中，K_T 为温度溶解常数，见表 5-4；p 为空气所受的绝对压力，MPa；W 为加压溶气水的体积，L。

表 5-4　不同温度时的 K_T 值

温度/℃	K_T
0	0.038
10	0.029
20	0.024
30	0.021
40	0.018
50	0.016

表 5-5　部分加压溶气气浮实验数据记录

	SS 浓度/（mg/L）	COD/（mg/L）
进水		
出水		

（8）数据处理

1）气固比测定数据处理

①按式（5-2）计算气固比，其单位为 L/g，即每去除 1 g 悬浮物所需的气量（mL）。

$$\frac{A}{S}=\frac{W \cdot a}{\mathrm{SS} \cdot Q} \tag{5-2}$$

式中，A ——总释气量，L；

S ——总悬浮物量，g；

a ——单位溶气水的释气量，mL/L；

W ——溶气水的体积，L；

SS ——原水中的悬浮物浓度，mg/L；

Q ——原水体积，L。

②绘制气固比与出水中 SS 浓度的关系曲线。

③绘制气固比与浮渣中固体浓度的关系曲线。

2）释气量测定数据处理

按式（5-3）计算溶气效率 η。

$$溶气效率\,\eta = \frac{释气量}{理论释气量} \times 100\% \tag{5-3}$$

3）回流加压溶气气浮实验数据处理

按式（5-4）分别计算 COD 及 SS 的去除率 E。

$$E = \frac{c_0 - c}{c_0} \times 100\% \tag{5-4}$$

式中，c_0——原水样的 COD 及 SS 浓度，mg/L；

　　c——出水的 COD 及 SS 浓度，mg/L。

（9）结果分析

1）通过气固比与出水中 SS 浓度以及浮渣中固体浓度的关系曲线，确定最佳的气固比。

2）根据溶气效率越大，气浮效果越好，确定最佳释气量。

3）采用回流加压溶气气浮法净水时，评估最佳参数条件下的出水水质。

（10）思考题

1）气浮法与沉淀法有何相同及不同之处？

2）对于亲水性高值纤维杂质，如何采用气浮法进行收集回收？

3）全流程加压溶气气浮法与部分加压溶气气浮法相比，各有什么优、缺点？

4）气固比测定实验中两条关系曲线分别有何意义？

5）气固比和微气泡尺寸的关系是什么？为达到满意的气浮效果，如何依据杂质微粒大小调整气固比？

6）简述溶气压力大小对气浮效果的影响。

7）气浮实验中添加混凝剂是否有利于气浮效果，什么情况下需要添加混凝剂，应加在哪个环节？

5.2　颗粒自由沉降实验

沉淀是水污染控制工程中去除水中悬浮颗粒物的常用方法，是利用杂质颗粒与水之间的密度差异性，使密度较大的颗粒在重力作用下自然沉降而从水中分离的过程。沉淀过程通常包含以下 4 种类型：

1）自由沉降。悬浮颗粒物浓度较低时，沉淀过程中各颗粒间互不干扰，呈离散状态，其大小、形状和密度均保持不变，各自完成独立的沉淀过程。

2）絮凝沉降。悬浮颗粒物浓度较高时，在沉淀过程中颗粒间会发生碰撞凝结，结合成更大的颗粒，颗粒粒径逐渐增大，沉降速度逐渐加快，如混凝后的沉淀过程、初沉池后期和二沉池初期等。

3）成层沉降。悬浮颗粒物浓度很高时，颗粒间相互干扰明显且形成网毯状沉淀，在沉淀过程中显示出一个明显的泥水界面并逐步下移，如二沉池后期。

4）压缩沉降。当悬浮物颗粒浓度极高时，颗粒之间距离很小，出现互相接触、互相支撑的现象，上层颗粒在重力作用下逐步挤压下层颗粒间液体，从而使下层颗粒层被浓缩压密，如二沉池污泥斗或污泥浓缩池。

在实际应用中，可采用沉降实验来观察实际废水中悬浮颗粒物的总体沉淀情况，以判断其沉淀性能并获得具有指导意义的设计参数。本实验主要研究自由沉降，通过实验观察颗粒的自由沉降过程，并可以获取截留速度即理论表面水力负荷的设计参数，从而为沉淀池的设计提供依据。

（1）实验目的

1）观察自由沉降过程。

2）加深对自由沉降特点、基本概念及规律的理解。

3）掌握颗粒自由沉降实验的方法，并能对实验数据进行分析、整理、计算和绘制颗粒自由沉降曲线。

4）能正确运用数据求解沉淀过程总去除率。

（2）实验原理

自由沉降实验是研究溶液中悬浮颗粒物浓度较低时的沉降规律，一般通过沉降柱静沉实验模拟理想沉淀池中的沉淀过程，获取颗粒自由沉降曲线。在实际应用工程设计中，如果没有可靠的经验设计参数，可通过自由沉降实验获得相关设计参数。因此，该实验是理解理想沉淀池理论、合理设计沉砂池和沉淀池的重要实验。

自由沉降的特点是在静沉过程中颗粒间互不干扰、等速下沉，其沉速在层流区符合Stokes 公式。由于水中颗粒的复杂性，颗粒的粒径和密度难以准确测定，沉降效果无法通过公式求得，需要通过静沉实验加以确定。利用沉降柱模拟自由沉降过程，沉降柱直径（D）应足够大，一般应使 $D \geq 100$ mm，以免颗粒的沉降过程受柱壁的干扰。

某一定时间下，理想沉淀池中的悬浮颗粒物能被全部去除的最小沉降速度，被称为截留速度或指定沉降速度。沉淀池中悬浮颗粒物总去除率 η 与截留速度 u_0、悬浮颗粒沉降速度 u 及其重量百分比 p 的关系如式（5-5）所示。其中，p_0 为速度小于 u_0 的悬浮颗粒占总颗粒的比例。当 $0 < u_j < u_0$ 时，dp 是 $u_j \sim u_j + du_j$ 的悬浮颗粒在总颗粒中所占的比例。

$$\eta = 1 - p_0 + \frac{1}{u_0} \cdot \int_0^{u_0} u dp = 1 - p_0 + \frac{1}{u_0} \cdot \int_0^{p_0} u dp \qquad (5\text{-}5)$$

设在一水深为 H 的沉降柱内进行自由沉降实验，如图 5-4 所示。实验开始，沉降时间为 0，此时沉降柱内悬浮物分布是均匀的，即每个断面上不同粒径的颗粒数量相同。设悬浮颗粒物初始浓度为 c_0（mg/L），此时去除率 $\eta = 0$。

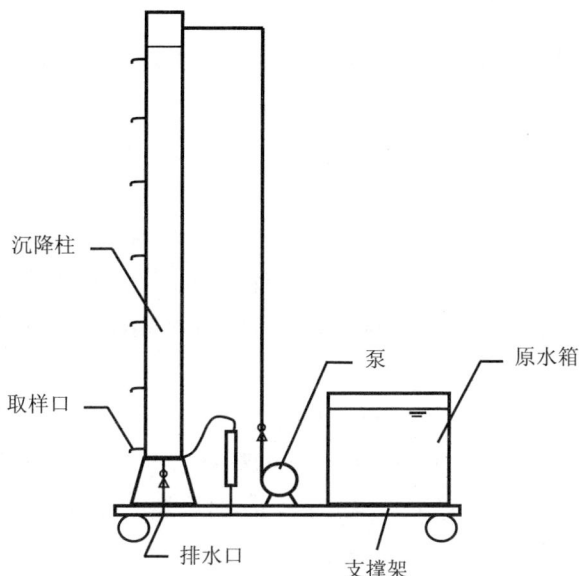

图 5-4　自由沉降实验装置

实验开始后，不同沉降时间 t_j，全部沉降颗粒的最小沉降速度 u_{0i}：

$$u_{0i} = \frac{H}{t_j} \tag{5-6}$$

即为 t_j 时间内从某水面全部沉到池底（此处为取样点）所要求的最小颗粒 d_i 具有的沉降速度。此时，取样点处悬浮颗粒物浓度为 c_j（c_j 是沉速小于等于 $u_{0i} = H/t_j$ 的颗粒的浓度），以取样点悬浮颗粒物浓度计算的去除率应等于全部沉降颗粒的占比：

$$\frac{c_0 - c_j}{c_0} \times 100\% = 1 - \frac{c_j}{c_0} \times 100\% = 1 - p_0 \tag{5-7}$$

沉淀时间 t_j 内，具有沉速 $u \geqslant u_{0i}$ 的颗粒可被全部去除，具体数值是 $1 - p_{0i}$。而 $p_{0i} = c_j/c_{0i}$ 则反映了在 t_j 时未被去除悬浮颗粒在总颗粒中所占的百分比。在沉淀时间 t_j 内，沉降速度 $u < u_{0i}$ 的那部分悬浮颗粒，也有一部分沉至柱底。在该部分悬浮颗粒中，也是粒径大的沉到柱底的多，粒径小的沉到柱底的少。若能求出具有不同沉降速度的颗粒占全部颗粒的百分比及其对应去除百分比，二者乘积即具有某一沉降速度的颗粒在全部颗粒中的去除率。将所有未全部去除的颗粒（沉降速度 $u < u_{0i}$ 的颗粒）去除率累计相加后，即可得这部分颗粒的去除率。

为了推出其计算式，首先绘制颗粒占全部颗粒的百分比与其沉降速度 $p\text{-}u$ 关系曲线，横坐标为颗粒沉降速度 u，纵坐标为未被去除颗粒的百分比 p。时间从 t_{j-1} 到 t_j，速度从

u_{j-1} 到 u_j，对应的 Δp_j：

$$\Delta p_j = p_j - p_{j-1} = \frac{c_j}{c_0} - \frac{c_{j-1}}{c_0} = \frac{c_j - c_{j-1}}{c_0} \tag{5-8}$$

当 $\Delta p_j \to 0$，dp 代表了沉降速度 $u < u_{0i}$ 的颗粒占全部颗粒的百分比。这部分颗粒能沉到池底的条件是

$$\frac{h}{u_j} \leqslant \frac{H}{u_{0i}} \tag{5-9}$$

$$h = u_j \times t_j \tag{5-10}$$

由于颗粒均匀分布，又为等速沉淀，故沉速 $u < u_{0i}$ 的颗粒只有分布在 h 以内的部分才能沉到池底。因此，能沉到池底的这部分颗粒占这一颗粒的百分比为 h/H：

$$\frac{h}{H} = \frac{u_j}{u_{0i}} \tag{5-11}$$

由上述分析可见，dp_j 是具有沉降速度 u_j 的颗粒占全部颗粒的百分比，而 u_j/u_{0i} 则是在设计沉速为 u_0 的前提下，具有沉降速度 $u_j < u_{0i}$ 的颗粒去除量占本颗粒总量的百分比。故（u_j/u_{0i}）× dp 的含义是沉降速度 $u_j \leqslant u_{0i}$ 时具有沉降速度 u_j 的颗粒的去除率，积分就是沉降速度 $u_j < u_0$ 的全部颗粒的去除率：

$$\int_0^{p_{0i}} \frac{u}{u_{0i}} \, dp \tag{5-12}$$

设 p_{0i} 是沉降速度 $u < u_{0i}$ 的那部分颗粒在全部颗粒中所占的比例，故颗粒总去除率为

$$\eta = 1 - p_{0i} + \int_0^{p_{0i}} \frac{u}{u_{0i}} \, dp \tag{5-13}$$

工程应用中也常用条块加和的方法计算：

$$\eta = 1 - p_{0i} + \sum_{u_j=0}^{\overline{u_j}=u_{0i}} \frac{\overline{u_j}}{u_{0i}} \Delta p_j \tag{5-14}$$

其中：

$$\overline{u_j} = \frac{u_j + u_{j-1}}{2} \tag{5-15}$$

如通过沉降柱实验得到的 p-u 关系曲线如图 5-5 所示，横坐标为颗粒沉降速度 u，纵坐标为未被去除颗粒的百分比 p。时间从 t_{j-1} 到 t_j，对应的 Δp_j。将每一小块的面积，例如 ABCD 的面积近似为阴影矩形面积：$\overline{u_j}\Delta p_j$，加和就可近似得到由 $OO'p_{0i}$ 包围的面积，从而得到沉降速度 $u < u_{0i}$ 的那部分颗粒的去除率：

$$\sum_{u_j=0}^{\overline{u_j}=u_{0i}} \frac{\overline{u_j}}{u_{0i}} \Delta p_j \tag{5-16}$$

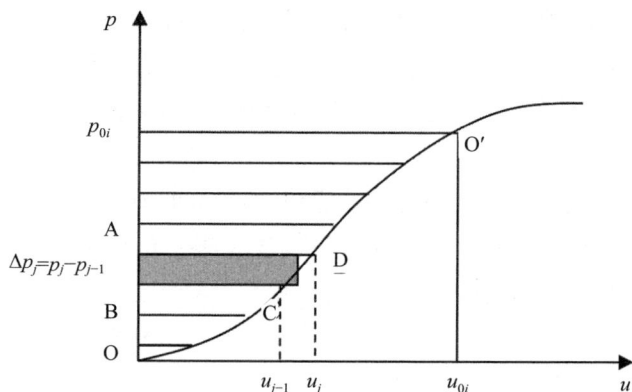

图 5-5　计算 $\sum_{\overline{u}_j=0}^{\overline{u}_j=u_{0i}} \dfrac{\overline{u}_j}{u_{0i}}\Delta p_j$ 的图解

注：$\Delta p_j = p_j - p_{j-1}$，$\overline{u} = \dfrac{u_{j-1}+u_j}{2}$。

如果可得到 u 与 p 的函数关系，可将其代入式（5-13）进行积分求出颗粒总去除率。

（3）实验设备

1）仪器：电子秤、自由沉降实验装置（图 5-4）、真空抽滤装置、电热鼓风干燥箱、精密电子天平。

2）玻璃仪器：砂芯过滤器、量筒、玻璃棒。

3）其他仪器：微孔滤膜（水系 0.45 μm）、带盖铝盒、洗瓶、镊子、干燥器。

（4）实验水样

人工配制含黄土及高岭土（质量比按 1∶1）的悬浮颗粒分散液，悬浮颗粒物浓度为 1.3～1.4 g/L；或黄泥水，即取适量黄泥，碾碎过筛，去掉其中的砂粒，按悬浮颗粒物浓度 0.3～0.5 g/L 配制。

（5）实验步骤

1）检查沉降柱各部位是否正常，保证所有阀门均可正常开启及关闭、沉降柱取水口无漏水现象，同时测量沉降柱内径（必须大于 5 cm）及水温。

2）确定有效水深，即水箱中水位应能保证搅拌桨可将悬浮液充分混匀，可将搅拌桨的上缘位置作为水位线。

3）打开注水阀门，加注自来水至目标水位线。

4）测量水箱的长度、宽度及有效水深，并计算出需要加注的水体积，根据悬浮颗粒物目标浓度，确定固体（黄土和高岭土）总投加量。

5）建议不要直接将固体加入水箱中，可先从沉降柱最下方的取样口取少量水样，加入装有固体的烧杯中，待搅拌成泥浆状后再加入水箱中，以确保能快速获取均匀悬浮液。

6）打开水箱中的搅拌机，边搅拌边加入泥浆状的悬浮颗粒物，使水箱中的悬浮颗粒物浓度达到预设值。

7）当水箱中的悬浮颗粒物混合均匀后，打开水泵及沉降柱内的搅拌桨，使悬浮液缓慢进入沉降柱，自然溢流 5 min 以保证沉降柱内水样均匀，在取样口用量筒取 50 mL 左右水样，记录实际取样体积 V 以及取样前后沉降柱内液面的高度，测定悬浮颗粒物的初始浓度 c_0。

8）关闭沉降柱内的搅拌机，以此作为沉降开始的 0 时刻。如图 5-6 所示，每隔 5 min、15 min、20 min、25 min、30 min、35 min，从取样口取 50 mL 左右的水样，记录下实际取样体积以及取样前后沉降柱内液面的高度。

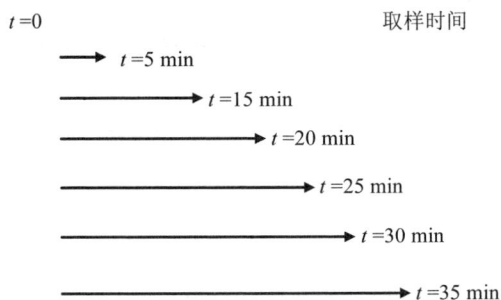

$t=0$ 取样时间

    → $t=5$ min

    ————→ $t=15$ min

    ——————→ $t=20$ min

    ————————→ $t=25$ min

    ——————————→ $t=30$ min

    ————————————→ $t=35$ min

图 5-6　取样时间示意图

9）称取预先干燥恒重的滤膜和铝盒总质量为 $m_{皮}$。

10）将滤膜放置在真空抽滤装置内，分别对不同时刻取样的悬浮液进行抽滤，抽滤过程中如果有悬浮颗粒物残留于量筒底部或抽滤杯内壁，可用洗瓶多次润洗，保证所有悬浮颗粒物均转移至滤膜上。

11）将悬浮颗粒物、滤膜和铝盒一起置于 105℃ 的电热鼓风干燥箱中进行第 1 次干燥，持续 30 min，取出后放置于干燥器内冷却，冷却后进行称重，重复以上操作，直至前后两次称重的质量差小于 0.005 g，即为恒重，记录此时质量为 $m_{总}$。

悬浮颗粒物浓度可按式（5-17）计算：

$$c = \frac{(m_{总} - m_{皮}) \times 10^6}{V} \tag{5-17}$$

12）实验完成后，将沉降柱及水箱底部的放水阀打开排净污水，再用清水冲洗干净沉降柱及水箱。

13）如果采用黄泥水，则可采用浊度法，参照上述步骤 1）～8）进行实验，用浊度测定代替步骤 9）～11）的浓度测定，浊度法可以避免由于残留悬浮颗粒物过少，出现负偏差的情况。

（6）注意事项

①实验开始时应确保沉降柱内悬浮颗粒物浓度均匀。

②取样时要记录取样前后的沉降柱内液面高度。

③抽滤时要将烧杯或量筒内的颗粒全部转移至抽滤杯中，可用去离子水多次润洗后，

将润洗液一并抽滤。

④在真空泵运行条件下，用去离子水将黏附在抽滤杯壁的颗粒冲掉并抽滤在滤膜上。

⑤滤膜过滤前后要恒重，使用镊子拿取滤膜边缘，避免滤膜污染。

⑥按操作步骤的取样时间和取样体积需要精确记录实际数值。

（7）实验记录

表 5-6　实验记录

水温/℃：　　　　　沉降柱内径/cm：　　　　有效水深/cm：
水的总体积/L：　　　土样质量/g：　　　　　悬浮颗粒物初始浓度 c_0/（mg/L）：

序号	静沉 时间/min	铝盒+滤膜 恒重 $m_{皮}$/g	取样 体积/mL	总重量 $m_{总}$/g	悬浮颗粒物 重量/mg	悬浮颗粒物 浓度 c/（mg/L）	液面的平均 高度/cm	指定沉速/ （cm/min）
1								
2								
3								
4								
5								
6								

（8）数据处理

1）用 $m_{总}$ 减去 $m_{皮}$，即悬浮颗粒物干重，除以取样体积，可求悬浮颗粒物浓度 c。

2）依据式（5-18）、式（5-19），计算沉降柱内未被去除的悬浮颗粒物的百分比 p_{0i} 和 u_{0i} 并记录于表 5-7 中：

$$p_{0i} = \frac{c}{c_0} \times 100\% \qquad (5-18)$$

$$u_{0i} = \frac{H}{t_j} \qquad (5-19)$$

3）以颗粒沉速 u_{0i} 和未被去除悬浮颗粒物的百分比 p 作图。

4）利用图解法，从式（5-19）计算不同沉速时悬浮颗粒物的总去除率，或得到 u 与 p 的函数关系，将其代入式（5-18）进行积分求出颗粒总去除率。

5）以 η 为纵坐标，分别以 u 和 t 为横坐标，绘制 η-u 和 η-t 关系曲线。

表 5-7　悬浮颗粒物去除率

序号	t_j	u_{0i}	p_{0i}	Δp	$1-p_{0i}$	$\overline{u}_j$	$\sum\limits_{\overline{u}_j=0}^{\overline{u}_j=u_{0i}} \dfrac{\overline{u}_j}{u_{0i}}\Delta p_j$	$\eta = 1-p_{0i} + \sum\limits_{\overline{u}_j=0}^{\overline{u}_j=u_{0i}} \dfrac{\overline{u}_j}{u_{0i}}\Delta p_j$
1								
2								
3								
4								
5								
6								

（9）结果分析

1）根据求得的悬浮颗粒物去除率评价自制悬浮液是否合适，如果不合适该如何调整配制比例。

2）利用上述原始数据，按 $E = \dfrac{c_0 - c_i}{c_0} \times 100\%$ 计算不同沉淀时间 t 的沉淀效率 E，绘制 $E\text{-}u$ 和 $E\text{-}t$ 静沉曲线，并和去除率 η 的结果进行对比，指出这两种数据整理方法的适用条件。

（10）思考题

1）若两组沉降柱高分别为 1.5 m 和 1.0 m，实验结果是否一样，为什么？

2）沉降柱的直径如果小于 10 cm，会对实验结果产生什么影响？

3）从沉降柱取样时，应注意哪些问题以减少取样误差？对比底部和中部取样，哪种方式更可靠？

4）理论上 [（铝盒+滤膜+悬浮物）恒重 −（铝盒+滤膜）恒重] 的实验结果不应该是负值，但是若得到负数，请分析产生负误差的可能原因，并思考如何在实验过程中避免这种情况发生。

5）按式（5-13）或式（5-14）计算去除率 η 时，如果增加取样点，缩短取样间隔时间，能否提高去除率 η 的计算准确度？

6）实际沉降过程由于水流、污泥、温度和其他因素的影响，沉降效果与实验值有一定的差距。因此，用实验值进行设计时必须对其进行修正，试分析实验沉降装置与实际沉淀池的异同。

7）自由沉降实验也可用 4 根沉降柱来完成，将 4 根沉降柱内注入等量的悬浮液，每隔一段时间依次从一根沉降柱内取样，保证每次取样时的沉降水深相同，试分析两种不同实验方式（单根沉降柱与 4 根沉降柱）所作的沉降曲线可能存在的差异。

5.3 过滤综合实验

过滤是利用具有孔隙的滤料层截留水中杂质从而使水得到澄清的工艺过程，是一种固液分离的单元操作。无论是在给水处理、工业循环水处理、工业废水处理还是中水回用处理环节中，均常采用过滤处理单元，常用的过滤方式有沙滤、硅藻土涂膜过滤、金属丝编织物过滤、纤维过滤等。过滤不仅可以去除水中细小悬浮颗粒，对水中细菌、病毒及有机物也有一定的去除效果。过滤实验是水处理的基础实验之一，被广泛用于科研、教学和生产设计。本实验以天然河砂为滤料，通过全流程实验设计让学生对整个过滤流程，包括过滤、冲洗和反冲洗工艺环节有一个全面、完整的了解，并学会如何选择滤料。实验包括滤料筛分及孔隙率测定、滤池过滤及滤池反冲洗 3 部分。

5.3.1　滤料筛分及孔隙率测定实验

（1）实验目的

1）测定天然河砂的粒径级配。

2）绘制筛分级配曲线，求 d_{10}、d_{80}、K_{80}。

3）按设计要求对上述河砂进行再筛选。

4）求定滤料孔隙率。

（2）滤料筛分实验

1）实验原理

滤料的粒径级配是指滤料的粒径大小的分布情况，与滤料的过滤截留性能密切相关。滤料一般为带棱角的不规则颗粒，其粒径多以可将滤料颗粒包围在内的球体直径来代替。一般来说，滤料的粒径范围越窄，过滤截留效果越好，但阻力也会相应增大。在实际应用过程中，常使用一套不同孔径的筛子对试样进行筛分，选取合适的粒径级配。我国现行规范是以筛孔孔径为 0.5 mm 及 1.2 mm 两种规格的筛子过筛，取其中段。该方法虽然简便易行，但无法反映滤料粒径的均匀程度，仍需考虑级配情况。

有效粒径 d_{10} 及 d_{80} 和不均匀系数 K_{80} 是反映级配状况的重要指标，可通过筛分级配曲线获取相关数值。d_{10} 是指通过滤料质量10%的筛孔孔径，反映滤料中细颗粒尺寸，即产生水头损失的"有效"部分尺寸；d_{80} 是指通过滤料质量80%的筛孔孔径，反映滤料中粗颗粒尺寸；不均匀系数 K_{80} 为 d_{80} 与 d_{10} 之比，即 $K_{80}=d_{80}/d_{10}$，K_{80} 越大表示粗细颗粒尺寸相差越大，滤料粒径越不均匀，使用该滤料对过滤及反冲洗过程均会产生不利影响。尤其在反冲洗时，为满足滤料粗颗粒的膨胀要求就会使部分细颗粒因过大的反冲洗强度而被冲走；反之，若要满足细颗粒不被冲走的要求而减小反冲洗强度，粗颗粒可能因冲洗强度过低，难以上浮膨胀而得不到充分清洗。因此，合理的滤料级配是保障滤池稳定高效运行的关键。

2）实验设备

①实验仪器：圆孔筛一套（筛孔直径为 0.18～2 mm，筛孔尺寸见附录 7）、电子秤、电热鼓风干燥箱。

②玻璃仪器：烧杯。

③其他仪器：不锈钢托盘、毛刷、称量勺。

3）实验对象

天然河砂。

4）实验步骤

①取天然河砂 500 g，取样时要先将取样部位的表层铲去，然后取样；将取得的砂样洗净后于 105℃烘箱中烘干，冷却至室温备用。

②称取冷却后的砂样 100 g，选用一组筛子过筛，筛子按筛孔由大到小的顺序自上而

下排列，砂样放在最上面的筛（2 mm 筛）中。

③人工摇筛约 5 min，然后将套筛取出，再按筛孔由大到小顺序在洁净的不锈钢托盘上逐个进行手筛（直至每分钟筛出量不超过试样总量的 0.1%时为止），筛出的砂颗粒并入下一筛号一并过筛，依次进行直至各筛号全部筛完。

④称量在各个筛上的筛余试样质量（精确至 0.1 g），所有各筛余质量与底盘中剩余试样质量之和与筛分前的试样总质量相比，其差值不应超过 1%。

5）注意事项

①相比摇筛机，人工摇筛的时间可适当延长，以确保完全筛分开。

②天然河砂需进行漂洗后干燥，以尽量去除河砂表面吸附的有机物、微生物等杂质。

6）实验记录

表 5-8 筛分记录

筛号	筛孔孔径/mm	筛上的砂量		透过筛的砂量	
		质量/g	百分率/%	质量/g	百分率/%
10	2.00				
12	1.70				
14	1.40				
16	1.18				
20	0.85				
35	0.50				
60	0.25				
80	0.18				

7）数据处理

①分别计算留在各号筛上的筛余百分率，即各号筛上的筛余质量除以试样总质量的百分率（精确至 0.1%）。

②计算通过各号筛的砂样质量百分率。

8）结果分析

①根据表 5-8 中的数值，以通过筛孔的砂样质量百分率为纵坐标，以筛孔孔径为横坐标，绘制滤料筛分级配曲线，如图 5-7（a）所示。

②依据滤料筛分级配曲线可求得 d_{10}、d_{80} 和 K_{80}，若求得的不均匀系数 K_{80} 大于设计要求，则需要根据设计要求筛选滤料。

③根据在筛分级配曲线上作图求得的数值进行滤料的再筛选，设计要求 d_{10}=0.60 m，K_{80}=1.80 时，则 d_{80}=1.80×0.60=1.08 mm，按此要求筛选，具体方法如下：

自横坐标 0.60 mm 和 1.08 mm 两点各作一垂线与筛分级配曲线相交，自两交点作与横坐标相平行的两条线与右边纵坐标轴线相交于上、下两点，如图 5-7（b）所示。以上面交点作为新的 d_{80}，以下面交点作为新的 d_{10}，重新建立新坐标。找出新坐标原点和 100%点，由此两点向左方作平行于横坐标的直线，并与筛分级配曲线相交，此两条平行线内所夹部分即是所选滤料，其余全部筛除，如图 5-7（c）所示。

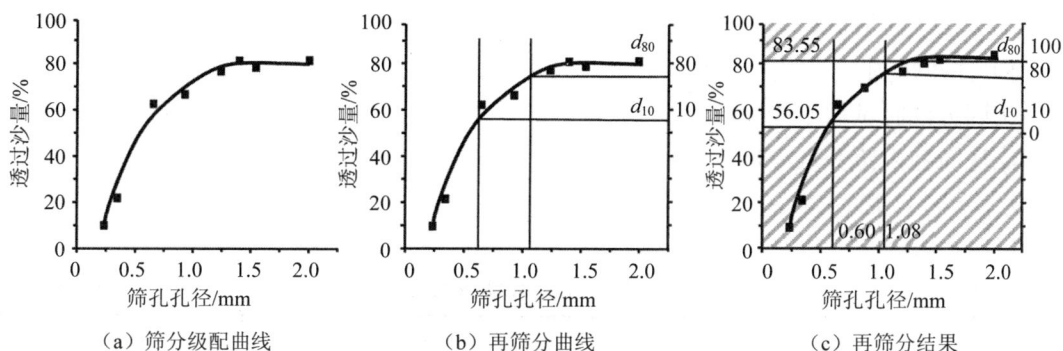

（a）筛分级配曲线　　　（b）再筛分曲线　　　（c）再筛分结果

图 5-7　滤料曲线

（3）孔隙率测定实验

1）实验原理

滤料孔隙率是指滤料中孔隙体积在滤料总体积中所占的百分数。孔隙体积等于滤料自然状态堆积体积减去滤料绝对密实体积。滤料孔隙率的测定需先借助比重瓶测出滤料密度，然后经过计算，求出孔隙率。

在实际应用中，滤料孔隙率直接影响滤料的过滤效果，与滤料颗粒形状、粗细程度、级配、堆积时松密程度等有关。过大的孔隙率会导致悬浮颗粒易于穿透，导致出水水质变差；过小的孔隙率会造成过滤阻力大、渗透速度低、过滤周期短。常用滤料的孔隙率为石英砂滤料为 42%左右，无烟煤滤料为 50%～55%，陶粒滤料为 65%～70%。

2）实验设备

①实验仪器：电子秤、250 mL 李氏比重瓶、电热鼓风干燥箱。

②玻璃仪器：烧杯。

③其他仪器：不锈钢托盘、毛刷、称量勺、干燥器。

3）实验对象

天然河砂。

4）实验步骤

①将试样在潮湿状态下用四分法缩分至 120 g 左右，在（105±5）℃的烘箱中烘干至恒重，并在干燥器中冷却至室温，分成两份备用。所谓四分法，是将试样堆成厚为 2 cm 的圆饼，用木尺在圆饼上画十字均分为四份，去掉不相邻的两份，剩下的两份混合重拌。重复上述步骤，直至缩分后的质量略大于实验所需质量为止。

②向比重瓶中注入冷开水至一定刻度，擦干瓶颈内部附着水，记录瓶内水体积（V_1）。

③ 称取烘干试样 50 g（m_0）并缓慢装入盛水的比重瓶中，瓶中水不宜太多，以免装入试样后溢出。

④可轻微晃动瓶体，利用瓶内水将黏附在瓶颈及瓶内壁上的试样全部洗入水中，摇转比重瓶以排除气泡。静置 24 h 后，记录比重瓶中水面升高后的体积（V_2）。至少测两个试样，取其平均值，记入表 5-9 中。

5）注意事项

①四分法时试样不能太湿。

②比重瓶中冷开水应适量。

6）实验记录

表 5-9　用比重瓶测滤料密度记录　　　　　　　　　　　单位：cm^3

体积	试样			
	I	II	III	平均值
V_1				
V_2				

7）数据处理

①滤料密度 ρ，按式（5-20）计算：

$$\rho = \frac{m_0}{V_2 - V_1} \qquad (5\text{-}20)$$

式中，m_0——称取的烘干试样质量，g；

　　　V_1——比重瓶中水的原有体积，cm^3；

　　　V_2——投入试样后比重瓶中水和试样的体积，cm^3。

②孔隙率

将测定密度之后的滤料放入过滤柱，用清水过滤一段时间，然后测量滤料层体积，并按式（5-21）求出滤料孔隙率 ε：

$$\varepsilon = 1 - \frac{m}{\rho V} \qquad (5\text{-}21)$$

式中，m——烘干后滤料的质量，g；

　　　V——滤料层体积，cm^3；

　　　ρ——滤料密度，g/cm^3。

8）结果分析

所测天然河砂孔隙率是否合适，在该孔隙率下进行过滤，出水的水质如何？

（4）思考题

1）为什么 d_{10} 被称为"有效粒径"？不均匀系数 K_{80} 过大或过小各有何利弊？

2）我国用 d_{min} 和 d_{max} 衡量滤料，与用 d_{10} 和 d_{80} 相比，有什么优、缺点？

3）滤料孔隙率的大小对过滤过程有什么影响？

5.3.2　滤池过滤与水反冲洗实验

（1）实验目的

1）熟悉普通快滤池过滤、水反冲洗的工作过程。

2）加深对滤速、冲洗强度、滤层膨胀率、初滤水浊度变化、冲洗强度与滤层膨胀率关系，以及滤速与清洁滤层水头损失关系的理解。

（2）实验原理

快滤池滤料层能截留水中粒径远比滤料孔隙小的悬浮杂质，主要归因于接触絮凝作用，其次是筛滤作用和沉淀作用。为获取良好的过滤出水水质，除滤料级配须符合要求外，沉淀前或过滤前可添加混凝剂。

当过滤的水头损失达到最大允许水头损失时，滤池需进行反冲洗。如果滤池出水浊度超过限定值时，即便水头损失未达到最大允许值，也需要及时对滤池进行反冲洗。在反冲洗过程中，清洁水（一般采用滤池出水）经滤池底部排水系统反向通入滤池，在高压水流冲击下使滤层膨胀，扩大滤料间隙，冲洗掉滤料中的堵塞物质，使滤池在短时间内恢复过滤性能。因此，冲洗强度需要满足底部滤层充分膨胀的要求，以保证冲洗效果。根据运行经验，冲洗排水浊度降至 $10\sim20$ NTU 以下即可停止冲洗。快滤池完成冲洗后，池中水杂质较多且未投药，会导致初滤水浊度较高。滤池运行一段时间（$5\sim10$ min 或更长）后，出水浊度开始符合要求。时间长短与原水浊度、出水浊度要求、药剂投量、滤速、水温及冲洗情况有关。如初滤水历时短，出水浊度较接近浊度限值，或者初滤水对滤池过滤周期出水平均浊度影响不大时，初滤水可以不排除。

清洁滤层水头损失计算可采用卡曼-康采尼（Carman-Kozony）式（5-22）进行计算：

$$h = 180 \frac{v}{g} \frac{(1-\varepsilon_0)^2}{\varepsilon_0^3} \left(\frac{1}{\varphi \cdot d_0} \right)^2 l_0 v \tag{5-22}$$

式中，h ——水流通过清洁滤层水头损失，cm；

$\quad\;\; v$ ——水的运动黏度，cm^2/s；

$\quad\;\; g$ ——重力加速度，cm/s^2；

$\quad\;\; \varepsilon_0$ ——滤料孔隙率，%；

$\quad\;\; d_0$ ——滤料颗粒的当量粒径，cm；

$\quad\;\; l_0$ ——滤层厚度，cm；

v ——滤速，cm/s；

φ ——滤料颗粒球度系数，天然砂滤料一般采用 0.75～0.80。

当滤速不高时，清洁滤层中水流属层流状态，水头损失与滤速成正比，即两者呈直线关系。为保证滤池出水水质达标排放，常规滤池进水浊度不宜超过 10～15 NTU。本实验采用投加混凝剂直接过滤，进水浊度可以高达几十 NTU 至 100 NTU 以上。因滤池进水中加药较少，混合后不经反应直接进入滤池，形成的矾花粒径小、密度大、不易穿透，故允许进水浊度较高。

（3）实验设备

1）实验仪器：过滤及反冲洗实验装置（图 5-8）、浊度仪。

2）玻璃仪器：烧杯、量筒。

3）其他仪器：称量勺、秒表、卷尺、温度计。

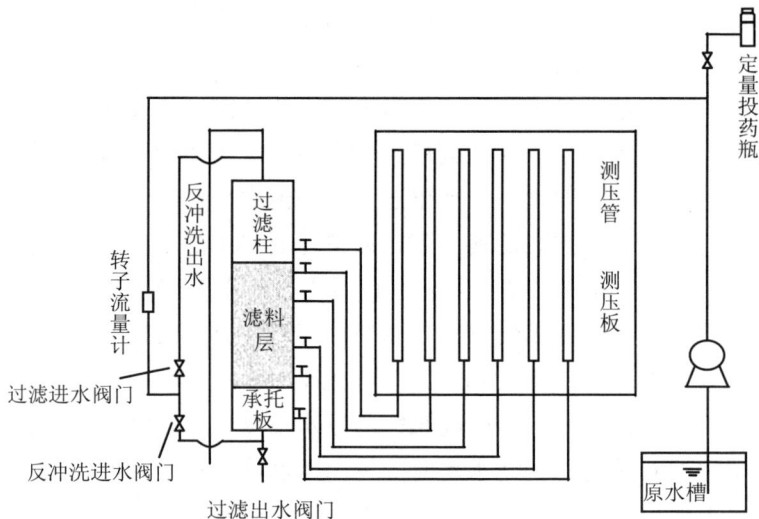

图 5-8　过滤及反冲洗实验装置

（4）实验用试剂

1）实验用水：天然河水。

2）实验试剂：硫酸铝（浓度 1%）、聚丙烯酰胺（浓度 0.1%）。

（5）实验步骤

1）对滤料进行一次冲洗，冲洗强度逐渐加大到 12～15 L/（m²·s），持续冲洗几分钟，以便去除滤层内气泡。

2）冲洗完毕，开初滤水排水阀门，降低柱内水位。

3）调整定量投药瓶内投药量，使其满足滤速为 8 m/h 时的投药要求。

4）投药并通入浑水进行过滤，分别在 1 min、3 min、5 min、10 min、20 min、30 min

测定出水浊度，同时测进水浊度和水温。

5）调整定量投药瓶内投药量，使其满足滤速 16 m/h 时的投药要求。

6）加大滤速至 16 m/h，分别在 1 min、3 min、5 min、10 min、20 min、30 min 测定出水浊度，同时测定进水浊度。

7）过滤结束后，用设计规范规定的冲洗强度、冲洗时间进行冲洗，观察整个滤层是否均已膨胀，冲洗将结束时，取冲洗排水并测定浊度，同时测定冲洗水温。

8）在不同冲洗强度 3 L/（m²·s）、6 L/（m²·s）、9 L/（m²·s）、12 L/（m²·s）、14 L/（m²·s）、16 L/（m²·s）条件下，测定滤层膨胀后的厚度，分析冲洗强度与滤层膨胀率的关系。

9）在不同滤速 4 m/h、6 m/h、8 m/h、10 m/h、12 m/h、14 m/h 条件下，测定滤层顶部的测压管水位和滤层底部附近的测压管水位及水温，分析滤速与清洁滤层水头损失的关系。

（6）注意事项

1）滤柱用自来水冲洗时，要注意检查冲洗流量，给水管网压力变化或其他滤柱在同时进行冲洗时均会影响冲洗流量，应及时调节冲洗自来水阀门开启度，尽量保持冲洗流量不变。

2）加药直接过滤时，不可先开进水阀门后投药，以免影响过滤水质。

（7）实验记录

表 5-10　滤柱有关数据

参数	数值
滤柱内径/cm	
滤料名称	
滤粒粒径/cm	
滤料厚度/cm	

表 5-11　过滤实验数据记录

混凝剂：　　　　　　　　　　　　原水水温/℃：

滤速/（m/h）	流量/（L/h）	投药量/（mg/L）	过滤历时/min	进水浊度/NTU	出水浊度/NTU
8			1		
			3		
			5		
			10		
			20		
			30		

滤速/ (m/h)	流量/ (L/h)	投药量/ (mg/L)	过滤历时/ min	进水浊度/ NTU	出水浊度/ NTU
16			1		
			3		
			5		
			10		
			20		
			30		

表 5-12　冲洗实验数据记录

测定指标	数值
冲洗强度/［L/（m^2·s）］	
冲洗流量/（L/h）	
冲洗时间/min	
冲洗水温/℃	
滤层膨胀情况	

表 5-13　冲洗强度与滤层膨胀率的关系

冲洗强度/ ［L/（m^2·s）］	冲洗流量/ （L/h）	滤层厚度/ cm	滤层膨胀后厚度/ cm	滤层膨胀率/ %
3				
6				
9				
12				
14				
16				

表 5-14　滤速与清洁滤层水头损失的关系

滤速/ (m/h)	流量/ (L/h)	清洁滤层顶部的测压 管水位/cm	清洁滤层底部的测压 管水位/cm	清洁滤层的水头 损失/cm

（8）数据处理

1）根据表 5-11 中的实验数据，以过滤时间为横坐标、出水浊度为纵坐标，绘制滤速为 8 m/h 和 16 m/h 时的初滤水浊度变化曲线。

2）根据表 5-13 中的实验数据，以冲洗强度为横坐标、滤层膨胀率为纵坐标，绘制冲洗强度与滤层膨胀率的关系曲线。

3）根据表 5-14 中的实验数据，以滤速为横坐标、清洁滤层水头损失为纵坐标，绘制滤速与清洁滤层水头损失的关系曲线。

（9）结果分析

1）设出水浊度需低于 3 NTU，滤柱初期运行多久后出水浊度才符合要求？

2）本实验所用河水经此过滤装置处理后的浊度去除率是多少？

（10）思考题

1）滤速对滤层中杂质颗粒分布有什么影响？

2）当进水浊度一定时，采取哪些措施能降低初滤水出水浊度？

3）冲洗强度为何不宜过大或过小？

5.3.3　滤池气水联合反冲洗实验

（1）实验目的

1）加深对滤池反冲洗原理的理解。

2）了解并掌握气水联合反冲洗方法，以及最佳气水联合反冲洗强度与反冲洗时间的实验测定方法。

3）观察气水联合反冲洗全过程，对比水反冲洗，加深对气水联合反冲洗效果的认识。

（2）实验原理

气水联合反冲洗是从浸水的滤层下输入空气，在滤层中形成大量气泡，使周围的水产生扰动，促使滤料反复碰撞，将黏附在滤料上的污染物脱离，再用水将污染物带出滤池。气冲洗对滤料的扰动程度会受到气量及气泡直径的影响，一般气量越高、气泡直径越大对滤料的扰动越强烈，越有利于提高冲洗效果。

气水联合反冲洗的优点是可以洗净滤料内层，较好地消除结泥球现象且省时节水。尤其对于添加混凝剂的过滤滤池，气水联合反冲洗效果更为明显，这主要是由于混凝剂会导致滤层中形成泥球，单纯用水反洗较难去除。气水联合反冲洗的操作模式可以有：

1）先气反冲洗，再水反冲洗，适用于表面污染严重而内部污染较轻的滤池；

2）气水同时反冲洗，再水反冲洗，适合内部污染较重的滤池，但易造成滤料流失。本实验采用先气后水的运行模式。

（3）实验设备

1）实验仪器：气水联合反冲洗实验装置（图 5-9）、浊度仪、电子天平。

2）玻璃仪器：烧杯、量筒。

3）其他仪器：称量勺、秒表、温度计。

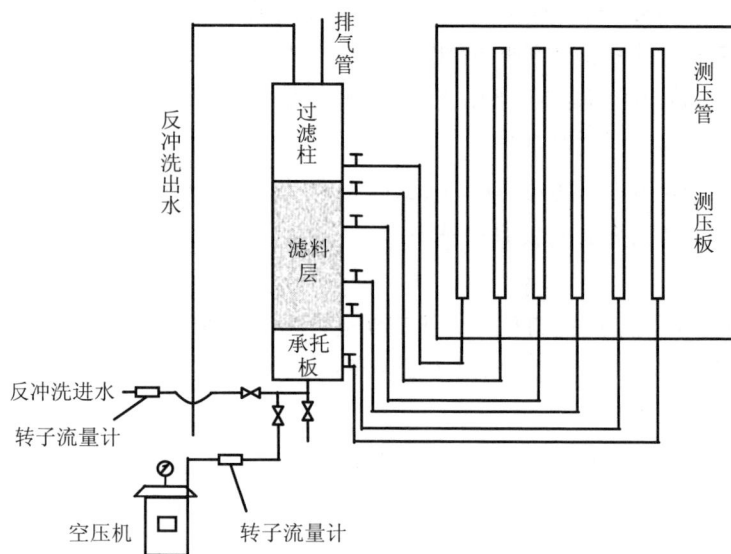

图 5-9　气水联合反冲洗实验装置

（4）实验用试剂

1）实验用水：用自来水及河底泥配制成浊度为 300 NTU 左右的实验用水。水量原则上应能够维持 4 个滤柱连续运行 4～6 h，如无河底泥也可以用其他泥替代（若条件允许，可一次性准备 3 次过滤所需水量）。

2）实验试剂：硫酸铝（浓度 1%）。

（5）实验步骤

1）用正交法安排气水联合反冲洗实验

影响气水反冲洗实验结果的因素很多，如气反冲洗时间、气反冲洗强度、水反冲洗时间、水反冲洗强度等。本实验考察气反冲洗时间 t 及水反冲洗膨胀率 e 这 2 个因素在 3 个水平上对反冲洗效果的影响。反冲洗膨胀率 e 与反冲洗强度 q 直接相关，可依据滤柱上的刻度进行测定，也可反映反冲洗水量的大小。所取的 3 个水平如下：

①气反冲洗 1 min、3 min、5 min，水反冲洗膨胀率 20%、40%、60%，这些因素及水平组成 9 个不同组合（表 5-15）。例如，滤柱 I 中气反冲洗 1 min，水反冲洗膨胀率 e=20%，滤柱 II 中气反冲洗 3 min，e 仍为 20%，滤柱III中气反冲洗 5 min，e 仍不变，滤柱IV作为对比柱，只用水反冲洗，e 仍保持为 20%。反冲洗结束后重新进行过滤。

②按正交表中的 4、5、6 序号的安排进行第二轮反冲洗，反冲洗结束后再次进行过滤。

③按正交表中的安排进行 7、8、9 序号的气水反冲洗，到此为一个周期。

表 5-15　滤池先气后水反冲洗正交分析

实验序号	因素	
	气反冲洗时间 t/min	水反冲洗膨胀率 e/%
1	1	20
2	3	20
3	5	20
4	1	40
5	3	40
6	5	40
7	1	60
8	3	60
9	5	60

2）气水联合反冲洗操作步骤

①当滤柱水头损失在 2.5～3.0 m 时，关闭实验用水进水阀，停止进水，待水位下降至滤料表面以上 10 cm 位置时，打开空压机阀门，往滤池底部送气。注意气量要控制在 1.0 m³/（m²·min）以内，以滤层表面出现紊流状态、整个滤层均被冲起为准。此时记录转子流量计上的读数并计时，至气反冲洗达到规定时间，关进气阀门。气反冲洗时注意观察滤料互相碰撞摩擦情况，并注意保持水面高于滤层 10 cm，以免造成空气短路。

②气反冲洗结束后，立即打开水反冲洗进水阀，开始水反冲洗；注意要迅速调整好进水量，以滤层的膨胀率达到预设考察数值为准。当膨胀率趋于稳定后，开始以秒表记录反冲洗时间，水反冲洗进行 5 min。

③反冲洗水由滤柱上部排水管排出，用量筒取样并计量流量；注意用秒表计量装满 1 000 mL 量筒所需时间，以便换算流量。在水反冲洗的 5 min 内，至少取 5 个水样并测定浊度。

④对比柱Ⅳ与 3 个实验柱同步运行，但只用水反冲洗，对比指标是反冲洗水用量及剩余浊度。

（6）注意事项

1）反冲洗时应注意控制气量和水量，尽量减少滤料流失。

2）气冲洗时保持滤料表面具有 10 cm 高度水深，防止空气短路。

（7）实验记录

表 5-16　正交实验结果记录

实验序号	实验结果评价指标	
	水反冲洗强度/ [L/ (m²·s)]	水反冲洗膨胀率 e/%
1		
2		
3		
4		
5		
6		
7		
8		
9		

表 5-17　反冲洗记录

反冲洗时间/min	剩余浊度/NTU			
	柱 I	柱 II	柱 III	柱 IV
1				
2				
3				
4				
5				

（8）数据处理

1）根据表 5-17 的数值，以浊度为纵坐标、以时间 t 为横坐标，画出浊度与时间的关系曲线，并对反冲洗效果进行评价。

2）计算正交表格里每个因素各水平下的剩余浊度总和 K_{1j}、K_{2j} 以及各因素的极差 R_j。

（9）结果分析

1）根据极差分析的结果，确定滤料的最佳膨胀率和气反冲洗时间。

2）判断考察因素主次和显著性，找出哪个因素对反冲洗效果影响更大。

3）根据反冲洗过程观察结果，试分析气水联合反冲洗法与水反冲洗法各有什么优、缺点。

（10）思考题

1）滤速层内残留空气泡会对过滤、冲洗有何影响？

2）气水联合反冲洗后如何消除滤层中的气泡？

3）根据气水联合反冲洗结果，试从理论上探讨并解释其优于单独用水反冲洗的原因。

5.4　反渗透与膜蒸馏海水淡化处理实验

海水淡化已成为应对我国水资源短缺问题的重要手段之一。现有海水淡化工艺主要利用膜分离技术手段实现，所采用的膜材料是以对组分具有选择性透过功能的聚合物薄膜为分离介质，通过在两侧施加一种或多种推动力，使料液中的目标组分选择性地透过膜材料，从而达到分离效果。其中，反渗透（reverse osmosis，RO）是应用最为广泛的海水淡化工艺的核心膜材料，在高压驱动下使水透过膜材料而高效截留氯化钠等盐分，渗透出水可作为淡水资源用于生产生活等环节。在反渗透膜组件前端多采用微滤（microfiltration，MF）或超滤（ultrafiltration，UF）作为预处理单元，去除海水中颗粒、有机物、微生物等污染物，以缓解反渗透膜污染趋势。膜蒸馏属于热驱动膜过滤过程，可利用工业废热驱动海水中水分子以蒸汽态透过膜材料，进而在低温侧冷凝成淡水。与反渗透相比，具有更低的膜污染趋势，运行能耗低等优势，也逐渐成为海水淡化工艺中具有优异应用潜力的膜分离过程。总体来说，膜分离与传统过滤相比，具有节省能耗、集成化自动化程度高、分离效果稳定等优点，是当前物理分离工艺的重要内容，通过本实验可引导学生充分认识膜操作过程、运行原理与应用效果。

（1）实验目的

1）理解膜分离的基本原理，了解各种膜分离工艺的适宜对象或应用领域。

2）了解膜结构和影响膜分离效果的因素。

3）了解膜分离的主要工艺参数，掌握膜组件性能的表征方法。

4）掌握反渗透和膜蒸馏海水淡化的工艺流程。

（2）实验原理

1）膜分类与膜分离基本原理

压力驱动膜材料依据孔径或截留分子量的不同，可分为微滤、超滤、纳滤（nanofiltration，NF）和反渗透（图 5-10），在膜两侧施加一定的压力差，可使一部分溶剂及小于膜孔径的组分透过膜，而大于膜孔径的微粒、大分子有机物、盐、微生物等被膜截留下来，从而达到分离目的。纳滤膜因具有表面荷电性，可进一步通过静电力作用对离子或带电物质进行分离。依据材质不同，上述膜材料分为有机和无机两大类，有机聚合物如醋酸纤维素、聚丙烯、聚碳酸酯、聚砜、聚酰胺等，无机膜材料有陶瓷和金属氧化物颗粒等。

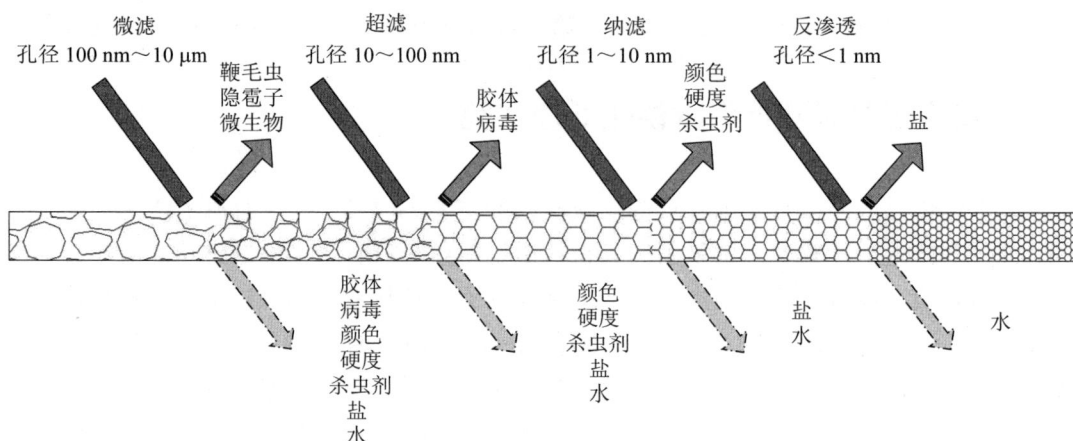

图 5-10　不同压力驱动膜孔径大小及其截留性能

①微滤又称微孔过滤，孔径尺寸一般在 100 nm～10 μm，对悬浮颗粒物、混凝絮体等具有较好的分离效果，在市政污水处理、废水处理过程中可完全替代砂滤，也被广泛用于膜分离工艺流程的预处理环节。

②超滤孔径尺寸在 10～100 nm，其截留特性也可通过对标准有机物的截留分子质量来衡量，截留分子质量范围一般为 1～300 kDa，对大分子有机物、细菌、胶体等具有优异的分离效果，广泛应用于料液的澄清、大分子有机物的分离纯化以及污水处理的泥水分离等。现有膜生物反应器（membrane bioreactor，MBR）工艺中主要以超滤膜为膜组件，对活性污泥进行有效分离，确保渗透出水达标排放。

③纳滤孔径尺寸一般在 1～10 nm，操作压力略高于超滤膜，但由于表面荷电性，凭借静电力作用能有效去除水中高价态离子（如 Ca^{2+}），广泛应用于水质软化、饮用水水质净化、工业生产过程物质分离与提纯等。

④反渗透孔径尺寸在 1 nm 以下，允许溶剂（通常是水）透过而截留离子或小分子物质，一般对 NaCl 的截留率可达到 99% 以上，渗透出水被称为去离子水或纯水，实验室所用纯水多采用反渗透技术制备。反渗透能去除水中金属离子、小分子有机物、细菌、病毒等污染物，广泛应用于医药、电子、化工、食品、海水淡化等诸多行业，在纯净水、海水淡化、污水回用、废水处理等方面均具有成熟应用。在当前污水零排放要求下，反渗透技术已成为工业废水处理过程中必不可少的膜技术之一。

除压力驱动膜分离过程外，也存在以浓度差、电位差、温度差等为驱动力的膜分离过程。膜蒸馏属于热驱动膜分离过程，通过在膜两侧形成不同温度的料液，以温度差为驱动力促使水蒸气透过膜材料并在低温侧冷凝成水，而盐分、有机物等被截留，对 NaCl 的截留率可达到 99% 以上。膜蒸馏可利用工业废热加热海水进行海水淡化处理，具有成本低、设备简单、操作便利等优势，有望成为一种低廉高效的海水淡化技术。

在膜过滤过程中，膜表面会存在一定厚度的滞留层，溶剂透过膜而截留物在膜表面滞留层内浓度逐渐增加，在滞留层内形成浓度梯度与渗透方向相反的浓度差（图 5-11），会显著降低膜分离过程传质推动力，导致膜渗透通量降低。

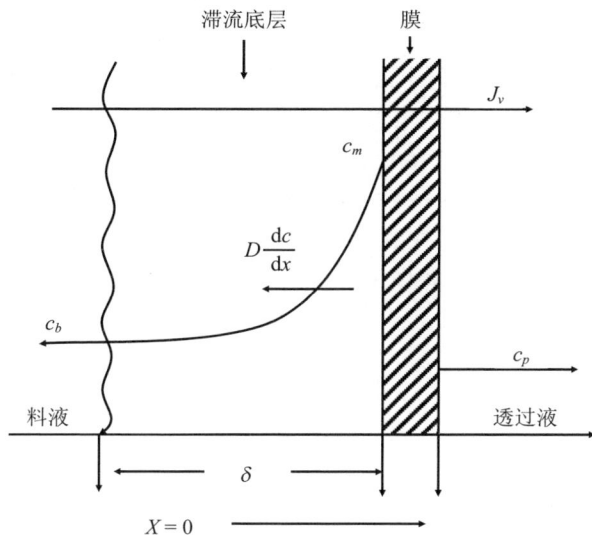

图 5-11　浓差极化示意图

由于滞留层截留组分浓度的增加而导致的渗透通量降低的现象被称为浓差极化。浓差极化现象对膜分离过程会产生不利影响，主要包括以下几个方面：

①由于膜表面被截留溶质浓度增高，浓差极化会引起渗透压的增大，从而减小传质推动力。

②当膜表面被截留溶质浓度达到其饱和浓度时，会在膜表面沉积形成凝胶层，增加透过阻力。

③膜表面凝胶层（也被称为膜污染层），会影响膜的分离特性。

④严重的浓差极化会导致晶体析出，堵塞膜孔道，造成不可逆膜污染，影响膜使用寿命。

为提高膜分离运行效能，减轻浓差极化的常见方法有：降低进水料液内污染物浓度，提高膜表面错流流速，抑制膜表面污染物沉积；改变料液流态，通过曝气增加湍流，降低滞留层厚度；控制操作压力，操作压力越大，浓差极化现象越明显；适当提高进水料液温度，降低黏度系数。

2）膜组件及其性能

膜过滤装置一般由膜组件、水泵、流量计、压力表、阀门、管道等组成，其中膜组件是膜过滤装置的核心。膜组件是按一定技术要求将膜和支持物组装在一起的组合构件，按结构可分为管式膜、平板膜、卷式膜、中空纤维膜 4 类，相应结构和应用特性见表 5-18。

表 5-18 常见膜组件结构与应用特性

膜组件	结构	填充密度/ (m^2/m^3)	流动阻力	抗污染	膜清洗	预处理	设备费用	运行费用
管式	简单	20～300	小	很好	容易	不需要	中等	低
平板式	简单	400～600	中等	好	易	需要	低	较低
卷式	复杂	800～1 000	中等	中等	较易	需要	较高	较高
中空纤维	复杂	约 10^4	大	差	不易	需要	较高	较高

膜组件性能一般以截留率（R）、渗透通量（J）和溶质浓缩倍数（N）来表示，分别定义为

$$R = \frac{c_0 - c_p}{c_0} \times 100\% \qquad (5\text{-}23)$$

式中，R——截留率，%；

c_0——原料液的浓度，$kmol/m^3$；

c_p——透过液的浓度，$kmol/m^3$。

对于不同处理料液，在正常工作压力和工作温度下，膜材料对目标截留物质的截留率会有差异，截留率是选择膜组件的基本参数之一。

$$J = \frac{V_p}{St} \qquad (5\text{-}24)$$

式中，J——渗透通量，$L/(m^2 \cdot h)$；

V_p——透过液的体积，L；

S——单个膜组件具有的膜有效面积，m^2；

t——处理时间，h。

其中，$Q = \dfrac{V_p}{t}$，即透过液的体积流量（或膜组件渗透通量），可用于衡量不同膜组件在污水处理、水质净化、海水淡化过程中的处理能力，也是选择膜组件个数的重要参数。一般膜组件均会标注纯水通量，即处理纯水时所具有的渗透通量，以此衡量膜的渗透性能。

$$N = \frac{c_R}{c_p} \qquad (5\text{-}25)$$

式中，N——溶质浓缩倍数；

c_R——浓缩液的浓度，$kmol/m^3$；

c_p——透过液的浓度，$kmol/m^3$。

该值比较了浓缩液和透过液的分离程度，体现膜材料的选择性。在某些以获取浓缩液为产品的膜分离过程中（如蛋白质提纯、果汁浓缩等），溶质浓缩倍数是选择膜组件的

重要参数。

3）反渗透和膜蒸馏海水淡化处理工艺

反渗透是最为广泛的海水淡化技术，而膜蒸馏是具有更低能耗的新型海水淡化膜分离技术，二者均具有高达 99%以上的 NaCl 分离效率，但在分离原理和运行模式上具有明显差异。

反渗透需要在高操作压力（一般 0.4 MPa 以上）下运行，膜污染趋势明显。为缓解膜污染，需要采用微滤或超滤作为前处理单元，预先去除水中胶体、颗粒物、大分子有机物等污染物，以提高反渗透运行稳定性。反渗透海水淡化工艺一般由以下 4 个环节构成：预处理、反渗透膜分离、后处理和膜清洗。其中，预处理（微滤或超滤）和膜清洗是关键步骤。一般情况下，自来水和苦咸水反渗透膜的使用寿命为 5 年，而海水淡化反渗透膜的使用寿命为 3 年，恰当的预处理与有效的膜清洗过程能延长反渗透膜的使用寿命。后处理的目的主要是调节水质与消毒，以达到适宜的饮用水或其他应用要求，常通过添加碳酸盐调整 pH，并采用 UV 消毒方式灭活有害微生物。

膜蒸馏需要对海水进行加热处理，一般温度达到 40℃以上，无须使用高压输水泵，仅需要在膜两侧输送加热后的海水与低温或常温淡化水。随着膜蒸馏过程运行，淡化水侧溶液体积逐渐增加，而海水侧因水透过膜材料而逐渐被浓缩。膜蒸馏过程同样存在膜污染问题（主要是盐沉积问题），需要定期进行膜清洗过程。膜清洗一般采用低浓度酸冲洗，对于有机污染问题则采用与反渗透工艺类似的化学清洗步骤（次氯酸钠溶液冲洗或浸泡）。

海水淡化的关键是去除 NaCl，天然海水中 NaCl 浓度在 3.5%左右，本实验中可采用天然海水或实验室配制 3.5%NaCl 溶液进行海水淡化工艺测试。对于实验室配制的 3.5%NaCl 溶液，采用氢氧化钠或硝酸调整溶液 pH 为 7.0。反渗透或膜蒸馏的海水淡化性能，可通过测定料液与膜渗透液的电导率来评估膜材料对 NaCl 的截留率，通过测定单位时间内反渗透渗出液体积或膜蒸馏淡水侧溶液体积增加量来计算膜材料渗透通量。

（3）实验设备

1）实验仪器：反渗透和膜蒸馏过滤装置、电导率仪。

2）玻璃仪器：烧杯、量筒、玻璃棒、圆底烧瓶。

3）其他仪器：秒表、称量勺、移液枪及对应枪头。

（4）实验用试剂

1）实验用水：海水或实验室配制 3.5%NaCl 溶液。

2）实验试剂：氯化钠、氢氧化钠、硝酸、去离子水。

（5）实验步骤

1）氯化钠标准曲线绘制

天然海水中氯化钠含量一般在 3.5%左右，依据反渗透与膜蒸馏对氯化钠的截留率在 99%以上，预估膜渗透出水中氯化钠含量在 0.035%左右。配制一系列氯化钠溶液，浓度依次为 0.005%、0.010%、0.020%、0.030%、0.050%、0.100%，测定 6 个溶液的电导率值，建立不同氯化钠溶液浓度-电导率值的标准曲线。将海水稀释 100 倍后测定电导率，依据标准曲线计算天然海水中的氯化钠浓度。

2）反渗透装置运行

首先，排出膜组件中的保护液，用清水清洗 1～2 次后再用加热至 50℃的去离子水清洗膜组件及管路系统 1～2 次。同时，通电检测蠕动泵或水泵的运行情况，并对压力表、流量计进行检查。其次，取 30 L 海水或实验室配制 3.5% NaCl 溶液加入水槽，开启高压水泵，观察压力表和流量计读数，调节水泵转速或通过水泵回流阀和出口阀控制料液流量，从而保证膜组件在正常压力下工作，预过滤 5～10 min，并在流量稳定时取样分析。最后，调节初始膜错流口压力为 0.2 MPa，稳定后，测量渗透液的体积并取样；随后每隔 20 min 调整操作条件，依次增加膜后压力为 0.3 MPa、0.4 MPa、0.5 MPa、0.6 MPa，分别测量渗透液体积并取样。

3）膜蒸馏装置运行

首先，排出膜组件中的保护液，用清水清洗 1～2 次后再用加热至 50℃的去离子水清洗膜组件及管路系统 1～2 次。同时，通电检测蠕动泵的运行情况，并对加热装置进行检查。其次，取 2 L 海水或实验室配制 3.5%NaCl 溶液加入加热水槽，打开加热器，使海水或 NaCl 溶液加热至 40℃并保持稳定至少 20 min，同时将去离子水加入冷水槽，开启热水侧与冷水侧蠕动泵，调整蠕动泵转速并观察流量计读数，达到设定值后，测定一定时间内冷水测溶液体积增加量并取样。最后，调节热水侧温度分别为 50℃、60℃、70℃，稳定运行至少 20 min 后，分别测定一定时间内冷水侧溶液体积增加量并取样。

4）膜清洗

实验结束后，需对膜进行清洗并注入保护液。将海水或实验室配制 3.5%NaCl 溶液排空后，注入 1%HNO₃ 溶液并循环清洗 15 min，然后更换为去离子水或膜渗透出水清洗膜组件，再在水槽中注入 1%甲醛溶液并打入膜组件中进行杀菌和保护膜材料。

（6）注意事项

1）每个膜分离系统在开始实验前，均需排空保护液并用清水彻底清洗，方可进行实验。

2）实验结束后，先用清水清洗管路，再向水槽中注入保护液（1%甲醛溶液），经保护液泵打入各膜组件中，使膜组件完全浸泡在保护液中。

3）对于长期未使用的膜组件，若发现渗透通量明显降低，需对膜进行及时清洗。具体方法可采用 1% HCl 或 HNO₃ 循环冲洗或浸泡 6 h，再用 0.5% NaClO 溶液循环冲洗或浸泡 2 h，最后用自来水冲洗干净。

（7）实验记录

表 5-19　氯化钠溶液电导率值记录

浓度/%	电导率/（mS/cm）
0	
0.005	
0.010	
0.020	
0.030	
0.050	
0.100	

表 5-20　反渗透膜过滤实验数据记录

操作压力/MPa	渗透通量/[L/（m²·h）]	电导率/（mS/cm）		截留率/%	溶质浓缩倍数
		料液	渗透液		
0.2					
0.3					
0.4					
0.5					
0.6					

表 5-21　膜蒸馏实验数据记录

热侧温度/℃	时间/min	冷侧体积增量/mL	渗透通量/[L/（m²·h）]	电导率/（mS/cm）		截留率/%
				热侧溶液	冷侧溶液	
40						
50						
60						
70						

（8）数据处理

1）以氯化钠浓度为横坐标、电导率为纵坐标，绘制标准曲线，将料液、渗透液、冷侧溶液和热侧溶液的电导率代入标准曲线，计算氯化钠浓度。

2）依据截留率公式，计算反渗透和膜蒸馏过程对氯化钠的截留率。

3）依据膜渗透通量公式，计算反渗透和膜蒸馏过程中的渗透通量。

4）绘制操作压力-膜渗透通量、热侧温度-膜渗透通量、截留率-渗透通量、溶质浓缩倍数-膜渗透通量的关系曲线。

（9）结果分析

分析反渗透和膜蒸馏的海水淡化效果，评价操作压力、热侧温度分别对反渗透和膜蒸馏过程中渗透通量与截留率的影响；分析膜渗透通量、截留率和溶质浓缩倍数间相互关系，探讨膜污染对膜渗透通量与截留率的影响情况，如何提高膜渗透通量？膜清洗后膜渗透通量与截留率如何改变？

（10）思考题

1）为什么随着膜过滤时间的进行，膜渗透通量越来越低？

2）什么是浓度极差？有什么危害？有哪些方法可以控制或缓解？

3）为什么操作压力越大，反渗透过程的膜渗透通量越高？

4）能否通过降低冷侧溶液温度提高膜蒸馏过程的渗透通量？

5）试述反渗透膜和膜蒸馏过程的应用方式与各自优势。

第 6 章

水污染控制物理化学处理法实验

6.1 活性炭与生物质材料吸附实验

吸附是一种传质过程，当流体（气体或液体）与多孔固体接触时，流体中某一物质或多个物质在固体表面上所产生的积蓄现象。与吸收相比，吸附是发生在气固或液固界面处的富集过程。具有吸附能力的多孔固体称为吸附剂，而被吸附的物质称为吸附质。依据吸附质与吸附剂间作用力差异，可将吸附过程分为物理吸附和化学吸附。物理吸附是由吸附质与吸附剂间分子作用力产生的吸附，结合力较弱，吸附热较小，易脱附；化学吸附则是由吸附质与吸附剂间形成化学键引起的，吸附热较大，较难脱附。在工业废水处理中，尤其是废水深度处理或中水回用，吸附是较为常用的一种水处理技术。通过本实验，掌握活性炭与生物质材料对染料的吸附性能，获得平衡吸附量随吸附质平衡浓度的变化曲线，完成吸附等温式拟合，求算相关参数，判断实验条件下最为符合吸附过程的吸附等温式，深入理解吸附过程机理并选择合适的吸附运行模式。

（1）实验目的

1）加深对吸附基本原理的理解。

2）研究活性炭与生物质材料对染料的吸附性能，掌握吸附等温式的测定方法和曲线绘制。

3）以活性炭吸附为例，掌握弗兰德利希（Freundlich）吸附等温式中吸附指数的测定方法，据此判断吸附难易程度，选择合适的吸附运行模式（间歇静态吸附或连续动态吸附）。

（2）实验原理

活性炭是水处理过程中使用历史最长、应用最广泛的一种吸附剂。活性炭可利用木材、煤炭、果壳等含碳物质在高温缺氧条件下制备，通常具备丰富的孔道结构，比表面积大（500～2 000 m²/g），对污染物的物理吸附作用明显，吸附能力强，吸附容量高，尤其对疏水性有机物具有优异的去除效果。在某些突发性水污染事件处理过程中，活性炭也被广泛用于苯酚、硝基苯等化工污染物的应急处理。凭借成本低、来源广泛、应用简便等优势，目前活性炭在水处理领域的应用仍难以被替代，针对活性炭的研究仍较为活跃，如活性炭纤维材料制备、活性炭再生工艺优化、活性炭成型制备等，不断拓展活性炭的应用场景。

生物质可用于制备活性炭材料，也可以直接作为吸附材料，应用于水处理过程。例如，藻类对大多数重金属离子具有较强的吸附能力，绿微藻在悬浮状态下，活细胞对 Cr^{6+} 离子的最大吸附容量可达到 12.67 mg/g，干细胞的 Cr^{6+} 离子吸附容量为 13.12 mg/g。藻类细胞壁上存在蛋白质、多糖、磷脂等多聚复合体，具有含氧、氮、磷等功能基团，易与重金属离子形成配位键而络合。此外，在重金属离子吸附过程中，藻类细胞官能团上的钾、钠、钙、镁等离子会与重金属离子发生离子交换过程。由于藻类、真菌等微生物繁殖速度快，可以短时间内提供大量重金属离子吸附材料，在水污染控制领域具有优异的应用潜力。本实验采用蘑菇菌体作为生物质吸附材料处理染料废水，可直观比较菌体吸附前后的颜色变化以及染料在菌体内部的吸附扩散过程，能够更好地帮助学生们观察吸附实验现象并理解吸附原理。

由于吸附剂与吸附质之间作用力不同，吸附过程可分为物理吸附和化学吸附两种。物理吸附主要是依赖吸附剂与吸附质之间的范德华力等分子作用力，吸附作用力较弱，而化学吸附是通过形成化学键或化学吸附力，吸附质在吸附剂表面结合更为紧密。当水与吸附剂充分接触后，吸附质在吸附剂表面被吸附，同时部分被吸附的吸附质也可能会从吸附剂表面脱离，称为解吸过程。当吸附速度等于解吸速度时，吸附达到平衡，此时吸附质在水中的浓度称为平衡浓度。吸附平衡的建立需要一定时间，通常采用吸附等温线来描述。吸附等温线是指在一定温度下，吸附剂上吸附质浓度与溶液中吸附质浓度之间的关系曲线，可以反映吸附剂的吸附性能和判断吸附过程中的性质与机理。

吸附剂的吸附能力用吸附容量 q_e 表示，指单位重量吸附剂对吸附质的吸附量，具体公式为

$$q_e = V(c_0 - c_e) / M \qquad (6-1)$$

式中，c_0——吸附质的初始浓度，mg/L；

c_e——当达到吸附平衡时，水中剩余的吸附质浓度，mg/L；

M——吸附剂的投加质量，g；

V——污水体积，L。

针对吸附过程中的吸附等温式，已提出多种不同类型的数学模型，主要有以下 4 种：

1）朗格缪尔（Langmuir）吸附等温式（单分子层吸附）

$$q_e = \frac{K_l q_{max} c_e}{1 + K_l c_e} \qquad (6-2)$$

对式（6-2）变形：

$$\frac{c_e}{q_e} = \frac{1}{K_1 q_{max}} + \frac{1}{q_{max}} c_e \tag{6-3}$$

式中，q_e——单位吸附剂的吸附容量，mg/g；

　　　c_e——吸附质在溶液中的平衡浓度，mg/L；

　　　K_1——吸附系数，与溶液的温度、pH 以及吸附剂和吸附质的性质有关的常数；

　　　q_{max}——单位吸附剂的最大吸附容量，mg/g。

2）BET 等温式（多分子层吸附）

$$q_e = \frac{Bc_e q_0}{(c_s - c_e)\left[1 + (B-1)\dfrac{c_e}{c_s}\right]} \tag{6-4}$$

式中，q_e——单位吸附剂的吸附容量，mg/g；

　　　c_e——吸附质在溶液中的平衡浓度，mg/L；

　　　c_s——吸附质在溶液中的饱和浓度，即平衡浓度 c_e 的极限值，mg/L；

　　　B——与吸附剂性质有关的常数。

3）弗兰德利希（Freundlich）吸附等温式（多分子层吸附）

$$q_e = Kc_e^{\frac{1}{n}} \tag{6-5}$$

对式（6-5）取对数：

$$\lg(q_e) = \lg K + \frac{1}{n}\lg(c_e) \tag{6-6}$$

式中，q_e——单位吸附剂的吸附容量，mg/g；

　　　c_e——吸附质在溶液中的平衡浓度，mg/L；

　　　K——吸附系数，与溶液的温度、pH 以及吸附剂和吸附质的性质有关的常数；

　　　$1/n$——吸附指数，与溶液温度有关的常数。

一般认为，$1/n$ 为 0.1～0.5 时，吸附质易被吸附剂吸附；当 $1/n > 2$ 时，吸附质难以被吸附剂吸附。对于一个吸附过程而言，$1/n$ 越大，吸附质平衡浓度越高，吸附剂吸附容量越大，适合采用间歇吸附装置［图 6-1（a）］；反之，多采用连续吸附装置［图 6-1（b）］。

以上 3 种吸附等温式多采用间歇吸附装置进行测定，可将实验获得的相关数据按上述线性变形公式绘制曲线并进行拟合，从直线的斜率和截距可求出相关系数。若某一吸附等温式的拟合直线相关系数 R^2 越大，则说明吸附过程更适合该类型吸附等温式。

对于连续吸附装置可采用勃哈勃（Bohart）和亚当斯（Adams）提出的关系式来评价其吸附性能。

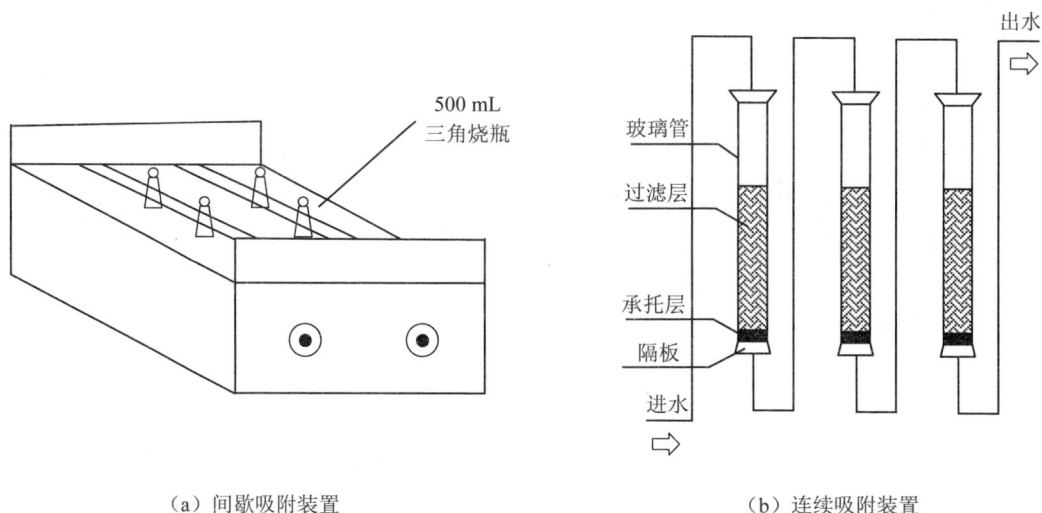

（a）间歇吸附装置　　　　　　　　　　　（b）连续吸附装置

图 6-1　吸附实验装置

4）勃哈勃（Bohart）和亚当斯（Adams）吸附等温式

$$\ln\left(\frac{c_0}{c_B}-1\right)=\ln\left[\exp\left(\frac{KN_0D}{v}-1\right)\right]-KC_0t \qquad (6-7)$$

$$t=\frac{N_0}{c_0v}D-\frac{1}{c_0K}\ln\left(\frac{c_0}{c_B}-1\right) \qquad (6-8)$$

式中，t ——工作时间，h；

v ——流速，m/h；

D ——吸附剂厚度，m；

K ——速度常数，L/mg·h；

N_0 ——吸附容量，即达到饱和时吸附质的吸附量，mg/L；

c_0 ——进水中吸附质的浓度，mg/L；

c_B ——出水中吸附质的浓度，mg/L。

当工作时间 $t=0$ 时，能使出水中吸附质浓度小于 c_B 的吸附剂理论深度，称为吸附剂层的临界深度 D_0，其计算公式可由式（6-9）推出。

$$D_0=\frac{V}{KN_0}\ln\left(\frac{c_0}{c_B}-1\right) \qquad (6-9)$$

吸附过程的影响因素很多，包括吸附剂性质（粒径大小、比表面积、孔道结构、孔径分布、表面化学性质等）、吸附质性质（浓度、极性、分子大小和构型、基团组成、表面张力等）、pH、温度、共存物质（如离子、有机物、悬浮颗粒物等）。例如，汞、铬酸、铁等易在活性炭表面发生氧化还原反应，在活性炭表面或孔道内生成沉淀物，阻碍吸附质在活性炭表面或内部的扩散吸附过程。由于吸附过程中吸附质在液膜内的扩散速度会对吸附速率产生明显影响，选择适当的吸附装置（间歇吸附或连续吸附）、过水流速等是优化吸附过程的重要方式。

（3）实验设备

1）实验仪器：摇床、pH 计、紫外可见分光光度计、多参数水质测定仪、立式蒸汽灭菌器。

2）玻璃仪器：容量瓶、三角瓶、量筒、玻璃棒、烧杯、50 mL 比色管、消解管。

3）其他仪器：移液枪及对应枪头、一次性针筒注射器（10 mL）、针式滤头（水系，0.45 μm）、擦镜纸、比色皿（1 cm×1 cm）、洗瓶、废液杯、试管架。

（4）实验试剂

1）实验用水：实验室配制亚甲基蓝模拟染料废水。

2）试剂：活性炭（粉末）、滑菇斜面菌种（购于中国工业微生物菌种保藏管理中心，保藏号为 50172）、亚甲基蓝、马铃薯粉、葡萄糖、琼脂、COD 测定相关试剂、去离子水、氢氧化钠、硫酸。

（5）实验步骤

1）绘制染料标准曲线

①取 7 支 50 mL 比色管，分别加 0 mL、0.50 mL、1.00 mL、2.50 mL、5.00 mL、7.50 mL 和 10.0 mL 染料储备溶液（100 mg/L），加去离子水定容。

②取任何浓度的染料溶液，在紫外可见分光光度计上测定染料溶液的最大吸附峰波长。

③在最大吸收峰波长条件下，以空白样品（染料添加量为 0）进行标零，测定其他染料标准样品吸光度值，绘制标准曲线。

2）活性炭间歇吸附处理工艺

①用去离子水稀释染料储备溶液（1 000 mg/L），分别配制浓度为 10 mg/L、20 mg/L、50 mg/L、100 mg/L、150 mg/L 和 200 mg/L 的染料溶液各 1 L。

②用量筒量取上述不同浓度的染料溶液 100 mL，分别加入 6 个 250 mL 的三角瓶中，另取一个 250 mL 三角瓶并加入 100 mL 去离子水（作为对照组），将所有溶液 pH 调节至 7.0±0.2 范围内，各溶液均抽取 5 mL 放置于样品管中作为初始样品并做好标记，后续测定吸光度和 COD。

③分别向不同染料溶液中投加已清洗烘干后的粉末活性炭 20 mg。

④设置摇床摇速为 120 r/min，将三角瓶放置摇床上振荡吸附 2 h。

⑤吸附后用注射器吸取 5 mL 溶液，使用水系滤头过滤，将滤液置于样品管中并做好标记。

⑥分别测定吸附前后溶液的吸光度和 COD。

3）活性炭连续吸附工艺

①先实验室配制浓度为 20 mg/L 和 200 mg/L 的染料溶液各 10 L，测定染料溶液初始

吸光度和 COD。

②在内径 20～30 mm，高为 1 000 mm 的有机玻璃或玻璃管中装入 500～750 mm 高的粉末活性炭。

③以 40～200 mL/min 的流量，按降流方式运行（运行时活性炭层中应避免产生空气气泡），本实验至少要用 3 种不同流速运行。

④在每一流速运行稳定后，每隔 10～30 min 由各炭柱取样，测定出水的吸光度和 COD，直至出水的吸光度或 COD 达到进水的 0.9～0.95 为止。

⑤调节染料溶液浓度，重复步骤②～④，完成所有染料的吸附实验。

4）滑菇菌丝体发酵液培养

①PDB 液体培养基配制：称取马铃薯粉（200 g）和葡萄糖（20 g），加入去离子水（1 000 mL）后充分搅拌使其完全溶解。培养液分装于三角瓶中，分装量为 100 mL 培养液/250 mL 三角瓶或 50 mL 培养/150 mL 三角瓶，包扎后于 121℃灭菌 20 min，待用。

②PDA 斜面培养基配制：在 PDB 液体培养基中按照每 1 L 去离子水含 15～20 g 琼脂的比例，加入琼脂粉末，加热使其完全溶解，然后分装于玻璃试管中，装量约为试管高度的 1/5，盖上透气橡胶塞，进行高温高压蒸汽灭菌，灭菌后趁热将试管斜放，斜面长度一般不超过试管长度的 1/2，冷却凝固后封存于 4℃冰箱中待用。

③滑菇菌种活化：在超净台或无菌条件下，从滑菇斜面菌种中挑取一小块直径约 5 mm 的菌块，接种于 PDA 斜面培养基中，在 25℃条件下培养 7 d，备用。

④种子液培养：在超净台或无菌条件下，挑取已活化的滑菇菌块（直径约 5 mm），接种于含有 100 mL PDB 液体培养基的三角瓶中，在 25℃、130 r/min 条件下振荡培养 7 d，可得种子液。

⑤菌丝体发酵液培养：在超净台或无菌条件下，取 20 mL 种子液接种至含有 80 mL PDB 液体培养基的三角瓶中，接种量为 20%，在 25℃、130 r/min 条件下振荡培养 7 d，可得发酵菌丝液。

5）滑菇菌株间歇式吸附处理工艺

①用去离子水稀释染料储备溶液（1 000 mg/L），分别配制浓度为 10 mg/L、20 mg/L、30 mg/L、40 mg/L、50 mg/L 和 60 mg/L 的染料溶液各 1 L。

②用量筒量取上述不同浓度的染料溶液 100 mL，分别加入 6 个 250 mL 的三角瓶中，另取一个 250 mL 三角瓶加入 100 mL 去离子水（作为对照组），将所有溶液 pH 调节至 7.0±0.2 范围内，各溶液均抽取 5 mL 放置于样品管中作为初始样品并做好标记，后续测定吸光度和 COD。

③分别向不同染料溶液中投加滑菇菌丝体 10 g。

④包扎瓶口，设置摇床摇速为 120 r/min，将三角瓶在摇床上振荡吸附 2 h。

⑤吸附后用注射器吸取 5 mL 溶液，用水系滤头过滤，将滤液置于样品管中并做好标记。同时，将滑菇菌丝体从中间位置处横切一刀，观察表面及切面染料吸附情况，记录

菌体表面和切面在不同浓度染料溶液中的变化。

（6）注意事项

1）活性炭需经过充分浸泡清洗后，再烘干过筛，选取 200 目以下的粉状炭。

2）在间歇吸附工艺中，振荡或吸附时间不能太短，一般控制在 30 min 以上。

3）滑菇菌株培养过程可由指导老师提前完成，应避免染菌。

4）使用高温高压蒸汽灭菌锅时，应严格按规范操作，彻底降温后方可打开灭菌锅取出物品。

5）经高温高压蒸汽灭菌的培养基，必须冷却后才能进行接种，防止滑菇菌丝体活性受影响。

6）测定吸光度和 COD 前，必须用空白样品（本实验为去离子水）对仪器进行调零。

（7）实验记录

表 6-1　染料标准曲线

序号	染料浓度/（mg/L）	吸光度值
1		
2		
3		
4		
5		
6		
7		

表 6-2　活性炭间歇吸附实验记录

染料浓度/（mg/L）	吸附前染料溶液		吸附后染料溶液		染料溶液体积/mL	活性炭投加量/mg
	吸光度	COD/（mg/L）	吸光度	COD/（mg/L）		
10						
20						
50						
100						
150						
200						

表6-3 活性炭连续吸附实验记录

染料溶液浓度/（mg/L）：　　　　　吸附前吸光度：　　　　　吸附前 COD/（mg/L）：

取样时间/min	出水 COD/（mg/L）			出水吸光度		
	柱 1	柱 2	柱 3	柱 1	柱 2	柱 3

表6-4 滑菇菌株间歇吸附实验记录

染料浓度/（mg/L）	吸附前染料溶液		吸附后染料溶液		染料溶液体积/mL	菌丝体投加量/g
	吸光度	COD/（mg/L）	吸光度	COD/（mg/L）		
10						
20						
30						
40						
50						
60						

（8）数据处理

1）以染料浓度为横坐标、吸光度或 COD 为纵坐标，绘制标准曲线。

2）用测得的试样吸光度或 COD 代入标准曲线，并计算吸附条件下的色度去除率（脱色率）和 COD 去除率。

3）间歇吸附实验数据处理。

①按式（6-1）计算间歇吸附条件下活性炭和滑菇菌丝体吸附染料的平衡吸附容量 q_e。

②以 q_e 和 c_e 数据分别按照式（6-3）和式（6-6）绘制吸附等温式，并依据斜率和截距求得相关参数和线性相关系数 R^2。

4）连续吸附实验求各流速下 K 和 N_0 值。

①依据表6-3 内数据，绘制 t-c 关系曲线，并确定出水染料浓度等于 c_B 时各柱的工作时间。

②依据式（6-8），以时间为纵坐标、活性炭层厚度为横坐标，绘制 t-D 关系曲线，直线截距为

$$\frac{1}{c_0 K}\ln\left(\frac{c_0}{c_B}-1\right)$$

斜率为

$$\frac{N_0}{c_0 V}$$

③将已知 c_0、c_B、V 的数值代入截距和斜率表达式，求解流速常数 K 和吸附容量 N_0 值。

④依据式（6-9），求解每一设定流速下活性炭层临界深度 D_0 值。

（9）结果分析

1）对于间歇吸附实验，按照 Langmuir 和 Freundlich 吸附等温式的线性方程进行数据处理作图，获得相关参数与线性相关系数 R^2，判断活性炭和滑菇菌丝体吸附染料过程更符合哪种吸附等温式。

2）比较同一吸附过程中脱色率与 COD 去除率之间是否存在明显差异。

3）对比不同浓度染料溶液中滑菇菌丝体吸附后的表面与切面蓝色染料分布情况，结合吸附等温式拟合结果，深入剖析其吸附机理。

4）对于连续吸附实验，按照勃哈勃（Bohart）和亚当斯（Adams）吸附等温式的数据处理方法作图，求解线性相关系数 R^2，判断活性炭吸附染料是否符合这一吸附等温式。

5）对于连续吸附实验，分析流速对活性炭层临界深度的影响。

（10）思考题

1）活性炭能否吸附水中的氨氮，为什么？

2）活性炭或滑菇菌丝体投加量对吸附平衡浓度及吸附容量有什么影响？

3）溶液 pH、水温及染料初始浓度会对活性炭或滑菇菌丝体染料吸附性能产生什么影响？

4）活性炭及滑菇菌丝体吸附染料的优、缺点有哪些？

5）间歇吸附和连续吸附模式各自适用的应用场景是什么？

6）你认为本实验中间歇吸附实验的吸附难易程度如何？为什么？

7）试分析动态吸附实验中，升流式和降流式各有什么优、缺点？

8）标准曲线是否每次都需要测定并绘制？为什么？

9）如果初始水样的吸光度不在标准曲线范围内，该如何测定初始水样中的染料浓度？

10）计算吸附容量 q_e [式（6-1）] 时，c_0 应如何获得，并说明原因。

6.2　混凝沉淀实验

混凝沉淀广泛应用于污水处理、工业废水处理、中水回用等水处理工艺流程，能有效去除水中细小悬浮颗粒物和胶体，主要用于去除污水中的浊度和色度，对有机物也有一定去除效果。污水中的细小悬浮颗粒物自身沉速极慢，难以通过重力沉降作用有效去除，而胶体物质因表面带有电荷（通常为负电），能够长期保持布朗运动的稳定分散状态，不能用自然沉淀方法去除。一般需要先通过投加混凝剂，使胶体失去稳定性，同时促使分散的细小颗粒相互结合聚集增大，形成沉淀物或气浮物，进而再通过沉淀或气浮使其从污水中分离出来。通过混凝沉淀实验，可以帮助学生了解混凝剂类型及其特性、影响混凝效果的主要因素、混凝机理、混凝操作流程及设备等。常用混凝剂主要是无机混凝剂，如硫酸铝和聚合氯化铝，二者在适用条件和作用机理方面均有明显不同。此外，混凝效果也会受到其他因素的明显影响，如混凝剂投加量、污水水质、水温、搅拌强度等，其中混凝剂投加量和污水 pH 是最为关键的影响因素。因此，非常有必要通过开展混凝沉淀实验，让学生深入理解混凝剂类型、混凝剂投加量、污水 pH 对混凝效果的影响及其内在机理。

（1）实验目的

1）通过观察混凝现象及过程，加深对混凝操作工艺、影响因素、混凝机理的理解。

2）确定最佳的混凝剂类型、混凝剂投加量、pH 及水力学条件。

3）测定反应过程的 G 值和 GT 值，确定是否在适宜的范围内。

4）掌握浊度测试方法以及实验数据处理和分析方法。

5）初步了解胶体颗粒表面 ζ 电位的检测分析方法。

（2）实验原理

地表水、生活污水、工业废水中常含有大量细小悬浮颗粒物和胶体物质，如腐殖酸、染料、细小纤维物、细菌和病毒等，它们是导致污水高浊度、高色度的主要原因。水中胶体物质具有以下特点：

1）颗粒粒径小，一般为 1 nm～1 μm。

2）布朗运动，受水分子热运动不对称碰撞而做无规则布朗运动。

3）表面荷电，通常带负电，胶体之间存在静电斥力。胶体表面电荷值常用 ζ 电位来表示，其数值高低决定了胶体颗粒间静电斥力的大小以及胶体颗粒的稳定程度，胶体表面 ζ 电位越高，胶体颗粒的稳定性越高。

4）水化膜，胶粒表面极性基团对水分子有强吸附作用，使胶体表面形成一层较厚的水化膜，阻碍胶体间直接接触，水化膜越厚，胶体稳定性越好。

胶体颗粒与溶液中的水分子、正负离子相互作用形成不同静电状态的双电子层结构，如图 6-2 所示。

胶体颗粒的稳定性是由高 ζ 电位引起的静电斥力、胶粒的布朗运动及胶粒表面的水化作用所引起的，其中静电斥力影响最大。通过向水中投加混凝剂，形成高价阳离子如 Al^{3+}、Fe^{3+} 等压缩胶体双电子层，使胶体颗粒表面 ζ 电位降低，水化膜厚度降低，提升胶体颗粒间碰撞结合能力。同时，有机高分子混凝剂或无机混凝剂经水解后形成的高分子物质能直接卷扫网捕水中细小悬浮颗粒物或胶体颗粒，或通过吸附架桥作用将多个细小悬浮颗粒物或胶体颗粒边接，形成粒径较大的絮凝体（俗称矾花）。

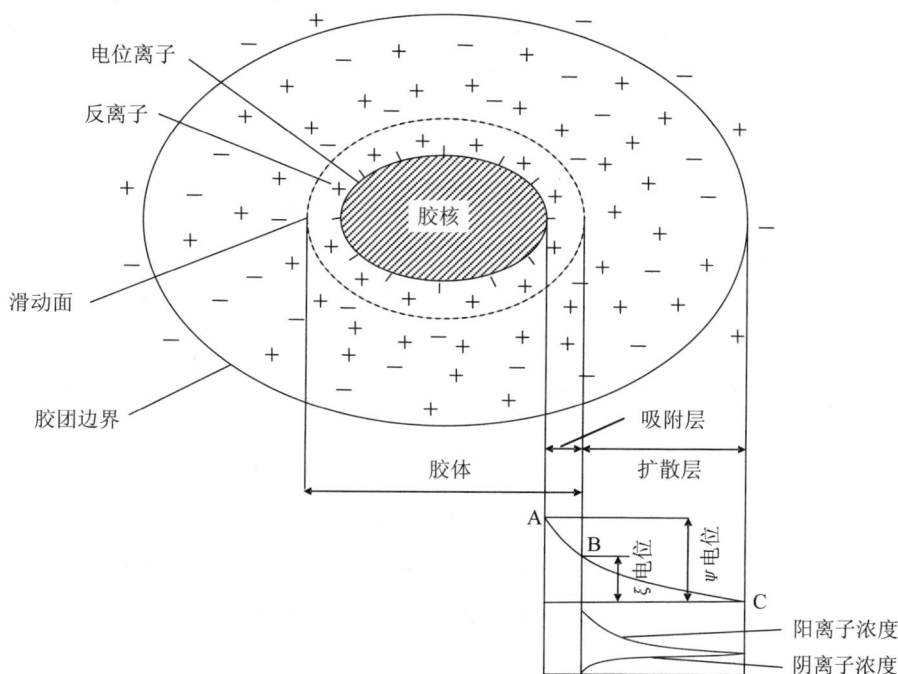

图 6-2　胶体颗粒双电子层结构

混凝包括凝聚和絮凝两个过程，其中凝聚是指投加混凝剂后胶体脱稳、碰撞而形成众多的"小矾花"的过程，而絮凝是指"小矾花"经吸附架桥、卷扫网捕等作用形成较大絮凝体的过程。从工艺操作角度出发，混凝可划分为混合和反应两个阶段。在混合阶段，污水与混凝剂需在较强的水力学条件下快速混合，加速混凝剂水解并快速与水中细小悬浮颗粒物或胶体颗粒发生相互作用或碰撞，使胶体脱稳，形成"小矾花"。在反应阶段，需要在较低的水力学条件下缓慢搅拌，使"小矾花"在混凝剂作用下互相絮凝，逐渐形成较为密实的大粒径"矾花"。

混合和反应阶段的水力条件对混凝效果有重大的影响。水力作用强度一般采用相邻水层两个胶体颗粒运动的速度梯度 G 表示，其数值可用式（6-10）计算：

$$G = \sqrt{\frac{P}{\mu V}} \tag{6-10}$$

式中，G——混凝设备的速度梯度，s^{-1}；

$\quad\quad P$——在混凝设备中水流所耗功率，W；

$\quad\quad \mu$——水的动力黏度，$Pa·s$；

$\quad\quad V$——混凝设备的有效容积，m^3。

其中，在混凝设备中水流所耗功率 P 与混凝反应器相关，本实验采用六联搅拌仪进行混凝反应，属于垂直轴式搅拌器，桨板绕轴旋转时克服水的阻力所耗功率 P 可用式（6-11）计算：

$$P = \frac{mC_D\rho}{8}L\omega^3(r_2^4 - r_1^4) \tag{6-11}$$

式中，P——消耗功率，W；

   m——同一旋转半径上浆板数；

   C_D——阻力系数，取决于浆板宽长比，见表 6-5；

   ρ——水的密度，kg/m^3；

   L——浆板长度，m；

   ω——浆板相对于水的旋转角速度，rad/s；

   r_2——浆板外缘旋转半径，m；

   r_1——浆板内缘旋转半径，m。

表 6-5　阻力系数 C_D

宽长比（b/L）	C_D
<1	1.10
1～2	1.15
2.5～4	1.19
4.5～10	1.29
10.5～18	1.40
>18	2.00

  混合和反应阶段对水力条件要求不同，混合阶段要求污水与混凝剂快速均匀混合，通常在几十秒内完成，最长不超过 2 min，一般 G 值在 500～1 000 s^{-1}。在反应阶段，搅拌速度或水流速度应随絮体颗粒增大而逐渐降低，一方面应保证"小矾花"间相互碰撞的概率，另一方面应避免"大矾花"因过强的剪切力作用而被打碎。通常以 G 值和 GT 值作为控制指标，G 值一般控制在 20～70 s^{-1}，GT 值在 10^4～10^5 为宜。反应阶段一般需要 15～30 min，以促进"大矾花"的产生。

  在混凝沉淀过程中，混凝效果会受到混凝剂类型、混凝剂投加量、pH、水温等因素的影响，具体分析如下：

  1）不同混凝剂适用于不同水质条件和处理水应用要求，如铁系混凝剂易造成处理水颜色发黄，硫酸铝混凝在低 pH 条件下的处理效果要低于聚合氯化铝。

  2）混凝剂投加量直接影响混凝效果。投加量不足或投加量过多，均不能获得良好的混凝效果。不同水质对应的最佳混凝剂投加量也会不同，必须通过混凝实验加以确定。无机盐混凝剂投加浓度一般为 5%～7%，高分子混凝剂聚丙烯酰胺一般为 0.05%～1%。

  3）pH 会直接影响混凝剂的水解程度和形态，从而影响混凝效果。以硫酸铝混凝剂为例，最佳使用 pH 为 5.0～7.0。若 pH 过低（小于 4），硫酸铝混凝剂水解受限，其水解产物中高分子多核多羟基物质的含量很少，难以获得较好的混凝效果，需要额外投加 Na_2CO_3、NaOH 或石灰调整污水中碱度；若 pH 过高（大于 9～10），硫酸铝混凝剂过度水解会形成各种铝的阴离子，对电负性胶体颗粒难以发挥混凝效果。

4）水温会影响混凝剂溶解度和水解速度，也会影响水的黏度、絮体颗粒布朗运动以及絮体生长速度。通常在低温时，絮凝体形成缓慢，絮凝颗粒细小、松散。这主要是由于：①混凝剂水解多为吸热反应，水温低时水解速率降低；②低温时水的黏度大，布朗运动减弱，颗粒间碰撞概率降低，不利于脱稳胶体相互碰撞结合成较大的絮凝体。同时，水黏度大时，水流剪切力增大，不利于絮凝体生长；③低温时胶体颗粒的水化作用增强，妨碍胶体凝聚。

综上所述，混凝的通常顺序如下：

1）将混凝剂与水迅速剧烈搅拌，如果水中碱度不够，则要在快速搅拌之前投加 Na_2CO_3、NaOH 或石灰。

2）若单一混凝剂难以取得良好的混凝效果，可在快速搅拌阶段近结束时添加混凝助剂（如黏土、活性硅酸等）或高分子混凝剂；若以提升矾花强度为目的，可添加 2～5 mg/L 的活性硅酸，若以提升矾花粒度为目的，可添加 0.2～1.0 mg/L 的聚丙烯酰胺。

3）在快搅阶段后需降低搅拌速度，并维持 15～30 min，使矾花间相互碰撞，促进矾花聚集增长。

本实验用烧杯搅拌实验来确定最佳混凝剂、混凝剂投量和 pH 范围。

（3）实验设备

1）仪器：混凝六联实验搅拌仪、pH 计、浊度仪。

2）玻璃仪器：烧杯、量筒、玻璃棒、50 mL 比色管。

3）其他仪器：一次性滴管、擦镜纸、移液枪、温度计、试管架。

（4）实验用试剂

1）实验用水：实验室配制高岭土悬浮液（50 mg/L）。

2）试剂：硫酸铝、三氯化铁、聚合氯化铝、氢氧化钠、硫酸。

（5）实验步骤

1）熟悉 pH 计和浊度仪使用方法，测定高岭土悬浮液水温、pH 和浊度值。

2）确定最佳混凝剂。

①配制硫酸铝、三氯化铁和聚合氯化铝溶液（100 g/L）。

②取 3 个 500 mL 烧杯，分别加入 300 mL 高岭土悬浮液（50 mg/L），以氢氧化钠和硫酸溶液调整溶液 pH，使溶液 pH 为 7±0.2，将烧杯溶液放置于混凝六联实验搅拌仪上。

③设置搅拌程序为快搅（350 r/min，1.5 min），慢搅（75 r/min，20 min），静止沉淀（30 min）。

④分别取硫酸铝、三氯化铁、聚合氯化铝储备溶液 150 μL（对应混凝剂投加量为 50 mg/L），加入 5 mL EP 离心管中，再加入 2.85 mL 去离子水，摇晃均匀后放置于加药

夹内。

⑤启动搅拌器，在快搅阶段手动或自动完成加药，观察烧杯内矾花生成情况。

⑥待静止沉淀完成后，用一次性吸管吸取上清液，进行浊度测试。

⑦计算浊度去除率，以浊度去除率最高确定最佳混凝剂类型。

3）确定最佳投药量。

①取 5 个 500 mL 烧杯，分别加入 300 mL 高岭土悬浮液（50 mg/L），调整溶液 pH 为 7±0.2，将烧杯溶液放置于混凝六联实验搅拌仪上。

②采用步骤 2 选定的最佳混凝剂，分别用移液枪移取 30 μL、75 μL、150 μL、300 μL、450 μL 混凝剂储备溶液于 5 mL EP 离心管中（对应投加量分别为 10 mg/L、25 mg/L、50 mg/L、100 mg/L、150 mg/L），再分别加入一定体积的去离子水，使溶液总体积为 3 mL，摇晃均匀后放置于加药夹内。

③采用步骤 2 相同混凝程序，开启搅拌器，完成混凝过程。

④待静止沉淀完成后，用一次性吸管吸取上清液，进行浊度测试。

⑤计算浊度去除率，以浊度去除率最高确定混凝剂的最佳投药量。

4）确定最佳 pH。

①取 5 个 500 mL 烧杯，分别加入 300 mL 高岭土悬浮液（50 mg/L），调整溶液 pH 分别为 3±0.2、5±0.2、7±0.2、9±0.2、11±0.2，将调好 pH 的烧杯溶液置于混凝六联实验搅拌仪上。

②采用步骤 2 和步骤 3 选定的最佳混凝剂及其最佳投加量，用移液枪移取相应体积的混凝剂储备溶液，加入 5 mL EP 离心管中，再分别加入一定体积的去离子水，使溶液总体积为 3 mL，摇晃均匀后放置于加药夹内。

③采用步骤 2 相同混凝程序，开启搅拌器，完成混凝过程。

④待静止沉淀完成后，用一次性吸管吸取上清液，进行浊度测试。

⑤计算浊度去除率，以浊度去除率最高确定混凝剂的最佳 pH。

5）确定最佳水动力学条件。

①取 9 个 500 mL 烧杯，分别加入 300 mL 高岭土悬浮液（50 mg/L），根据步骤 4 确定的最佳 pH，加入 pH 调节剂，调整 pH 至所需值，备用。

②采用步骤 2 和步骤 3 选定的最佳混凝剂及其最佳投加量，用移液枪移取相应体积的混凝剂储备溶液，加入 5 mL EP 离心管中，再分别加入一定体积的去离子水，使溶液总体积为 3 mL，摇晃均匀后放置于加药夹内。

③按 4 因素 3 水平正交实验（表 6-6），将搅拌转速和时间依次设定为表中数值，静止沉淀时间保持 30 min，启动搅拌器，进行混凝实验。

④待静止沉淀完成后，用一次性吸管吸取上清液，进行浊度测试。

⑤计算浊度去除率，以浊度去除率最高确定混凝剂的最佳水动力学条件。

表 6-6　4 因素 3 水平正交实验

所在列	1	2	3	4
因素	快搅转速/（r/min）	快搅时间/min	慢搅转速/（r/min）	慢搅时间/min
实验 1	300	1	50	15
实验 2	300	1.5	75	20
实验 3	300	2	100	25
实验 4	350	1	75	25
实验 5	350	1.5	100	15
实验 6	350	2	50	20
实验 7	400	1	100	20
实验 8	400	1.5	50	25
实验 9	400	2	75	15

（6）注意事项

1）配置高岭土悬浮液时，必须混合均匀，在实验前可再进行超声分散，以保证烧杯内高岭土颗粒分散均匀。

2）各烧杯中水样温度差应<0.5℃，避免由于温度不同影响混凝效果。

3）混凝储备溶液加入 EP 管后，补充一定体积的去离子水，应尽快开始混凝实验。

4）投加混凝剂的时间尽可能保持一致，避免因时间间隔较长，各水样加混凝剂后反应时间长短相差太大，从而影响效果。

5）保证各搅拌轴位于烧杯中心处，叶片在烧杯内高低位置应一样。

6）混凝结束后，取上清液时，应避免对烧杯底部矾花的扰动，且尽量取同一上清液水层的水样。

7）测定 pH 和浊度值时，应选用同一套仪器进行，避免由于仪器精度不同导致的测量误差。

8）测定浊度时，测样池应冲洗干净后再用于下一个样品的测定。

9）pH 计在使用前必须进行校准。

10）水样的 pH 和浊度值应多次测量求平均值。

（7）实验记录

表 6-7　水样初始性质测定结果

水样	温度/℃	pH	浊度/NTU
高岭土悬浮液/ （50 mg/L）			

注：所示结果均为 3 次测定结果的平均值。

表 6-8　不同混凝剂对混凝效果的影响

混凝剂投加量/（mg/L）：　　　快搅时间/min：　　　　快搅转速/（r/min）：　　　水温/℃：

慢搅时间/min：　　　　　　　慢搅转速/（r/min）：　　沉淀时间/min：　　　　　溶液 pH：

测定指标	混凝剂名称		
	硫酸铝	三氯化铁	聚合氯化铝
浊度/NTU			
G 值			
GT 值			

注：所示结果均为 3 次测定结果的平均值。

表 6-9　混凝剂投加量对混凝效果的影响

混凝剂名称：　　　　　　　快搅时间/min：　　　　快搅转速/（r/min）：　　　水温/℃：

慢搅时间/min：　　　　　　慢搅转速/（r/min）：　　沉淀时间/min：　　　　　溶液 pH：

测定指标	混凝剂投加量/（mg/L）				
	10	25	50	100	150
浊度/NTU					
G 值					
GT 值					

注：所示结果均为 3 次测定结果的平均值。

表 6-10　pH 对混凝效果的影响

混凝剂名称：　　　　　　　混凝剂投加量/（mg/L）：　　　　快搅时间/min：

快搅转速/（r/min）：　　　慢搅时间/min：　　　　　　　慢搅转速/（r/min）：

沉淀时间/min：　　　　　　水温/℃：

测定指标	pH				
	3	5	7	9	11
浊度/NTU					
G 值					
GT 值					

注：所示结果均为 3 次测定结果的平均值。

表 6-11　水动力学条件对混凝效果的影响

混凝剂名称：　　　　　　　混凝剂投加量/（mg/L）：　　　　pH：

沉淀时间/min：　　　　　　水温/℃：

测定指标	正交实验序号								
	1	2	3	4	5	6	7	8	9
浊度/NTU									
G 值									
GT 值									

注：所示结果均为 3 次测定结果的平均值。

（8）数据处理

1）以浊度值为指标计算混凝实验的浊度去除率（除浊率）。

2）以除浊率与混凝剂类型绘制柱状图，分析混凝剂类型对除浊率的影响。

3）分别绘制除浊率与混凝剂投加量、pH 或水动力学条件的关系曲线，分析混凝剂投加量、pH 及水动力学条件对除浊率的影响。

4）综合分析确定最佳混凝剂类型及其投加量、pH 及水动力学条件。

5）以除浊率为指标，计算每个因素各水平下的指标总和 K_{1j}、K_{2j}、K_{3j}，以及极差 R_j，确定各因素的影响大小排序。

（9）结果分析

1）从混凝剂类型和高岭土颗粒表面 ζ 电位的角度出发，分析 3 种混凝剂效果差异的原因。

2）以除浊率为指标，结合 G 值及 GT 值的测定结果，分析混凝剂投加量、pH 及水动力学条件对混凝效果的影响，并依据影响因素排序，阐述机理。

（10）思考题

1）为什么有的混凝剂投加量过大时，混凝效果反而会变差？

2）在浊度测定过程中，可采取哪些措施避免实验误差？

3）依据混凝原理，混凝能有效去除的污染物有哪些？

4）混凝液储备液是否可以配制更低浓度？具体考虑的因素是什么？

5）如果直接加入混凝剂固体，会对混凝效果产生什么影响？

6）本实验所用的高岭土悬浮液与实际废水、污水有何区别，如果将该工艺应用于实际水处理过程，应作何改进？

第7章

水污染控制化学处理法实验

7.1 Fenton 氧化法处理染料废水实验

高级氧化法属于废水化学处理方法,主要利用具有强氧化性的羟基自由基、硫酸根自由基、超氧自由基等将有机污染物氧化降解为小分子物质或完全碳化为 CO_2 和水 (H_2O),从而达到废水处理的目的。依据产生自由基的方式,高级氧化技术可分为 Fenton 氧化、光催化、电催化、压电催化、臭氧氧化等,尤其适用于难降解有机物或高浓度有机废水处理。

Fenton 氧化法是利用二价铁离子(Fe^{2+})催化活化过氧化氢(H_2O_2)生成羟基自由基(・OH)。H_2O_2 自身是一种强氧化剂,在 pH = 0 时,氧化还原电位 Eh = 1.80 V,当 pH = 14 时,Eh = 0.87 V。与之相比,・OH 的 Eh 可达到 2.8 V,仅次于氟的氧化能力 (3.06 V),远高于氧气(1.23 V)、氯气(1.36 V)、臭氧(2.07 V)等常规氧化药剂,由此可以氧化降解常规氧化药剂难以氧化的有机污染物。此外,Fenton 氧化法反应速率快、无须高温高压等苛刻条件,氧化降解反应易于实现。

本实验采用 H_2O_2 与催化剂亚铁盐(Fe^{2+})构成的均相 Fenton 体系处理亚甲基蓝染料废水,帮助学生深入了解高级氧化工艺的基本原理、影响因素与关键工艺参数,同时让学生进一步理解染料脱色与降解之间的区别及其表征方法。

(1)实验目的

1)了解 Fenton 氧化处理染料废水的基本原理和应用方法。

2)掌握 Fenton 处理方法的关键影响因素。

3)掌握亚甲基蓝的测定方法。

4)巩固吸光度与 COD 的测定方法。

5)深入理解染料脱色与降解之间的区别。

(2)实验原理

1)Fenton 氧化降解原理

1894 年,H.J. Fenton 首次发现 H_2O_2 与 Fe^{2+} 混合溶液能迅速氧化苹果酸,并把这种混合体系称为标准 Fenton 试剂，其原理是 H_2O_2 在 Fe^{2+} 的催化作用下分解产生羟基自由基（·OH），再通过电子转移等途径将有机物氧化分解成小分子物质或直接氧化为 CO_2 和 H_2O，其主要反应式大致如下：

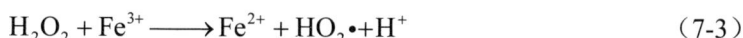

$$H_2O_2 + Fe^{2+} \longrightarrow Fe^{3+} + \cdot OH + OH^- \tag{7-1}$$

$$Fe^{3+} + H_2O_2 + OH^- \longrightarrow Fe^{2+} + H_2O + \cdot OH \tag{7-2}$$

$$H_2O_2 + Fe^{3+} \longrightarrow Fe^{2+} + HO_2 \cdot + H^+ \tag{7-3}$$

$$H_2O_2 + HO_2 \cdot \longrightarrow H_2O + O_2 + \cdot OH \tag{7-4}$$

通过上述链式反应不断产生羟基自由基，同时 Fe^{2+} 作为催化剂被氧化成 Fe^{3+}，原理上 Fe^{3+} 会通过式（7-2）和式（7-3）被还原为 Fe^{2+}，但在实际应用过程中 Fe^{3+} 会部分转化为 $Fe(OH)_3$，从反应体系中沉淀下去，导致 Fe^{2+} 浓度逐渐降低，需要不断补充亚铁盐。值得注意的是，$Fe(OH)_3$ 具有一定的絮凝作用，能够同步去除水中的悬浮颗粒物和有机污染物。针对 Fe^{2+} 不断损耗的问题，电芬顿、光芬顿等反应体系得到广泛研究与应用，主要利用电化学、光催化等手段提升 Fe^{2+} 的循环利用效率、促进 ·OH 的产生或实现 H_2O_2 原位生成。

以 Fe^{2+} 为催化剂的芬顿链反应过程的反应平衡常数 K 可表示如下：

$$K = \frac{[Fe^{3+}][OH^-][\cdot OH]}{[Fe^{2+}][H_2O_2]} \tag{7-5}$$

从式（7-5）可知，羟基自由基浓度（·OH）与 $[Fe^{2+}][H_2O_2]$ 浓度积成正比，与 $[Fe^{3+}][OH^-]$ 浓度积成反比。因此，Fenton 反应对有机污染物的降解效能受到溶液 pH、反应药剂（Fe^{2+} 和 H_2O_2）浓度等影响，具体规律如下：

①pH。对于以 Fe^{2+} 为催化剂的均相 Fenton 反应体系，最佳 pH 为 3～5。pH 过高，会导致 $Fe(OH)_3$ 生成加剧，Fe^{2+} 损耗量过大；pH 过低，会导致 Fe^{2+} 生成络合物且 Fe^{3+} 还原生成 Fe^{2+} 过程受限。

②Fe^{2+} 浓度。Fe^{2+} 浓度直接影响氧化效率。Fe^{2+} 浓度过低，不利于 H_2O_2 催化分解为羟基自由基；Fe^{2+} 浓度过高，会导致 H_2O_2 分解加剧，更多生成 O_2 且 Fe^{3+} 浓度增加会导致处理水色度增加。

③H_2O_2 浓度。若直接投加 H_2O_2，H_2O_2 成本是芬顿反应需要考虑的重要因素。在一定范围内，增加 H_2O_2 浓度，会提升有机污染物的降解效率。H_2O_2 浓度过高时，H_2O_2 自分解成 H_2O 和 O_2，并不能产生更多的 ·OH。因此，需要统筹分析处理效果与经济成本，选择适合的 H_2O_2 浓度。

④反应温度。依据反应动力学原理，温度增加，反应速度加快，但对于 Fenton 反应体系，最佳的反应温度在 30℃ 左右。温度过高，会加剧 H_2O_2 自分解反应；温度过低，Fe^{2+} 与 H_2O_2 反应速度缓慢。

⑤反应时间。Fenton 处理废水过程中的反应时间主要取决于废水水质、污染物浓度、

反应药剂投加量等，通常需要 30~60 min。若对于高浓度有机废水或难降解有机废水，反应时间可能会更长，具体反应时间需要通过实验加以确定。

2）亚甲基蓝性质

亚甲基蓝（methylene blue，MB）是一种吩噻嗪盐，外观为深绿色青铜光泽结晶粉末，易溶于水，水中溶解度为 40 g/L（20℃），水溶液为碱性，稍溶于乙醇，其结构式如图 7-1 所示。

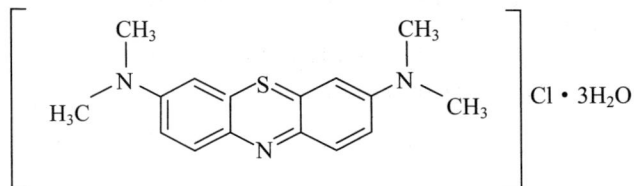

图 7-1　亚甲基蓝结构式

亚甲基蓝广泛应用于化学指示剂、染料、生物染色剂和药物等方面，尤其是纺织印染行业，常用于棉、蚕丝、纸张等的染色。作为一种具有吩噻嗪环结构的染料，具有难生物降解、致癌、致畸等危害，一旦进入水体会严重破坏水生态系统、威胁人体健康。常采用混凝、化学氧化、吸附等方法处理亚甲基蓝染料废水，其中化学氧化方法能够彻底破坏亚甲基蓝分子结构，从根本上解决亚甲基蓝染料的环境污染问题。

3）评价指标

在分析检测方面，可利用分光光度计直接测定亚甲基蓝在特定波长下（一般在 664 nm 左右）的吸光度，进而计算亚甲基蓝的浓度。但从测试原理上可知，亚甲基蓝分子中亚甲基基团是产生吸收光谱峰的重要原因，催化氧化过程中自由基更易攻击富电子的亚甲基基团，导致吸光度大幅降低，但并不能代表亚甲基蓝染料已得到充分降解。因此，采用分光光度法测定染料溶液，获得的去除率更适合被称为脱色率。若要充分反映亚甲基蓝染料的降解程度，COD 测试方法更适合体现催化降解过程中的亚甲基蓝碳化程度，也更符合水污染控制的指标要求。COD 测定方法是利用化学氧化剂（如高锰酸钾）将水中可氧化物质（如有机物、亚硝酸盐、亚铁盐、硫化物等）氧化分解，然后根据残留的氧化剂的量计算出氧的消耗量，是表示水质污染程度的重要指标。COD 的单位为 mg/L，其数值越低，说明水中有机物质浓度越低，水污染程度越轻。

本实验采用 Fenton 氧化处理亚甲基蓝染料废水时，以吸光度和 COD 为指标，考察 Fe^{2+} 及 H_2O_2 浓度、反应时间对亚甲基蓝降解的影响。

（3）实验设备

1）实验仪器：磁力搅拌仪、混凝六联实验搅拌仪、pH 计、紫外可见光分光光度计、多参数水质测定仪。

2）玻璃仪器：烧杯、容量瓶、量筒、消解管。

3）其他仪器：移液枪及对应枪头、一次性滴管、10 mL EP 管、试管架。

（4）实验用试剂

1）实验用水：模拟染料废水（200 mg/L 亚甲基蓝染料溶液）。

2）试剂：亚甲基蓝染料储备溶液（2 g/L）、去离子水、亚硫酸铁溶液（20%）、过氧化氢（30%）、硫酸溶液（1 mol/L）、氢氧化钠溶液（1 mol/L）、COD 消解试剂。

（5）实验步骤

1）绘制亚甲基蓝标准曲线

①取 6 支 50 mL 比色管，分别加入 0 mL、0.25 mL、0.50 mL、0.75 mL、1.00 mL、1.25 mL 亚甲基蓝染料溶液（200 mg/L），加去离子水至刻度线。

②先取中间浓度的标曲溶液测定 UV-vis 最大吸附峰波长。

③在最大吸收峰波长条件下，以未加亚甲基蓝染料的比色管溶液进行标零，再测定其他溶液的吸光度，绘制标准曲线。

2）Fe^{2+} 浓度对亚甲基蓝降解的影响

①调节模拟染料废水溶液的 pH，使其为 3.0 ± 0.2，留取 10 mL 溶液，用于后续测定初始染料溶液的吸光度和 COD。

②取 6 个 500 mL 烧杯，分别加入 300 mL 已调好 pH 的模拟染料废水溶液。

③复习混凝六联实验搅拌仪的操作方法，设定搅拌转速（250 r/min）和搅拌时间（30 min）。

④将烧杯放置于混凝六联实验搅拌仪上，依次加入 0 mL、0.10 mL、0.20 mL、0.30 mL、0.40 mL、0.50 mL 的 $FeSO_4$（20%）溶液，再分别加入 0.30 mL H_2O_2 溶液（30%）。

⑤启动混凝六联实验搅拌仪，完成 Fenton 催化降解反应。

⑥搅拌结束后，从各烧杯中取样 10 mL，测定水样的吸光度和 COD，确定 $FeSO_4$ 的最佳投加量。

3）H_2O_2 浓度对亚甲基蓝降解的影响

①步骤①～③与实验步骤 2）中①～③保持一致。

②将烧杯放置于混凝六联实验搅拌仪上，依次加入实验步骤 2）已确定的 $FeSO_4$（20%）最佳投加量，再分别加入 0 mL、0.05 mL、0.10 mL、0.20 mL、0.30 mL、0.40 mL H_2O_2 溶液（30%）。

③启动混凝六联实验搅拌仪，完成 Fenton 催化降解反应。

④搅拌结束后，从各烧杯中取样 10 mL，测定水样的吸光度和 COD，确定 H_2O_2 的最佳投加量。

4）反应时间对亚甲基蓝降解的影响

①步骤①～③与实验步骤 2）中①～③保持一致。

②将 1 个 500 mL 烧杯放置于磁力搅拌仪上，依次加入实验步骤 2）和步骤 3）已确定的 $FeSO_4$（20%）及 H_2O_2 溶液（30%）最佳投加量。

③启动磁力搅拌仪，分别在搅拌时间 10 min、20 min、30 min、45 min、60 min 从烧杯中取样 10 mL，测定水样的吸光度和 COD，确定最佳的反应时间。

（6）注意事项

1）所有实验内容可全部使用磁力搅拌仪完成，但需采用固定的搅拌转速与同一规格的搅拌子。

2）对于反应时间对亚甲基蓝降解的影响实验，仍可采用混凝六联实验搅拌仪完成，需按取样时间停止搅拌并取样。

3）测定吸光度和 COD 前，必须用空白溶剂（本实验为去离子水）对仪器进行调零。

4）硫酸亚铁溶液易被氧化，需要冷藏保存，最多保存一周，最好现用现配。

5）H_2O_2 溶液（30%）开封后有效期 30 d，时间过长会导致 H_2O_2 溶液失效。

（7）实验记录

表 7-1　亚甲基蓝标准曲线

序号	亚甲基蓝浓度/（mg/L）	吸光度
1		
2		
3		
4		
5		
6		

表 7-2　Fe^{2+} 用量对亚甲基蓝降解影响的实验数据记录

序号	降解前吸光度	降解后吸光度	亚甲基蓝脱色率/%	降解前 COD/（mg/L）	降解后 COD/（mg/L）	亚甲基蓝 COD 去除率/%
1						
2						
3						
4						
5						
6						

表 7-3　H_2O_2 用量对亚甲基蓝降解影响的实验数据记录

序号	降解前吸光度	降解后吸光度	亚甲基蓝脱色率/%	降解前 COD/（mg/L）	降解后 COD/（mg/L）	亚甲基蓝 COD 去除率/%
1						
2						
3						
4						
5						
6						

表 7-4　反应时间对亚甲基蓝降解影响的实验数据记录

序号	降解前吸光度	降解后吸光度	亚甲基蓝脱色率/%	降解前 COD/（mg/L）	降解后 COD/（mg/L）	亚甲基蓝 COD去除率/%
1						
2						
3						
4						
5						

（8）数据处理

1）以亚甲基蓝浓度为横坐标、吸光度为纵坐标，绘制标准曲线。

2）用测得的水样吸光度代入标准曲线，求得不同 Fenton 反应条件处理后水中的亚甲基蓝浓度。

3）计算不同 Fe^{2+} 用量、H_2O_2 用量、反应时间条件下的亚甲基蓝脱色率。

4）计算不同 Fe^{2+} 用量、H_2O_2 用量、反应时间条件下的亚甲基蓝 COD 去除率。

5）分别以亚甲基蓝脱色率和 COD 去除率为纵坐标，Fe^{2+} 用量、H_2O_2 用量或反应时间为横坐标，绘制关系曲线图。

（9）结果分析

根据亚甲基蓝脱色率和 COD 去除率随 Fe^{2+} 用量、H_2O_2 用量或反应时间的变化规律，从机理角度分析相关规律的内在原因。

（10）思考题

1）绘制亚甲基蓝标准曲线时，是否会出现高浓度标样吸光度与其他样品吸光度拟合变差的情况，如果有，是什么原因导致的？

2）如果待测样品的吸光度超出标曲范围应如何处理？

3）待测样品的吸光度应位于标曲的最佳区间范围是多少？过于接近零点或标曲最高浓度点会带来什么影响？

4）Fenton 反应溶液若为碱性（pH = 12）会对反应效率产生什么影响？

5）改变模拟染料废水（亚甲基蓝溶液）的初始浓度，会对 Fenton 反应有何影响？

6）依据吸光度和 COD 计算的亚甲基蓝脱色率和 COD 去除率在什么反应参数条件下差异最大？具体原因是什么？

7）有何措施可以进一步提高 Fenton 反应对亚甲基蓝染料的氧化降解效果？

7.2　光催化与压电光催化降解甲基橙染料废水实验

光催化和压电催化是近年来研究与应用最为活跃的高级氧化技术。光催化是基于光催化剂在光照作用下其内部电子从价带跃迁至导带，形成高活性的电子-空穴对，进而引发光催化剂表面氧化还原反应。此外，光催化剂能产生羟基自由基、单线态氧等活性氧，对水中有机污染物产生氧化降解作用。光和催化剂是引发与促进光催化反应的必要条件。依据组成与性质不同，光催化剂主要包括：

1）金属氧化物催化剂。TiO_2、ZnO、WO_3、SnO_2 等，其中 TiO_2 凭借化学性质稳定、催化活性高、价格低廉、无毒无污染等优点而备受青睐。

2）金属硫化物催化剂。CdS、ZnS、MoS_2 等，具有可调的能带结构，当由多层变为单层时，禁带宽度变宽，光催化性能也显著提升。

3）铋基光催化剂。卤氧化铋 $BiOX$（X=Cl、Br、I），具有独特的层状结构、良好的可见光利用率和稳定的化学性质。

4）新型纳米催化剂。金属有机框架材料（MOFs）、共价有机框架材料（COFs）、二维材料 MXene 等，具有结构多样性且调控性能强的优势，能够在光照下催化多种有机反应。

国内外研究表明，光催化法能有效氧化降解染料、抗生素、农药、酚类等难降解有机污染物，并最终将它们碳化为 CO_2 和 H_2O，被认为是一种经济、高效的环境友好型水处理技术。

压电催化是一种以压电材料极化驱动的新型催化技术，在水污染控制领域应用潜力巨大。压电材料在外力（如超声、振荡、水力扰动等）作用下内部晶体结构发生转变，晶格内形成的非零偶极矩将形成压电电势，进而促使材料表面电荷分离与迁移，引发氧化还原反应。压电材料主要包括钛酸铅（$PbTiO_3$）、钛酸钡（$BaTiO_3$）、偏锡酸锌（$ZnSnO_3$）、氮化碳（$g\text{-}C_3N_4$）等，可直接应用于氧化降解水中有机污染物，也可与光催化剂复合制备压电光催化剂，通过压电场调节界面处载流子的产生、分离和迁移过程，抑制光生载流子复合，加速自由基生成，提高复合催化剂的催化氧化活性。

本实验对比传统光催化剂 TiO_2 及其复合压电光催化剂 $TiO_2/PbTiO_3$ 降解甲基橙溶液的效果差异，帮助学生理解光催化反应的基本原理以及新型压电光催化剂的技术优势。

（1）实验目的

1）了解 TiO_2 光催化和 $TiO_2/PbTiO_3$ 压电光催化降解甲基橙的基本原理。

2）了解 TiO_2 光催化和 $TiO_2/PbTiO_3$ 压电光催化降解甲基橙的影响因素。

3）掌握光催化及压电光催化降解水中有机污染物的实验方法和应用。

（2）实验原理

1）甲基橙的性质

甲基橙（methyl orange，MO），别名金莲橙 D，又名对二甲基氨基偶氮苯磺酸钠，为橙黄色鳞片状晶体或粉末，微溶于水，不溶于乙醇。甲基橙广泛应用于纺织、印刷、塑料等多个行业，其具有良好的染色性能和色彩稳定性，能够染色各种纤维材料，如棉、麻、丝、毛等，使纺织品呈现出亮丽的色彩，也可使印刷品、塑料装饰品等呈现出鲜明的色彩和清晰的图案。在环境监测领域，甲基橙是重要的酸碱指示剂，在 pH<3.1 时变

红，pH＞4.4 时变黄，pH 为 3.1～4.4 时呈橙色。由于甲基橙分子结构中含有偶氮（—N=N—）基团，属于难降解有机污染物，生物法或常规氧化法均难以取得良好的降解效果，易对生态环境造成严重危害。甲基橙分子式如图 7-2 所示。

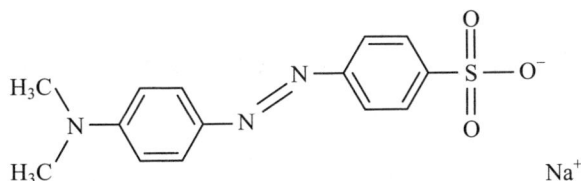

图 7-2 甲基橙分子式

从结构上看，甲基橙所属的偶氮染料是各类染料中应用最多的一种，约占全部染料的 50%。同时，作为较为难降解的偶氮染料，以甲基橙作为染料污染物具有一定代表性，也有利于体现光催化与压电光催化方法的技术优势。

2）TiO_2 光催化原理

TiO_2 作为光催化剂具有化学稳定性高、耐酸碱性好、对生物无毒、不产生二次污染、成本低等优点，是能源环保等领域中应用最为广泛的光催化剂。

TiO_2 光催化反应机理如式（7-6）及图 7-3 所示。TiO_2 属于 n 型半导体材料，具有区别于导体和绝缘体的能带结构，即在低能价带（VB）和高能导带（CB）之间存在一个禁带。价带中最高能级与导带中的最低能级之间的能量差被称为带隙能（简写为 Eg）。半导体的光吸收阈值与带隙能 Eg 之间具有 $\lambda_g = 1\,240/Eg$（eV）的关系式，因此常用的宽带隙半导体光催化剂的吸收波长阈值多位于紫外区域。锐钛矿型的 TiO_2 带隙能为 3.2 eV，光催化所需入射光最大波长为 387.5 nm。当波长小于等于 387.5 nm 的光照射时，TiO_2 的价带电子（e^-）会发生带间跃迁，即从价带跃迁至导带，同时会在价带上产生空穴（h^+），电子与空穴通过电场力作用或扩散方式可迁移至 TiO_2 材料表面。

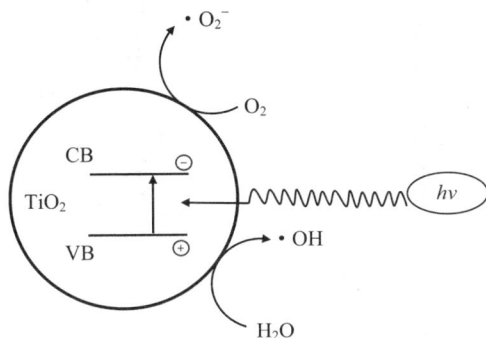

$$TiO_2 + hv \longrightarrow h^+ + e^- \tag{7-6}$$

图 7-3 TiO_2 光催化反应机理

光生空穴（h^+）具有强氧化性，能被 TiO_2 颗粒表面的 OH^- 和 H_2O 捕获，转化生成·OH，进而对 TiO_2 颗粒表面吸附有机物或料液内有机物产生氧化降解作用：

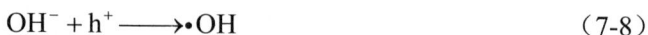

$$H_2O + h^+ \longrightarrow \cdot OH + H^+ \tag{7-7}$$

$$OH^- + h^+ \longrightarrow \cdot OH \tag{7-8}$$

导带电子（e^-）具有强还原性，通常被 TiO_2 颗粒表面吸附的电子受体 O_2 捕获，转化生成·O_2^-、·OOH 等自由基：

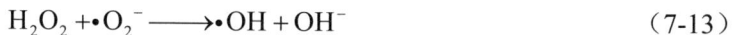

$$O_2 + e^- \longrightarrow \cdot O_2^- \tag{7-9}$$

$$H_2O + \cdot O_2^- \longrightarrow \cdot OOH + OH^- \tag{7-10}$$

$$2 \cdot OOH \longrightarrow O_2 + H_2O_2 \tag{7-11}$$

$$H_2O_2 + e^- \longrightarrow \cdot OH + OH^- \tag{7-12}$$

$$H_2O_2 + \cdot O_2^- \longrightarrow \cdot OH + OH^- \tag{7-13}$$

光催化过程中产生的活性氧，包括·OH、·O_2^-、·OOH、H_2O_2 等，均会对水中有机物产生氧化降解作用，而上述活性氧生成的关键在于电子-空穴对的有效分离。在光催化过程中，电子和空穴会在催化剂内部发生复合并以热量的形式将激发能释放，导致光催化反应量子效率降低，不利于光催化对有机污染物的降解过程。因此，如何改善电子-空穴对的分离并有效抑制随后的电子-空穴复合，是提升光催化效率的关键，也是当前的研究热点。

3）$TiO_2/PbTiO_3$ 压电光催化原理

压电光催化有机结合了压电效应与光催化效应，充分利用了机械能和光能来促进催化反应，同时通过对压电材料施加外力产生压电势，可以改变光催化材料的晶格结构、能带结构和电子云分布特征，进而调控光催化反应速率和氧化降解效果。具体压电光催化原理如图 7-4 所示，在光照射下压电光催化剂的 CB 和 VB 上会产生电子-空穴对，随

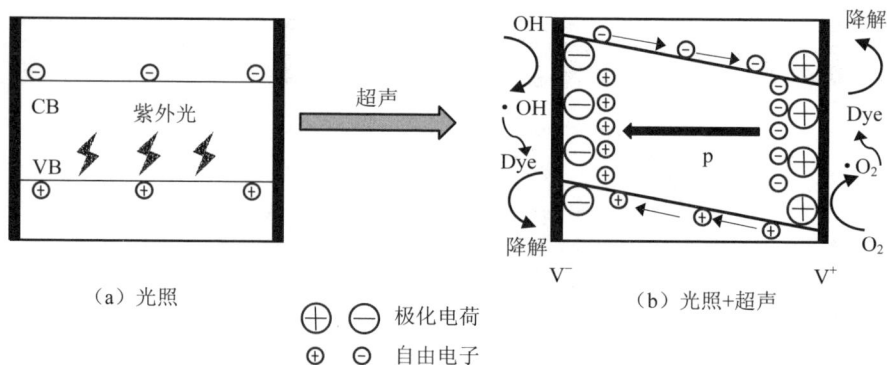

（a）光照　　　⊕ ⊖ 极化电荷　　　（b）光照+超声
⊕ ⊖ 自由电子

图 7-4　压电光催化原理示意图

着超声波的引入，压电光催化剂的正负电荷中心发生偏移，产生压电场，电子在压电场的作用下迁移至正极化面，CB 向下倾斜；而空穴则迁移至负极化面，VB 向上倾斜，倾斜的能带会在一定程度上抑制载流子复合，提高光催化活性。此外，压电效应和光催化效应的结合可有效调控载流子的动力学，提高催化反应的效率和选择性。

以 $TiO_2/PbTiO_3$ 压电光催化剂为例，在光照和超声共同作用下会产生如下自由基反应：

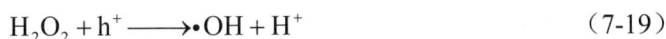

$$Ag_2O/ZnO/PbTiO_3 \longrightarrow Ag_2O/ZnO/PbTiO_3(e^-) + Ag_2O/ZnO/PbTiO_3(h^+) \qquad (7\text{-}14)$$

$$OH^- + h^+ \longrightarrow \cdot OH \qquad (7\text{-}15)$$

$$\cdot O_2^- + H^+ \longrightarrow HO_2^- \qquad (7\text{-}16)$$

$$2HO_2^- \longrightarrow H_2O_2 + O_2 \qquad (7\text{-}17)$$

$$H_2O_2 + e^- \longrightarrow OH^- + \cdot OH \qquad (7\text{-}18)$$

$$H_2O_2 + h^+ \longrightarrow \cdot OH + H^+ \qquad (7\text{-}19)$$

与光催化反应类似，压电光催化过程中产生的活性氧如 $\cdot OH$、$\cdot O_2^-$ 等，能够有效氧化包括染料、抗生素、酚类在内的众多难降解有机污染物，使之完全矿化成 H_2O 和 CO_2 等。

4）降解甲基橙的影响因素

①甲基橙初始浓度。光催化或压电光催化降解甲基橙的反应速率可用 Langmuir-Hinshelwood 动力学方程式来描述：

$$r = kKC/(1+KC) \qquad (7\text{-}20)$$

式中，r ——反应速率；

　　　C ——反应物浓度，mol/L；

　　　K ——表观吸附平衡常数；

　　　k ——发生于光催化活性位置的表面反应速率常数。

当甲基橙浓度较低时，$K \ll 1$，则式（7-20）可以简化为式（7-21）：

$$r = kKC = K'C \qquad (7\text{-}21)$$

即在一定甲基橙初始浓度范围内，甲基橙的降解反应速率与甲基橙浓度成正比，浓度越高，降解速率越大；但是当初始浓度超过一定范围时，反应速率有可能随着浓度的升高而降低。

②催化剂种类及投加量。TiO_2 和 $TiO_2/PbTiO_3$ 作为两种不同的催化剂，通过比较两种催化剂对甲基橙的降解效果，分析光催化与压电光催化的降解效率，理解压电效应对光催化效应的促进作用。同时，催化剂投加量对甲基橙的氧化降解会产生明显影响，在一定范围内，提高催化剂投加量，会提升甲基橙的降解效率。但过量投加催化剂也可能造成光的透射率降低及发生光散射现象，导致甲基橙降解效果受到抑制。

（3）实验设备

1）实验仪器：紫外可见分光光度计、紫外光催化反应装置、超声波装置、冷凝水浴装置、磁力搅拌仪、pH 计。

2）玻璃仪器：烧杯、量筒、玻璃棒、容量瓶。

3）其他仪器：称量勺、移液枪及对应枪头、一次性注射器、针式滤头（水系，0.45 μm）、磁力搅拌子。

（4）实验用试剂

1）实验用水：实验室配制甲基橙溶液（20 mg/L）。

2）实验试剂：甲基橙染料、去离子水、HCl 溶液（1 mol/L）、NaOH 溶液（1 mol/L）、TiO_2 光催化材料、$TiO_2/PbTiO_3$ 压电光催化材料（可从科研课题组获得或依据文献方法自己制备）。

（5）实验步骤

1）实验用水配制

①甲基橙储备溶液（1 g/L）：称取 0.5 g 甲基橙溶于去离子水中，转移到 500 mL 容量瓶中定容摇匀。

②甲基橙反应溶液（20 mg/L）：取 20 mL 甲基橙储备溶液（1 g/L），加入 1 L 容量瓶中定容，再用 HCl 和 NaOH 调节甲基橙反应溶液 pH 为 3.0±0.2。

2）甲基橙标准曲线测定

①取 7 支 10 mL 比色管，分别移取 20 mg/L 甲基橙溶液 0 mL、1.0 mL、2.0 mL、4.0 mL、6.0 mL、8.0 mL、10 mL 于比色管中。

②用去离子水定容至刻度线，获得浓度分别为 0 mg/L、2 mg/L、4 mg/L、8 mg/L、12 mg/L、16 mg/L、20 mg/L 的甲基橙溶液。

③采用分光光度计在波长 462 nm 下测定不同浓度甲基橙溶液的吸光度，以吸光度为横坐标、甲基橙浓度为纵坐标，绘制甲基橙标准曲线。

3）TiO_2 对甲基橙的吸附实验

用量筒量取 150 mL 甲基橙反应溶液倒入烧杯中，加入 150 mg TiO_2 粉末，用铝箔纸遮光或在暗处搅拌，分别于 10 min、20 min、30 min、40 min、50 min、60 min 取样 5 mL，过滤膜（0.45 μm）后测定甲基橙吸光度，确定吸附达到平衡所需时间并计算 TiO_2 对甲基橙的吸附容量。

4）TiO_2 光催化实验

①取 2 个烧杯（编号 A、B），加入 150 mL 甲基橙反应溶液，并放入磁力搅拌子；另在烧杯 B 中加入 150 mg TiO_2 粉末（对应 TiO_2 投加量为 1.0 g/L）。

②将烧杯置于暗处或用铝箔纸遮光处理，待吸附平衡后（具体吸附时间依据吸附实验确定），放入紫外光催化反应装置中（紫外灯距烧杯顶部 15 cm 处），烧杯放置于冷凝水浴装置中，设置冷凝水温度为 25℃，打开磁力搅拌仪和紫外灯进行光催化实验。

③分别于 0 min、10 min、20 min、30 min、40 min、50 min、60 min 取样 5 mL，过滤膜（0.45 μm）后测定甲基橙吸光度。

5）$TiO_2/PbTiO_3$ 对甲基橙的吸附实验

用量筒量取 150 mL 甲基橙反应溶液倒入烧杯中，加入 75 mg $TiO_2/PbTiO_3$ 粉末，用铝箔纸遮光或在暗处搅拌，分别于 10 min、20 min、30 min、40 min、50 min、60 min 取样 5 mL，过滤膜（0.45 μm）后测定甲基橙吸光度，确定吸附达到平衡所需时间并计算 $TiO_2/PbTiO_3$ 对甲基橙的吸附容量。

6）$TiO_2/PbTiO_3$ 压电光催化反应实验

①取 3 个烧杯（编号 A、B、C），加入 150 mL 甲基橙反应溶液，并在烧杯 A 和烧杯 B 中放入磁力搅拌子；另在烧杯 B 和烧杯 C 中各加入 75 mg $TiO_2/PbTiO_3$ 粉末（对应 $TiO_2/PbTiO_3$ 投加量为 0.5 g/L）。

②将烧杯置于暗处或用铝箔纸遮光处理，待吸附平衡后（具体吸附时间依据吸附实验确定），放入紫外光催化反应装置中（紫外灯距烧杯顶部 15 cm 处），烧杯放置于冷凝水浴装置中，设置冷凝水温度为 25℃，打开紫外灯进行光催化实验，其中 A 和 B 烧杯进行搅拌，C 烧杯在 40 kHz、功率 120 W 条件下超声。

③分别于 0 min、10 min、20 min、30 min、40 min、50 min、60 min 取样 5 mL，过滤膜（0.45 μm）后测定甲基橙吸光度。

（6）注意事项

1）$TiO_2/PbTiO_3$ 可依据文献制备或从科研课题组获得其他类型的压电光催化剂，如 $TiO_2/BaTiO_3$、ZnO 纳米线等。

2）$TiO_2/PbTiO_3$ 或其他压电光催化剂投加量需经预实验确定，只在光催化条件下甲基橙去除率在 70%～80% 为宜。

3）催化剂可先经研磨干燥后使用，确保催化剂在反应溶液中充分分散。

4）采用紫外分光光度计测定甲基橙的吸光度时，需要以空白溶剂（去离子水）进行调零。

5）为避免紫外灯光照以及超声造成反应体系温度升高，影响降解效果，需采用冷凝水浴装置。

6）吸附过程必须在避光条件下进行。

（7）实验记录

表 7-5　甲基橙标准曲线数据记录

浓度/（mg/L）	吸光度
0	
2	
4	

浓度/（mg/L）	吸光度
8	
12	
16	
20	

表 7-6   TiO$_2$ 对甲基橙的吸附结果记录

吸附时间/min	吸光度	浓度/（mg/L）
0		
10		
20		
30		
40		
50		
60		

表 7-7   TiO$_2$ 降解甲基橙测定结果记录

反应时间/min	降解前吸光度	降解后烧杯 A 吸光度	降解后烧杯 B 吸光度
0			
10			
20			
30			
40			
50			
60			

表 7-8   TiO$_2$/PbTiO$_3$ 对甲基橙的吸附结果记录

吸附时间/min	吸光度	浓度/（mg/L）
0		
10		
20		
30		
40		
50		
60		

表 7-9　TiO$_2$/PbTiO$_3$ 降解甲基橙测定结果记录

反应时间/min	降解前吸光度	降解后烧杯 A 吸光度	降解后烧杯 B 吸光度	降解后烧杯 C 吸光度
0				
10				
20				
30				
40				
50				
60				

（8）数据处理

1）分别绘制以 TiO$_2$ 和 TiO$_2$/PbTiO$_3$ 为催化剂时，不同实验条件下甲基橙浓度随时间变化的关系曲线图。

2）按式（7-22）计算甲基橙去除率，并绘制去除率-时间的关系曲线图。

$$\eta = \frac{C_0 - C_t}{C_0} \times 100\% \tag{7-22}$$

式中，η——去除率，%；

　　C_0——甲基橙溶液初始浓度，mg/L；

　　C_t——甲基橙溶液降解过程中某时刻的浓度，mg/L。

3）依据实验数据，采用作图法确定催化降解反应级数及反应速率常数。

根据实验原理可知，光催化或压电光催化反应为界面反应过程，多为一级反应，即符合 ln（1/C）=kt+常数的线性方程；以浓度 ln（1/C）对时间 t 作图，验证 ln（1/C）-t 关系是否符合线性关系，若符合则说明 TiO$_2$ 光催化或 TiO$_2$/PbTiO$_3$ 压电光催化降解甲基橙过程为一级反应，并求出降解速率常数 k 值。

（9）结果分析

1）通过对比降解反应速率常数，分析 TiO$_2$ 光催化和 TiO$_2$/PbTiO$_3$ 压电光催化降解甲基橙的效果优劣。

2）对于 TiO$_2$/PbTiO$_3$ 压电光催化降解甲基橙过程，分析超声对降解效率的影响。

（10）思考题

1）在实验中，为什么用去离子水进行分光光度计调零？

2）配制甲基橙溶液时，甲基橙反应溶液需要准确配制吗？

3）甲基橙溶液总体积与取样总体积之间应如何设置？随着取样增加，甲基橙反应溶液体积会减少，是否会对实验结果产生影响？应如何降低影响？

4）甲基橙光催化或压电光催化降解速率与哪些因素有关？

5）TiO$_2$ 光催化剂和 TiO$_2$/PbTiO$_3$ 压电光催化剂各有哪些优、缺点？

6）TiO$_2$ 光催化和 TiO$_2$/PbTiO$_3$ 压电光催化降解甲基橙过程的效能比是多少？

7.3 化学沉淀法处理重金属废水正交实验

化学沉淀是去除水中重金属离子的重要方法，尤其是高浓度重金属离子废水，具有操作简单、处理效率高、成本低等技术优势。化学沉淀法是通过向废水中投加氢氧化物、碳酸盐或硫化物，使其与水中的重金属离子发生化学反应，生成难溶于水的金属氢氧化物、金属碳酸盐或金属硫化物沉淀，再以沉淀或过滤方式从水中去除，达到降低水中重金属离子污染物浓度的目的。在实际废水处理过程中，常采用投加石灰、碱性废水等方式降低重金属离子去除成本。此外，废水水质、共存污染物类型等因素也会显著影响化学沉淀法处理效率。因此，需要开展实验研究确定具体操作参数，如化学药剂类型及投加量、pH、水动力学条件、反应时间与沉淀时间等，为工程设计与运行管理提供依据。由于影响因素众多，采用单因素实验，需要完成的实验内容过多，且费时费力，而正交实验不仅可以同时考虑多个影响因素，获取可靠的实验结果，且有助于学生熟悉了解正交实验设计方法、实验结果统计分析等相关知识，培养学生具有良好的科研思维能力与解决实际工程问题的能力。

（1）实验目的

1）掌握正交实验设计方法与实验结果统计分析方法。

2）理解氢氧化物沉淀法、碳酸盐沉淀法、硫化物沉淀法等化学沉淀法的基本原理与应用方法。

3）掌握溶度积概念。

4）了解化学沉淀法的关键影响因素并通过正交实验确定最佳操作参数。

（2）实验原理

化学沉淀是指通过向废水中投加沉淀药剂，使水中离子或其他污染物转化为难溶性物质，从而以沉淀的形式从水中去除的过程。以金属离子污染物为例，废水中目标金属离子污染物与其难溶性离子化合物之间存在溶解与沉淀平衡：

$$mM^{n+} + nN^{m-} \rightleftharpoons M_mN_n$$

其中，M^{n+} 代表金属离子污染物，N^{m-} 为投加的沉淀剂阴离子，M_mN_n 为生成的沉淀物。

当处于平衡状态时，溶液中残留金属离子与沉淀剂阴离子的浓度积（$[M^{n+}]^m \cdot [N^{m-}]^n$）被称为溶度积常数 $K_{sp(M_mN_n)}$，与难溶性化合物性质、温度等因素有关。

含铜废水中投加硫化钠沉淀剂，Cu^{2+} 离子与 S^{2-} 离子易生成 CuS 沉淀物，当达到平衡时，相应溶度积表达式如式（7-23）所示：

$$[Cu^{2+}][S^{2-}] = K_{sp} \tag{7-23}$$

在实际废水处理过程中，若逐渐投加沉淀剂会发现在前期并没有沉淀物生成，而投加一定量的沉淀剂后才会逐渐出现沉淀物，该现象可用溶度积概念加以解释。在测定分析废水中目标金属离子污染物浓度的基础上，依据沉淀剂阴离子形式，可计算相应离子浓度积：

①当 $[M^{n+}]^m \cdot [N^{m-}]^n < K_{sp(M_m N_n)}$ 时，没有沉淀析出，目标金属离子 M^{n+} 与沉淀剂阴离子均全部溶解于水中。

②当 $[M^{n+}]^m \cdot [N^{m-}]^n = K_{sp(M_m N_n)}$ 时，溶液处于饱和状态，但不产生沉淀。

③当 $[M^{n+}]^m \cdot [N^{m-}]^n > K_{sp(M_m N_n)}$ 时，溶液处于过饱和状态，发生沉淀反应，会有难溶化合物 $M_m N_n$ 从溶液中沉淀析出。

可见产生沉淀的条件是离子浓度积大于溶度积，且随着沉淀剂浓度增大，水中目标金属离子残留浓度会逐渐降低，但在实际应用过程中需要综合考虑药剂成本与金属离子去除效率。理论上可依据溶度积常数计算水中残留金属离子浓度。

当废水中含有多种离子且均能与同一种沉淀剂产生沉淀时，可以通过溶度积原理判断生成沉淀的顺序。

例如，废水中同时存在 SO_4^{2-} 和 CrO_4^{2-} 离子，当投加 $BaCl_2$ 沉淀剂时，Ba^{2+} 离子可与 SO_4^{2-} 和 CrO_4^{2-} 均产生沉淀物：

$$SO_4^{2-} + Ba^{2+} = BaSO_4 \downarrow \qquad K_{sp(BaSO_4)} = 1.1 \times 10^{-10} \qquad (7-24)$$

$$CrO_4^{2-} + Ba^{2+} = BaCrO_4 \downarrow \qquad K_{sp(BaCrO_4)} = 2.3 \times 10^{-10} \qquad (7-25)$$

$$K_{sp(BaSO_4)} / K_{sp(BaCrO_4)} = 1.1 \times 10^{-10} / 2.3 \times 10^{-10} = 1/2.09$$

由于水中 Ba^{2+} 浓度相同，$[SO_4^{2-}]/[CrO_4^{2-}] = 1/2.09$，由此可推断：

①当废水中 SO_4^{2-} 和 CrO_4^{2-} 离子初始浓度比（$[SO_4^{2-}]/[CrO_4^{2-}]$）$> 1/2.09$ 时，投加 $BaCl_2$ 沉淀剂，会首先产生 $BaSO_4$ 沉淀。

②当废水中 SO_4^{2-} 和 CrO_4^{2-} 离子初始浓度比（$[SO_4^{2-}]/[CrO_4^{2-}]$）$< 1/2.09$ 时，投加 $BaCl_2$ 沉淀剂，会首先产生 $BaCrO_4$ 沉淀。

③当废水中 SO_4^{2-} 和 CrO_4^{2-} 离子初始浓度比（$[SO_4^{2-}]/[CrO_4^{2-}]$）$= 1/2.09$ 时，投加 $BaCl_2$ 沉淀剂，会同时产生 $BaSO_4$ 和 $BaCrO_4$ 沉淀。

废水中含有的大部分金属离子，如铜（Cu）、铅（Pb）、镍（Ni）、锌（Zn）、铝（Al）、铁（Fe）、镉（Cd）、钴（Co）、银（Ag）等，均能够以氢氧化物、碳酸盐、硫化物等形式沉淀去除，具体溶度积常数可从权威网站数据库或设计手册中查到。

化学沉淀法处理重金属离子废水常用的沉淀剂主要有石灰乳、氢氧化物、硫化钠等。石灰法成本低，但反应速率慢且产生废渣量大，易造成二次污染，同时会引入大量钙离子，可能会对后续处理单元造成不利影响。氢氧化物沉淀法主要是通过投加氢氧化钠或氢氧化钾，反应速度快，但成本高，难以应用于高流量废水处理过程，若园区内或厂区内有碱性废水，可有效降低应用成本。此外，对于 Al、Zn 等两性离子，若氢氧化物投加量过高或 pH 过高，会重新转化为溶解态物质，降低金属离子去除率。与氢氧化物相比，金属硫化物具有更低的溶度积，这意味着采用硫化物沉淀法能够更有效地降低处理水中残留金属离子浓度。硫化物法可以解决部分金属不达标问题，但应用成本较高，且生成沉淀物细小，不易沉淀，对后续分离工艺效率要求高。碳酸盐法是通过投加碳酸钠使水中金属离子转化为碳酸盐沉淀物，但药剂成本高，更适合作为应急手段处理微污染水源水，水中残留碳酸根离子对水质影响小。

（3）实验设备

1）实验仪器：混凝六联实验搅拌仪、pH 计、电子天平、原子吸收分光光度计或电感耦合等离子体发射光谱仪。

2）玻璃仪器：量筒、烧杯。

3）其他仪器：移液枪及对应枪头、温度计、秒表。

（4）实验用试剂

1）实验用水：可依据实际情况从电镀、化工、矿冶等企业获取重金属废水或实验室配制重金属模拟废水。

2）实验材料：氢氧化钠、硫化钠、碳酸钠、盐酸、硫酸。

（5）实验步骤

1）正交实验表的设计

实验以废水初始 pH、沉淀剂（氢氧化钠和硫化钠或碳酸钠）投加量、水力学条件为考察因素，通过 3 因素 4 水平 $L_{16}(4^3)$（表 7-10）正交实验，确定上述 3 因素对化学沉淀法去除废水中重金属离子效果的影响及主次性。正交实验的水动力学条件设计见表 7-11，正交实验安排见表 7-12。

表 7-10　正交实验因素水平

水平	因素		
	pH A	水动力学条件 B	沉淀剂投加量/（mg/L） C
1	3.0	a	100% x
2	4.0	b	110% x
3	5.0	c	120% x
4	6.0	d	130% x

注：x 为相应沉淀剂的理论投加量。

表 7-11　正交实验水动力学条件安排

设计方案	快速搅拌时间/s	中速搅拌时间/s	慢速搅拌时间/s
a	30	270	600
b	60	240	600
c	90	210	600
d	120	180	600

表 7-12　正交实验安排

所在列	A	B	C
因素	水样 pH	水动力学条件	沉淀剂投加量/（mg/L）
实验 1	3.0	a	100% x
实验 2	3.0	b	110% x
实验 3	3.0	c	120% x
实验 4	3.0	d	130% x
实验 5	4.0	a	110% x
实验 6	4.0	b	100% x
实验 7	4.0	c	130% x
实验 8	4.0	d	120% x
实验 9	5.0	a	120% x
实验 10	5.0	b	130% x
实验 11	5.0	c	100% x
实验 12	5.0	d	110% x
实验 13	6.0	a	130% x
实验 14	6.0	b	120% x
实验 15	6.0	c	110% x
实验 16	6.0	d	100% x

2）化学沉淀正交实验

①原始重金属废水或实验室模拟废水经 0.22 μm 水系微孔滤膜过滤后测定其初始重金属离子浓度。

②取 16 个 1 L 烧杯，用量筒量取 500 mL 水样加入烧杯中。

③实验分组自行选择沉淀剂类型，并依据水样中初始重金属离子浓度，基于化学沉淀反应式计算所需最小投加量（理论投加量），然后按照最小投加量的 100%、110%、120% 和 130% 设计沉淀剂投加量。

④基于正交实验表设计，调节实验水样的 pH。

⑤将烧杯置于混凝六联实验搅拌仪上，按正交实验（表7-11）设置搅拌参数。

⑥加入已知计量的沉淀剂，开启搅拌机进行化学沉淀实验。

⑦搅拌过程中，注意观察沉淀物形成过程，记录沉淀物颜色、粒径大小、形貌等特征。

⑧搅拌结束后，将烧杯取出并保持静止10 min，观察沉淀过程。

⑨沉淀结束后，用一次性注射器吸取烧杯中上清液，经 0.22 μm 水系微孔滤膜过滤后，检测出水中重金属离子浓度。

（6）注意事项

1）若采用实际重金属废水，量取反应溶液时应充分搅拌均匀，以避免所取水样水质不均。

2）若采用实验室模拟废水，可选用 Cu、Fe 等金属离子，生成沉淀物因具有颜色便于实验观察。

3）氢氧化钠、碳酸钠和硫化钠等沉淀剂应放置于干燥器内，防止潮解。

4）采用原子吸收分光光度计或电感耦合等离子体发射光谱仪测定水样中重金属离子浓度时，应采用 0.22 μm 水系微孔滤膜过滤后再进行仪器分析，避免颗粒物堵塞仪器管路。

5）实验结束后残留废水和沉淀废渣应妥善处置。

（7）实验记录

将16个实验条件下出水中重金属离子浓度及去除率记录于表7-13中。

表7-13 正交实验结果记录

实验号	初始重金属浓度/（mg/L）	出水重金属浓度/（mg/L）	去除率/%
实验1			
实验2			
实验3			
实验4			
实验5			
实验6			
实验7			
实验8			
实验9			
实验10			
实验11			
实验12			
实验13			
实验14			
实验15			
实验16			

（8）数据处理

1）计算正交表格里每个因素各水平下的重金属离子去除率总和 K_{1j}、K_{2j}、K_{3j}、K_{4j} 以及各因素的极差 R_j。

2）以指标 $\overline{K}$ 为纵坐标、因素水平为横坐标，绘制各因素与指标间的关系图。

（9）结果分析

1）确定所选沉淀剂处理重金属废水的最佳实验条件（包括废水初始 pH、水动力学条件以及沉淀剂用量）。

2）依据因素与指标关系图，分析各因素对重金属离子去除率的影响。

3）比较各因素极差 R_j，推断出各影响因素的主次顺序。

4）与选用不同沉淀剂的分组进行讨论，对比正交实验获得的最佳实验条件之间的差异，以及最佳去除率的优劣，据此判断在处理重金属废水时，何种沉淀剂更为合适。

（10）思考题

1）简述正交实验因素水平设计依据以及如何进行实验结果分析评判。

2）沉淀剂投加方式会对化学沉淀过程产生什么影响？

3）硫化物、碳酸盐法处理强酸性重金属废水时会存在什么问题？

4）结合化学沉淀原理，说明化学沉淀法处理重金属废水的主要影响因素。

7.4　离子交换软化实验

水的硬度主要是由钙、镁离子等溶解性矿物质盐构成，单位为 mg/L 或德国度（d）。我国一般将所测得的钙、镁折算成碳酸钙（$CaCO_3$）的质量，即每升水中含有的 $CaCO_3$ 的毫克数表示为水的硬度值。我国《生活饮用水卫生标准》（GB 5749—2022）规定生活饮用水中总硬度（以 $CaCO_3$ 计）限值为 450 mg/L。工业用水尤其工业循环冷却水对硬度要求更为严格，依据《工业循环冷却水处理设计规范》（GB/T 50050—2017）的规定，间冷开式系统循环冷却水的钙硬度值应小于 200 mg/L，而闭式系统循环冷却水的总硬度更要控制在 20.0 mg/L 以内。若硬度过高，冷却循环水系统内换热器及管道内会形成大量水垢，严重影响传热效率并减少过水断面，造成冷却水系统无法正常工作，甚至导致严重事故。目前，针对水硬度问题，可采用的处理技术主要有离子交换、膜分离、加药法等，其中离子交换法是采用特定的阳离子交换树脂，以钠或氢离子将水中钙镁离子置换出来，从而使水的硬度显著降低。离子交换法具有工艺成熟、操作简单、效果稳定的技术优点，已广泛应用于水质软化处理领域。

（1）实验目的

1）加深对离子交换基本原理的理解。

2）了解并掌握离子交换软化装置的操作方法。

3）掌握硬度测定方法（滴定法）与电导率仪使用方法。

（2）实验原理

水中钙离子、镁离子等经过阳离子交换树脂时，会定量交换下来钠离子或氢离子，使水中钙离子、镁离子浓度降低或全部去除，即

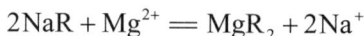

$$2NaR + Ca^{2+} = CaR_2 + 2Na^+$$
$$2NaR + Mg^{2+} = MgR_2 + 2Na^+$$
$$2HR + Ca^{2+} = CaR_2 + 2H^+$$
$$2HR + Mg^{2+} = MgR_2 + 2H^+$$

离子交换是一种特殊的吸附过程，所采用的离子交换树脂是由空间网状结构骨架与活性基团构成的不溶性高分子化合物，通常为球形颗粒。依据骨架基体类型可分为苯乙烯系树脂和丙烯酸系树脂。活性基团类型决定了离子交换树脂的性质与功能，即阳离子交换树脂和阴离子交换树脂两大类，可分别与水中阳离子和阴离子进行离子交换。在低浓度条件下，阳离子交换树脂对各种阳离子的交换顺序主要遵循以下规律：

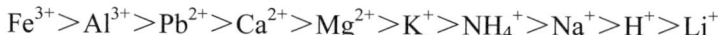

$$Fe^{3+} > Al^{3+} > Pb^{2+} > Ca^{2+} > Mg^{2+} > K^+ > NH_4^+ > Na^+ > H^+ > Li^+$$

应用阳离子交换树脂进行水质软化时，通常将阳离子交换树脂装填在反应柱内，原水按一定流向通过树脂层，水中钙离子、镁离子与树脂内原有阳离子（如 Na^+）进行交换，并形成一定厚度的交换工作带（交换带）。随着反应进行，交换带边缘逐渐向出水侧移动，当交换带边缘移动到树脂层出水侧边缘时，出水中开始出现钙离子、镁离子且浓度逐渐升高，直至出水中钙离子、镁离子浓度接近原水浓度。出水中钙离子、镁离子浓度随流出液体积（或工作时间）的变化曲线，称为穿透曲线，如图 7-5 所示。曲线中 a-b 段，离子交换层未饱和，出水中不含有钙离子、镁离子，当出水中钙、镁离子浓度达到 $0.05C_0$ 时称为穿透点（流出液浓度达到原水浓度5%时的 c 点），对应的工作时间称为穿透时间。原水继续通过树脂层，流出液内钙离子、镁离子继续增加至 $0.95C_0$ 时称为饱和点（流出液浓度达到原水浓度95%时的 e 点），此时对应的流出液体积称为饱和体积。

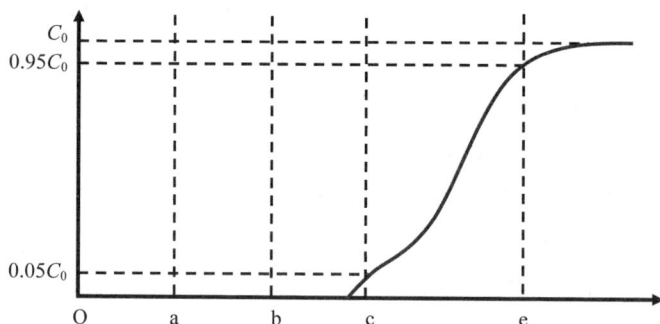

图 7-5 离子交换穿透曲线

离子交换反应为可逆反应，当离子交换树脂达到饱和后，可通过再生处理使其恢复交换能力，再应用于后续的水质软化过程。对于钠型阳离子交换树脂，一般采用高浓度

氯化钠溶液逆流或顺流通过饱和树脂层，改变水中钠离子总浓度进而逆转交换反应方向，洗脱树脂上已交换上去的离子，从而恢复其原有的交换能力。

（3）实验设备

1）实验仪器：离子交换装置（图7-6）、精密分析天平、电导率仪。

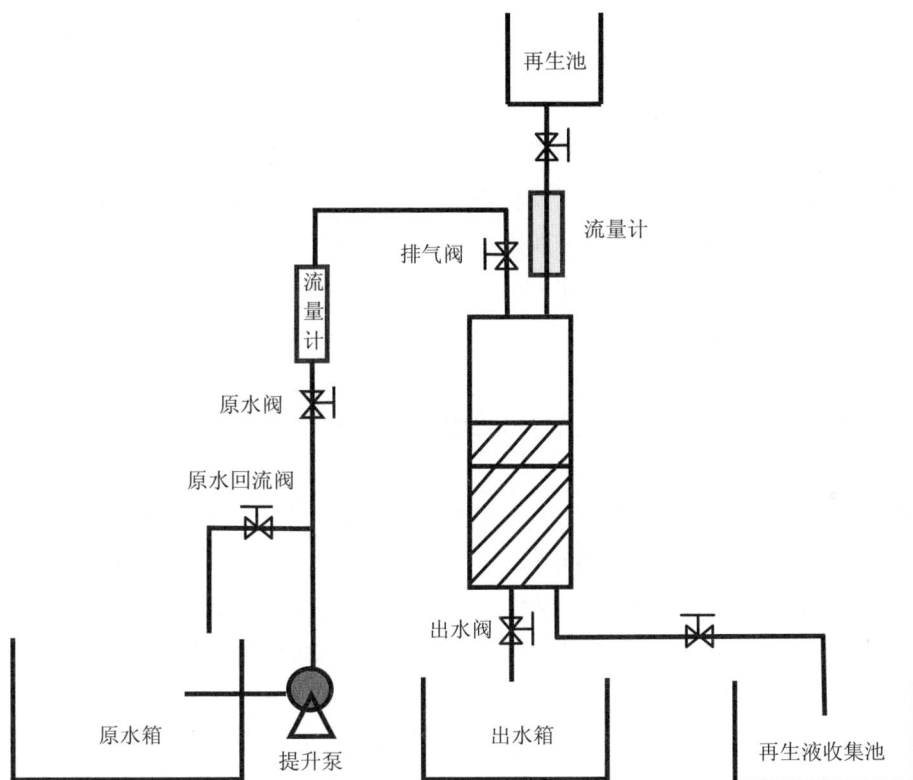

图7-6 离子交换软化装置

2）玻璃仪器：烧杯、锥形瓶、量筒或移液管、碱式滴定管。

（4）实验用试剂

1）实验用水：实验室配制500 mL 氯化钙储备溶液（20%）。

2）实验试剂：氯化钙、氯化钠、EDTA 标准溶液（0.02 mmol/L）、铬黑 T 指示剂、氨水-氯化铵缓冲溶液（pH=10）。

（5）实验步骤

1）熟悉离子交换软化装置并配制原水

熟悉离子交换软化装置，弄清楚各管路和阀门作用，测定交换柱内径和树脂层高度。将原水箱注满自来水，加入氯化钙储备溶液（500 mL），打开原水回流阀门，启动原水箱提升泵，使原水箱内水充分混合均匀，取样300 mL 测定原水硬度与电导率。

2）离子交换软化

打开原水阀和出水阀，关闭原水回流阀（保持提升泵开启），将原水注入交换柱内，开启排气阀排气，并调节流量计阀门，使滤速控制在 30 m/h（交换柱内径 40 mm），开始计时，分别在 10 min、15 min、20 min、25 min、30 min、35 min、40 min、45 min、50 min 取样 300 mL，并测定出水硬度和电导率。

3）树脂再生

①关闭原水提升泵、原水阀和出水阀，将原水箱和出水箱排空，原水箱内注入自来水。

②打开原水阀和出水阀，启动提升泵，将自来水注入交换柱，开启排气阀，调节流量计阀门，使滤速控制在 30 m/h（交换柱内径 40 mm），冲洗时间为 10 min。

③冲洗结束后，关闭原水提升泵和原水阀，使柱内液面高于树脂层 5 cm 左右。

④关闭出水阀，开启再生液进水阀，使再生液进入柱内，调节流量计阀门，使再生液流速在 6 m/h，直至液面高度为树脂层 1.5 倍左右，关闭再生液进水阀，将树脂保持浸泡 10 min。

⑤开启再生液排空阀，将再生液排入再生液收集池。

4）清洗保存

①关闭再生液排空阀，开启原水阀和提升泵，开启出水阀，将自来水注入交换柱内，调节流量计阀门，使滤速控制在 30 m/h。

②每隔 5 min 测一次出水硬度，直至出水达到保存液水质要求为止。

③关闭提升泵、原水阀和出水阀，保持交换柱内树脂层完全浸泡在水中，结束实验。

5）硬度与电导率测定

用量筒或移液管准确量取 50 mL 水样，加入 150 mL 锥形瓶中。加入 2 mL 氨水-氯化铵缓冲溶液和 5 滴铬黑 T 指示剂，摇匀后立即用 EDTA 标准溶液滴定至溶液由酒红色变为蓝色，即达到滴定终点。平行测定 3 次，记录 EDTA 溶液用量并取均值，计算硬度（mmol/L）。

利用电导率仪直接测定水样电导率，待示数稳定后，记录电导率。

（6）注意事项

1）先开启原水阀或原水回流阀，再启动提升泵；关闭提升泵后，再关闭原水阀或原水回流阀。

2）避免树脂层长时间暴露在空气中，实验结束后要将树脂层完全浸泡在水中。

3）注意查看排气阀是否正确开启。

（7）实验记录

表 7-14 离子交换软化装置数据

交换柱内径/cm	树脂层高度/cm	树脂型号

表 7-15 原水硬度测定数据

测定次数	原水		
	1	2	3
滴定管终点读数/mL			
滴定管起点读数/mL			
EDTA 溶液消耗体积/mL			
EDTA 溶液消耗体积平均值/mL			
原水硬度/（mmol/L）			
原水电导率（mS/cm）			

表 7-16 离子交换软化实验数据

软化时间/min		10	15	20	25	30	35	40	45	50
EDTA 溶液消耗体积/mL	1									
	2									
	3									
	均值									
出水硬度/（mmol/L）										
出水电导率（mS/cm）										

表 7-17 清洗记录

清洗流量/（m/h）	清洗时间/min	出水硬度/（mmol/L）
	5	
	10	
	15	
	……	
	45	
	50	

（8）数据处理

1）依据表 7-16 内数据，结合原水硬度（表 7-15），绘制出水硬度变化曲线，找出穿透点与穿透时间。

2）绘制出水硬度与电导率关系曲线。

3）绘制清洗时间与出水硬度关系曲线。

（9）结果分析

1）依据离子交换软化过程中的滤速，核算在选定滤速条件下的穿透体积，评估离子交换柱可处理的废水体积。

2）分析硬度与电导率间线性关系。

3）核算清洗液所需体积，并比较可处理废水体积与清洗液体积。

（10）思考题

1）本实验出水硬度是否符合工业循环水水质要求？影响离子交换软化效果的因素有哪些？

2）能否直接用电导率代替硬度？为什么？

3）原水硬度、离子交换软化过程中的滤速等对穿透点或穿透时间会产生什么影响？

4）再生液浓度、再生液滤速、再生液浸泡时间等会对树脂再生效果产生什么影响？

5）如何设计离子交换装置实现软化水连续出水？

第 8 章

水污染控制生物处理法实验

8.1 活性污泥评价指标测定实验

活性污泥法是最为重要的污水生物处理技术，它通过将污水与活性污泥混合搅拌并曝气，借助微生物作用将水中有机物分解，剩余污泥随后从沉淀池中分离排出，使污水中有机污染物得到有效去除。活性污泥是指生化反应器内以细菌、真菌、原生动物、后生动物等多种微生物群体为主体的悬浮物，以菌胶团的形式存在，呈现灰褐色或黄褐色，含水率高达 99%以上，具有极强的生物吸附能力与氧化分解能力。活性污泥的性质直接影响活性污泥法污水处理效能及其后续泥水分离效果，是评价微生物反应器运行状态的重要指标。

通过活性污泥评价指标测定实验，观察、了解和认识活性污泥，熟悉活性污泥的性能指标，并对活性污泥优劣进行有效评价，帮助学生掌握活性污泥法污水处理技术基本原理、运行管理关键参数以及工程设计依据，为应对和解决活性污泥法处理污水过程中可能出现的问题提供理论基础知识。

（1）实验目的

1）了解和认识活性污泥，观察活性污泥沉降及泥水分离，掌握活性污泥微生物镜检方法。

2）通过实验了解活性污泥的评价指标，掌握 MLSS、MLVSS、SV30、SVI 的测定和计算方法。

3）了解污泥脱水的意义，掌握污泥脱水的性能指标——污泥比阻的测定方法。

4）通过污泥比阻实验筛选合理的混凝剂及其最佳投加量，掌握污泥脱水的比阻抗值与污泥可压缩性的关系。

5）进一步深入理解污水生物处理法的内在机理及其反应动力学，了解活性污泥动力学参数测定的意义，掌握活性污泥反应动力学参数的求定方法。

6）根据测得的活性污泥评价指标，科学分析并合理评价污水生物处理工艺运行状况或效果。

（2）实验原理

1）活性污泥微生物镜检

活性污泥外观上呈矾花状，其在静置时能够较为迅速地絮凝沉降，实现泥水分离。通过显微镜观察，从褐色的絮状污泥中可以看到菌胶团以及大量微生物。钟虫、楯纤虫等原生微生物是评价活性污泥状态的重要指标性微生物。当活性污泥菌胶团呈黄褐色，且在显微镜下出现大量钟虫或楯纤虫时，说明活性污泥生物活性良好、活性污泥工艺运行稳定；反之，如果活性污泥菌胶团呈黑色，且丝状菌大量出现而少见钟虫时，说明活性污泥生物活性不良、活性污泥工艺运行不佳、出水水质会变差。因此，微生物镜检或者微生物显微镜观察，能够帮助我们了解活性污泥工艺的运行状况。微生物镜检是日常评价污水处理厂工艺运行状况最为常用的手段或方法之一。

2）活性污泥微生物量

在活性污泥系统中，活性污泥微生物是降解污水中有机物的功能主体，也是活性污泥工艺单元的核心，具有一定数量的活性污泥微生物是保障活性污泥工艺运行稳定的关键。混合液活性污泥微生物量的评价指标有悬浮固体浓度（MLSS）和混合液挥发性悬浮固体浓度（MLVSS）。从理论上说，采用具有活性的微生物的浓度作为活性污泥浓度更加准确，但测定活性微生物的浓度非常困难，无法满足工程应用要求。与之相比，MLSS测定简便，工程上往往以它作为活性污泥微生物量的评价指标，是生化污水处理工艺运行管理的重要参数。同时，MLVSS代表混合液悬浮固体中有机物的含量，比MLSS更接近活性微生物的浓度，测定也较为方便，且对某一特定的生化污水处理系统，MLVSS/MLSS的比值相对稳定。因此，可用MLVSS/MLSS表示活性污泥微生物量。

3）活性污泥沉降性能

沉降性能是活性污泥处理工艺的重要指标之一。良好的沉降性能可以有效保障后续泥水分离效果，提高生化反应器运行稳定性和处理效率。良好的活性污泥沉降性能是二沉池出水水质达标的有效保证。活性污泥沉降性能的评价指标有污泥沉降比（SV30）和污泥体积指数（SVI）。

①污泥沉降比。

曝气池混合液在1 000 mL或100 mL量筒中经静置沉淀30 min后，沉淀区污泥体积与混合液体积之比（%），即污泥沉降比。由于正常的活性污泥在静置30 min后，一般可得到它的最大污泥密度，污泥沉降比可间接反映曝气池正常运行时的污泥量和污泥的沉降性能。正常情况下SV30一般为15%～30%。如果测定的污泥沉降比高于该范围值，则表明曝气池运行不正常，可能会出现污泥膨胀现象。若污泥沉降比低于该范围值，则表示污泥数量不足或污泥活性不足。

②污泥体积指数。

实际上污泥沉降比会受到污泥浓度的影响，仅以SV30值评价污泥的沉降性能并不可靠。SVI作为污泥沉降性能参数考虑到污泥浓度对沉降效果的影响。污泥体积指数是指

100 mL 混合液经 30 min 静沉后，1 g 干污泥所占污泥区的容积，常用单位 mL/g，也可不写单位。SVI 与 SV30、MLSS 的关系如下：

$$SVI = \frac{SV30}{MLSS（g/mL）} \tag{8-1}$$

例如，SV30 为 65%，MLSS 为 3.253 g/L，则

$$SVI = \frac{SV30}{MLSS（g/mL）} = \frac{6.5\%}{3.253\,g/1\,000\,mL} = 191 \tag{8-2}$$

一般认为 SVI 大于 200 时，曝气池内可能会出现污泥膨胀现象。SVI 比 SV30 能够更好地反映曝气池正常运行时的污泥量和污泥的沉降性能。

4）污泥脱水性能指标

活性污泥法生化处理单元需定期排泥（剩余污泥），虽经浓缩后含水量有所下降，但含水率仍高达 95%以上，呈流体状态，运输不便，仍易腐化，需要继续采用污泥脱水工艺将含水率降低至 70%～80%。污泥比阻是评价污泥脱水性能的重要指标，是指单位重量的污泥在一定压力下过滤时在单位过滤面积上的阻力。污泥比阻越大，污泥脱水性能越差。

过滤时滤液体积与过滤压力、过滤面积和过滤时间成正比，而与过滤阻力和滤液黏度成反比。

$$V = \frac{pAt}{\mu R} \tag{8-3}$$

式中，V——滤液体积，mL；

　　　p——过滤压力，Pa；

　　　A——过滤面积，cm^2；

　　　t——过滤时间，s；

　　　μ——滤液的动力黏度，Pa·s；

　　　R——单位过滤面积上，通过单位体积的滤液所产生的过滤阻力，取决于滤饼性质，cm^{-1}。

过滤阻力 R 包括滤饼阻力 R_c 和过滤介质阻力 R_g 两部分。过滤开始时，滤液仅需克服过滤介质的阻力，当滤饼逐步形成后，滤液还需克服滤饼所产生的阻力。因此，过滤阻力 R 将随滤饼层厚度的增加而增大，过滤速度则随滤饼层厚度的增加而减少。由此，式（8-3）可改写成微分形式：

$$\frac{\mathrm{d}V}{\mathrm{d}t} = \frac{pA}{\mu R} = \frac{pA}{\mu(\delta R_c + R_g)} \tag{8-4}$$

式中，δ——滤饼厚度，cm；

　　　R_c——单位厚度滤饼的阻力，cm^{-2}；

　　　R_g——过滤介质阻力，cm^{-1}。

设每滤过单位体积的滤液，在过滤介质上截留的滤饼体积为 v，则当滤液体积为 V 时，滤饼体积为 vV，因此

$$\delta A = vV \tag{8-5}$$

$$\delta = \frac{vV}{A} \tag{8-6}$$

将式（8-6）代入式（8-4），可得

$$\frac{\mathrm{d}V}{\mathrm{d}t} = \frac{pA^2}{\mu(vVR_c + R_gA)} \tag{8-7}$$

式（8-7）就是著名的卡门过滤基本方程式。若以污泥浓度 c 代替滤饼体积 v，并以单位质量的污泥比阻 r 代替 R_c，则式（8-7）可改写为

$$\frac{\mathrm{d}V}{\mathrm{d}t} = \frac{pA^2}{\mu(cVr + R_gA)} \tag{8-8}$$

式中，c——污泥浓度，kg/m^3；

r——比阻，s^2/g 或 m/kg，其中 $1\ m/kg = 1\ m/9.8\ N = 1m/(9.8 \times 1\ kg \times 1\ m/s^2) = s^2/9.8 \times 10^3\ g$，即 $1\ s^2/g = 9.8 \times 10^3\ m/kg$。

定压过滤时，式（8-8）对时间积分：

$$\int_0^t \mathrm{d}t = \int_0^V \left(\frac{\mu cVr}{pA^2} + \frac{\mu R_g}{pA} \right) \mathrm{d}V \tag{8-9}$$

$$t = \frac{\mu crV^2}{2pA^2} + \frac{\mu R_g V}{pA} \tag{8-10}$$

$$\frac{t}{V} = \frac{\mu crV}{2pA^2} + \frac{\mu R_g}{pA} \tag{8-11}$$

式（8-11）表明，在定压下过滤，t/V 与 V 呈直线关系，指出了过滤面积 A、压力 p、滤液黏度 μ、比阻 r 等对过滤的影响。直线的斜率 b 和截距 a 分别为

$$b = \frac{\mu cr}{2pA^2} \tag{8-12}$$

$$a = \frac{\mu R_g}{pA} \tag{8-13}$$

因此，污泥比阻公式为

$$r = \frac{2pA^2 b}{\mu c} \tag{8-14}$$

由式（8-14）可知，求算污泥比阻 r，可通过污泥比阻实验记录不同时间下的滤液体积 V_i 和 $(t/V)_i$。以 V_i 为横坐标、$(t/V)_i$ 为纵坐标，绘制曲线，可求出斜率 b。污泥浓度 c 则通过对一定体积的污泥进行抽滤后干燥恒重进行计算，而滤液的动力黏度 μ 由黏度计测定。

一般认为比阻在 $10^{12} \sim 10^{13}$ cm/g 的污泥即为难过滤污泥，比阻在 $0.5 \times 10^{12} \sim 0.9 \times 10^{12}$ cm/g 的污泥算作中等，而比阻小于 0.4×10^{12} cm/g 的污泥较为容易过滤。初沉污泥的比阻一般为 $4.61 \times 10^{12} \sim 6.08 \times 10^{12}$ cm/g，活性污泥的比阻一般为 $1.65 \times 10^{13} \sim 2.83 \times 10^{13}$ cm/g，消化污泥的比阻一般为 $1.24 \times 10^{13} \sim 1.39 \times 10^{13}$ cm/g。这 3 种污泥均属于难过滤污泥。一般认为，进行机械脱水时，较为经济和适宜的污泥比阻在 $9.81 \times 10^{10} \sim 3.92 \times 10^{9}$ cm/g，故这 3 种污泥在机械脱水前一般需要加药调理。

加药调理是减小污泥比阻、改善污泥脱水性能最为简便有效的方法，混凝剂是最常用的污泥调理药剂。$FeCl_3$、$Al_2(SO_4)_3$ 等无机混凝剂的投加量一般为污泥干重的 5%～10%；聚合氯化铝（PAC）、聚合硫酸铁（PFS）等无机高分子混凝剂的投加量为 1%～3%；聚丙烯酰胺（PAM）等有机高分子絮凝剂的投加量一般为 0.1%～0.3%。

除了混凝剂种类及其投加量会影响污泥比阻，脱水时的真空度也会产生影响。污泥的脱水速度随压力增大而增大，但是压力增大可能会引起污泥比阻的增大。此外，污泥比阻还与污泥滤饼的可压缩性能有关。如果滤饼在受压时易变形或压实，导致污泥密度增大，则对应的比阻也会随之增大；反之滤饼在受压时不易变形，污泥密度变化不大，则对应的比阻变化也不大。因此，需通过污泥比阻实验求算污泥比阻值，考察混凝剂种类、混凝剂投加量以及真空度对污泥比阻的影响。

5）活性污泥动力学参数指标

活性污泥反应动力学建立在酶工程的米歇里斯-门坦（Michaelis-Menton）方程和生化工程中的莫诺特（Monod）方程的基础上，主要包括底物降解动力学和微生物增殖动力学两部分。通过活性污泥反应动力学研究，能够定量地或半定量地揭示活性污泥系统内有机物降解、污泥增长、耗氧等作用以及各项设计参数与环境因素之间的关系，对工程设计与运行管理均具有一定的指导意义。然而，活性污泥反应是在多种基质条件下多种微生物共同参与的一系列生化反应的总和，其反应过程与反应速率均受到系统中众多因素的影响。在应用动力学方程时，应根据具体条件，包括废水水质、温度、工艺类型等确定相关动力学参数。

在建立活性污泥法反应动力学模型时，有以下假设：

①除特别说明外，反应器内物料是完全混合的，对于推流式曝气池单元，则应在此基础上加以修正。

②活性污泥系统的运行条件绝对稳定。

③二次沉淀池内无微生物活动，也无污泥累积并且泥水分离良好。

④进水基质均为溶解性的，且浓度不变，也不含微生物。

⑤系统中不含有毒物质或抑制物质。

活性污泥法动力学参数主要包括 K_s、v_{max}（q_{max}）、Y、K_d。

①K_s、v_{max}（q_{max}）值的确定。

莫诺特模式：

$$v = v_{max} \cdot \frac{S}{K_s + S} \qquad (8\text{-}15)$$

式中，v——比底物利用速率；

$\quad v_{max}$——最大比底物利用速率，即单位微生物量利用底物的最大速率；

$\quad S$——底物浓度，mol/L；

$\quad K_s$——饱和常数，即 $v = \dfrac{v_{max}}{2}$ 时的底物浓度，也称半速率常数。

有机基质的降解速率等于其被微生物的利用速率，见式（8-16）：

$$v = q = \left(\frac{dS}{dt}\right) / X \qquad (8\text{-}16)$$

$$v = v_{max} \cdot \frac{S_e}{K_s + S_e} \qquad (8\text{-}17)$$

由式（8-17）取倒数，得

$$\frac{1}{v} = \frac{K_s}{v_{max}} \cdot \frac{1}{S_e} + \frac{1}{v_{max}} \qquad (8\text{-}18)$$

其中，$v = q = \dfrac{(dS/dt)_u}{X}$

所以，$\dfrac{1}{v} = \dfrac{1}{q} = \dfrac{X}{(dS/dt)_u} = \dfrac{tX}{S_i - S_e} = \dfrac{VX}{Q(S_i - S_e)} \qquad (8\text{-}19)$

取不同的污水流量 Q 值，即可计算出 $\dfrac{1}{v} = \dfrac{1}{q}$ 值，绘制 $\dfrac{1}{v}$-$\dfrac{1}{S_e}$ 关系图，图中直线的斜率

为 $\dfrac{K_s}{v_{max}}$ 值，截距为 $\dfrac{1}{v_{max}}$ 值，从而可确定 K_s 和 v_{max} 值。

②Y、K_d 值的确定。

由于 $\dfrac{dX}{dt} = Y\left(\dfrac{dS}{dt}\right)_u - K_d X$，且 $\theta_c = \dfrac{(X)_T}{(\Delta X / \Delta t)_T} = \dfrac{X}{dX/dt}$

式中，Y——微生物产率系数；

$\quad K_d$——自氧化系数。

经整理后可得

$$\frac{1}{\theta_c} = Y \cdot q - K_d \qquad (8\text{-}20)$$

$$q = \frac{(dS/dt)_u}{X} = \frac{S_i - S_e}{tX} = \frac{Q(S_i - S_e)}{VX} \qquad (8\text{-}21)$$

取不同的细胞停留时间 θ_c 值，并由此可以得出不同的 S_e 值，代入式（8-21）中，可得出一系列有机去除负荷 q 值。绘制 $q\text{-}\dfrac{1}{\theta_c}$ 关系图，图中直线的斜率为 Y 值，截距为 K_d 值。

（3）实验设备

1）实验仪器：真空抽滤泵、电热鼓风干燥箱、封闭电炉、马弗炉、精密电子天平、污泥比阻测定装置、黏度计、生化反应器、显微镜。

2）玻璃仪器：砂芯过滤器、烧杯、量筒、玻璃棒。

3）其他仪器：移液枪及对应枪头、0.45 μm 水系微孔滤膜、定量滤纸、带盖铝盒、坩埚、坩埚钳、隔热手套、干燥器、精密 pH 试纸。

（4）实验用试剂

1）实验对象：活性污泥。

2）实验试剂：聚合氯化铝、硫酸铝、三氯化铁、葡萄糖、硫酸铵、磷酸二氢钾、氯化钙、硫酸镁、香柏油。

（5）实验步骤

1）活性污泥镜检观察

①标本片制作。取约 100 mL 活性污泥于 100 mL 量筒中，沉淀 3～5 min，舍弃上清液，用吸管取 1 滴活性污泥于载玻片上，盖上盖玻片，并用吸水纸吸取多余水分。

②低倍镜的使用。显微镜需放置在平整的实验台上，镜座距实验台边缘 3～4 cm；打开光源灯并取下光源灯的保护盖；拨动回转板，将放大倍数为 4 倍的接物镜切换至镜筒正下方，调节光圈使其与物镜所选的放大倍数相匹配，然后用眼对准接目镜，调节目镜间距和光源强度，使视野内的亮度适宜；把玻片放到载物台上，确保所要观察的标本放到圆孔的正中央。使用粗调节器使载物台升高，与镜头之间的距离达到最小；用粗调节器慢慢降低载物台，使样本在视野中初步聚焦，再用细调节器使图像清晰。

③高倍镜的使用。在低倍镜下找到观察对象后，应先预估高倍镜的靠近是否会移动载玻片，一般应先用粗调节器将载物台降低，再进行切换；拨动回转板，将放大倍数为 10（或 40）倍的接物镜移至镜筒的正下方；调节光圈使其与物镜所选的放大倍数相匹配；依次使用粗调节器和细调节器使标本清晰，若切换高倍镜时未使用粗调节器，可直接使用细调节器对清晰度进行调整。

④油镜的使用。在高倍镜下找到观察对象后，用粗调节器降低载物台，然后拨动回转板，将放大倍数为 100 倍的接物镜移至镜筒的正下方；调节光圈使其与物镜所选的放大倍数相匹配；在标本区域滴加香柏油，从正前方注视，用粗调节器将载物台小心地升高，使镜头刚好与香柏油相切；使用细调节器使活性污泥及其微生物清晰，观察菌胶团以及原生动物、后生动物、丝状菌等微生物的形态、大小及数量。

⑤显微镜使用后的规范操作。转动粗调节器使载物台下降至最低，取下玻片；用擦

镜纸拭去镜头上的镜油，然后用擦镜纸蘸少许乙醇擦去镜头上残留的油迹，最后再用干净的擦镜纸擦去残留的乙醇；将放大倍数为 4 倍的接物镜切换至镜筒正下方，调节光圈使其与物镜所选的放大倍数相匹配；关闭光源和开关，盖上光源灯保护盖，套上镜罩。

2）活性污泥微生物量指标

称重（铝盒+已干燥恒重的滤膜），记录初始质量为 m_1（g）；分别将 3 份活性污泥（每份 100 mL）抽滤，冲洗量筒壁，使全部污泥转移至抽滤杯内；抽滤后连同滤膜和污泥放入原来的铝盒中，将铝盒放入电热鼓风干燥箱在 105℃中干燥至恒重（前后两次质量差小于 0.005 g），记录质量为 m_2（g）。

按式（8-22）和式（8-23）分别计算 MLSS（g/L）和下层污泥区的污泥浓度。

$$\text{MLSS（g/L）} = （m_2 - m_1）/0.1 \tag{8-22}$$

$$\text{下层污泥区的浓度（g/L）} = （m_2 - m_1）/\text{污泥区的体积} \tag{8-23}$$

将已编号的瓷坩埚放入马弗炉中，在 600℃下灼烧 40 min，取出瓷坩埚，放入干燥器中冷却 30 min，称重并记录坩埚质量 m_3（g）。将已干燥恒重的 3 份样品（滤膜和污泥），放入已恒重的坩埚内，先在普通电炉上加热炭化，再放入马弗炉内，在 600℃下恒温灼烧 40 min；从炉中取出放入干燥器内冷却 30 min，称重并记录总质量 m_4（g）。

按式（8-24）、式（8-25）和式（8-26）分别计算灰分质量（g）、挥发性污泥的浓度 MLVSS（g/L）和 MLVSS/MLSS 的比值。

$$\text{灰分质量（g）} = m_4 - m_3 - m_{\text{滤纸灰分}} \tag{8-24}$$

$$\text{MLVSS（g/L）} = \frac{（m_2 - m_1）-（m_4 - m_3）}{0.1} \tag{8-25}$$

$$\text{MLVSS/MLSS} = \frac{（m_2 - m_1）-（m_4 - m_3）}{（m_2 - m_1）} \tag{8-26}$$

3）活性污泥沉降性能指标

在搅拌均匀条件下，取 350 mL 左右的活性污泥于 500 mL 的烧杯中，烧杯内的混合液在搅拌均匀下分别快速倒入 3 只 100 mL 量筒并定容至 100 mL 刻度。待清晰界面出现后记录此时静置时间，然后每隔 3 min 记录界面的体积刻度，直到 60 min，并记下静置沉淀 30 min 时下层的污泥区的体积，得 SV30。以沉降区污泥体积为纵坐标、静置时间为横坐标，作出沉降区污泥体积与静置时间的关系曲线。比较 SV30 和 SV60 的大小，可知 SV30 比 SV60 更合适用作评价活性污泥的沉降性能。

将 SV30 代入式（8-27），计算 SVI。SVI 是指活性污泥沉淀 30 min 后，每单位质量干污泥形成的沉淀污泥的体积。

$$\text{SVI} = \frac{\text{SV（mL/L）}}{\text{MLSS（g/mL）}} \tag{8-27}$$

SVI 值是判断污泥沉降性能的一个重要参数，通常认为 SVI 值为 100～150 时，污泥沉降性能良好；SVI 值＞200 时，污泥沉降性能差；SVI 值过低时，污泥絮体细小紧密，含无机物较多，污泥活性差。

4）污泥调理过程投加混凝剂的影响

①准备污泥：污泥提前曝气，使其固体与液体分层，将多余的水分去除。

②测定污泥浓度：称取铝盒和 2 张恒重的滤纸，初始总质量为 m_1；量取 100 mL 污泥进行抽滤，将污泥、滤纸和铝盒一并放入电热鼓风干燥箱中干燥至恒重，称取总质量为 m_2，计算污泥浓度 MLSS。

③按 100 mL 污泥的干污泥量的 5%投加混凝剂，然后换算成需要量取的已知浓度的三氯化铁、硫酸铝、聚合氯化铝溶液的体积，加入的混凝剂体积引起的体积差应小于 0.5%；污泥加入混凝剂后污泥 pH 会下降，要用稀碱溶液将污泥的 pH 调节到稳定值并与初始 pH 相同。

④对污泥比阻测定装置进行检漏，在布氏漏斗中放置双层滤纸，用水稍润湿，开动真空泵，使量筒中成为负压把滤纸贴紧。

⑤关闭量筒与真空泵之间的二通阀，取 250 mL 左右的污泥于烧杯中，搅拌均匀，再量取 100 mL 直接倒入布氏漏斗中；打开二通阀，调节开关使真空度稳定在 80%；过滤脱水并开始计时，记录不同滤液体积 V 值以及对应的过滤时间（最少 20 个）；记录数据时建议先观察滤液体积到某一容易读取的刻度时，再记录此时的体积和即时时间。

⑥记录当滤饼出现裂缝或真空度被破坏时所需的时间 t，此值也可粗略说明污泥脱水性能的好坏。

⑦将抽滤所得滤液转移至烧杯中，测定滤液的黏度。

⑧重复步骤③～⑦，依次测定三氯化铁、硫酸铝、聚合氯化铝溶液作为混凝剂时活性污泥的相关指标。

⑨污泥调理过程中混凝剂用量的影响。根据上述实验结果，确定最佳混凝剂类型，在所有操作与上述实验保持一致的基础上，考察当混凝剂投加量依次为干污泥量的 2.5%、5%、7.5%、10%时，活性污泥的相关指标并选择未加混凝剂条件下的活性污泥作为对照。

⑩考察真空度的影响。根据上述实验结果，确定最佳混凝剂类型及其投加量，在所有操作与上述实验保持一致的基础上，依次量取 3 份 100 mL 污泥倒入布氏漏斗中，打开二通阀，调节开关使真空度分别稳定在 20%、50%、80%时，测定活性污泥的相关指标。

5）活性污泥动力学参数指标

①采用接种培养法，培养驯化活性污泥，即将活性污泥浓缩后投入反应器内，保持活性污泥浓度在 2.5 g/L 左右。

②按以下配方（表 8-1）加入人工配制污水至已驯化的活性污泥中，以避免因进水水质波动对实验结果产生影响。

表 8-1　人工配制污水配方

药剂	投加浓度/（mg/L）
葡萄糖	200～650
硫酸铵	72～215
磷酸二氢钾	12.5～37.5
三氯化铁	0.8～2.5
二水氯化钙	0.2～0.5
七水硫酸镁	0.2～0.5

③进行曝气充氧，曝气 20 h 左右，按污泥龄 7 d、6 d、5 d、4 d、3 d，用虹吸法排去池内混合液 Q_w 或 Q'_w，将反应器内剩余混合液静沉 1 h。

④去除上清液，重复步骤②～③继续实验，并取样测定原水 COD，以及各反应器中的上清液 COD 和污泥浓度 MLSS，连续进行半个月左右，记录有关数据。

（6）注意事项

1）显微镜使用注意事项

①取、放显微镜时应一手握住镜臂，一手托住底座，使显微镜保持直立、平稳，切忌单手拎提。

②使用显微镜应双眼同时睁开观察，减少眼睛疲劳，也便于边观察边绘图或记录。

③在任何时候使用粗调节器聚焦物像时，必须先从侧面观察，同时小心调节物镜与玻片之间的距离，然后用目镜观察，慢慢调节物镜离开标本进行准焦，以免因一时的误操作损坏镜头及玻片。

④切忌用手或其他纸擦拭镜头。

⑤用擦镜纸擦拭镜头时，应顺着一个方向，切忌来回多次摩擦镜头。

⑥用油镜观察完样本后，不可随意切换回高倍镜和低倍镜，防止玻片上的镜油污染干净的镜头。

2）铝盒上的标记不要使用标签纸，防止其影响恒重的实验结果

3）污泥比阻实验注意事项

①实验前应仔细检查抽真空装置的各个接头处是否漏气。

②滤纸放到布氏漏斗内，要先用去离子水湿润，而后再用真空泵抽吸一下，滤纸要贴紧，不能漏气。

③污泥中加混凝剂后应充分混合。

④在整个过滤过程中，真空度应始终保持一致。

4）动力学实验注意事项

①反应器内混合液应保持完全混合状态。

②反应过程中排泥量应通过所选的污泥龄来确定。

（7）实验记录

1）活性污泥镜检观察结果

观察活性污泥中存在的微生物，记录下微生物形态以及可清晰观察时对应的目镜和物镜放大倍数，并绘出相应的形态及构造。

表 8-2　微生物观察记录

观察对象	目镜放大倍数	物镜放大倍数	显微镜放大倍数	微生物的形态及构造	可能是哪种微生物
1					
2					
3					
……					

2）活性污泥微生物量指标测定结果

表 8-3　活性污泥 MLSS 及 MLVSS 测定结果记录

编号	污泥质量/g			灰分质量/g			挥发性成分质量/g
	m_1	m_2	m_2-m_1	m_3	m_4	m_4-m_3	$(m_2-m_1)-(m_4-m_3)$
1							
2							
3							

3）活性污泥沉降性能指标测定结果

表 8-4　不同静沉时间对应的下层污泥区体积记录

静沉时间/min	下层污泥区的体积/mL
3	
6	
9	
12	
15	
……	
60	

4）污泥脱水性能指标测定结果

定量滤膜直径/cm：　　　　过滤面积 A/cm^2：　　　　污泥浓度 $c/(mg/L)$：

①考察混凝剂种类。

表 8-5　不同混凝剂类型条件下污泥比阻实验数据记录

混凝剂类型	混凝剂用量/%	t/min	滤液体积 V_i/mL	$(t/V)_i$	斜率 b	真空压力 p/Pa	滤液黏度 μ/（Pa·S）
三氯化铁	5	2					
		4					
		6					
		……					

注：调整混凝剂类型为硫酸铝及聚合氯化铝，所得实验结果同表 8-5 记录。

②考察混凝剂投加量。

表 8-6　混凝剂不同投加量条件下污泥比阻实验数据记录

混凝剂类型	混凝剂用量/%	t/min	滤液体积 V_i/mL	$(t/V)_i$	斜率 b	真空压力 p/Pa	滤液黏度 μ/（Pa·S）

注：依据混凝剂类型实验选择最佳混凝剂进行测试；调整混凝剂用量分别为 0、2.5%、5%、7.5%、10%，所得实验结果同表 8-6 记录。

③考察真空度。

表 8-7　不同真空度条件下污泥比阻实验数据记录

混凝剂类型	混凝剂用量/%	t/min	滤液体积 V_i/mL	$(t/V)_i$	斜率 b	真空压力 p/Pa	滤液黏度 μ/（Pa·S）

注：调整真空度分别为 20%、50% 和 80%，所得实验结果同表 8-7 记录。

5）活性污泥动力学参数指标测定结果

表 8-8　间歇式生化动力学参数求定实验记录及结果整理

$Q/$（L/d）	原水 COD $S_i/$（mg/L）	上清液 COD $S_e/$（mg/L）	污泥浓度 $X/$（g/L）	$Q_w/$（L/d）	$q/$［kg/（kg·d）］	$\theta_c/$d

（8）数据处理

1）按式（8-22）～式（8-26）计算 MLSS 及 MLVSS。

2）以静沉时间为横坐标、沉降区污泥体积为纵坐标，绘制静沉时间与污泥体积的关系曲线。

3）计算污泥体积指数 SVI 的值。

4）将下层污泥区的污泥浓度近似为二沉池浓缩污泥浓度，计算近似回流比。

5）对于污泥比阻实验，以 V 为横坐标、$(t/V)_i$ 为纵坐标，绘制曲线，经线性回归求出不同考察条件下的斜率 b，计算相应的污泥比阻值 r。

6）以 $1/S_e$ 为横坐标、$1/v$ 为纵坐标，通过线性回归法求出 v_{max}、K_s。

7）以 q 为横坐标、$1/\theta_c$ 为纵坐标，通过线性回归法求出 Y、K_d。

（9）结果分析

1）结合显微观察、MLSS 及 MLVSS 测定结果，分析污泥的微生物量及活性。

2）通过 SVI 判断污泥沉降性能的优劣。

3）通过污泥比阻的测定结果，确定最佳混凝剂类型及其投用量与真空度。

4）结合动力学参数，评价活性污泥的综合性能。

（10）思考题

1）正常运行的污水处理厂活性污泥中常见哪些微生物？哪些是出水水质良好的指标微生物？

2）MLSS/MLVSS 的比值能说明什么？

3）测污泥沉降比时，为什么要规定静止沉淀 30 min？

4）对于城市污水处理，如果曝气池的活性污泥 SVI 大于 200 或小于 50，说明污水处理运行出现了什么问题，此时应采取什么对策或措施？

5）为什么初沉污泥、活性污泥和消化污泥的比阻差别很大？哪些因素会影响污泥比阻？

6）活性污泥在真空过滤时，是否真空度越大，泥饼的固体浓度越大？

7）活性污泥动力学参数在实际工程设计与运行管理中有何作用？

8）动力学参数公式是否适用于推流式反应器？

8.2 活性污泥法处理污水实验

活性污泥法是一种利用悬浮微生物絮体处理污水的好氧生物处理方法，通过曝气条件下微生物的吸附代谢作用，将污水中的有机污染物分解成无机物，从而达到净化水质的目的。活性污泥法工艺主要包括曝气池、二沉池和污泥回流系统。污水进入曝气池后，通过曝气设备供氧并使活性污泥与污水充分混合，有机物被微生物吸附、氧化和分解。处理后的污水进入二沉池进行泥水分离，部分污泥回流至曝气池维持稳定的污泥量，剩余污泥则排出系统并经过浓缩、脱水等工艺处理后进行妥善处置。目前，活性污泥法是城市生活污水以及有机废水处理最为基本的处理方法，具有处理效果好、应用成本低等优点。但对于工业废水来说，其含有大量难降解有机物或对微生物具有毒害作用的物质，或缺少微生物生长所必需的某些营养物质，易造成活性污泥法效果不佳，也对运行管理带来极大挑战。因此，为确保污水处理工艺选择的合理性与可靠性，需要对污水进行可生化性测试，并深入了解影响活性污泥法的关键运行参数，同时掌握微生物驯化方法，提高活性污泥法对特种污水的适应性。

（1）实验目的

1）了解并掌握污水可生化性的测定方法。

2）确定污水所含有机物能够被微生物降解的程度，便于选择适宜的处理技术以及工艺流程。

3）学会活性污泥培养及驯化方法，以提高活性污泥法对特种污水的适应性。

4）熟悉活性污泥法的基本流程，加深对污水好氧生物处理方法的理解。

5）熟练掌握活性污泥法的基本原理及其工艺运行参数。

（2）实验原理

1）污水可生化性

污水的可生化性是指污水所含有机污染物能被微生物降解的程度，可将污水分为 3 类：

①易生物降解污水，易于被微生物作为碳源和能源物质而利用。

②可生物降解污水，能够逐步被微生物利用。

③难生物降解污水，降解速度很慢或根本不降解。

但可生化性的难易是相对的，同一种化合物在不同微生物的作用下，其降解情况也会有所不同。污水生物处理是利用微生物的代谢作用降解污染物，使污水得以净化。显然，如果污水中的污染物可被微生物降解，则在设计状态下污水可获得良好的处理效果。因此，污水可生化性直接影响污水生物处理效能，也是评价是否适合直接应用生物处理工艺的重要依据。

污水可生化性可通过水质标准法、微生物耗氧速率法、脱氢酶活性法、三磷酸腺苷法等方法测定。水质标准法即通过 BOD_5/COD 比值来评价污水可生化性的方法。BOD_5 和 COD 都反映污水中有机物在氧化分解时所耗氧量。BOD_5 是有机物在微生物作用下氧化分解所需氧的量，它代表污水中可被生物降解的那部分有机物；而 COD 是有机物在化学氧化剂作用下氧化分解所需氧的量，它代表污水中可被化学氧化剂分解的有机物，常采用重铬酸钾或高锰酸钾为氧化剂，由此 COD 测定值可近似代表污水中的全部有机物。一般认为 BOD_5/COD 比值大于 0.45 时，该污水适合直接采用生物处理技术；当比值在 0.2 左右时，则说明污水中含有大量难降解有机物，这种污水是否可以采用生物处理技术，尚需看微生物驯化后，能否提高此比值才能判定。

微生物耗氧速率法是指根据微生物与有机物接触后耗氧速度的变化特征，评价有机物降解和微生物代谢的规律，从而反映污水的可生化程度。在污水好氧生物处理中，微生物对污水中底物进行代谢，同时呼吸耗氧，所消耗氧主要用于：

①氧化分解有机物，使其分解为 CO_2 和 H_2O 等，并为合成新细胞提供能量；

②供微生物进行内源呼吸，同时细胞物质会氧化分解，具体表达式为

$$\left[\frac{dm(O_2)}{dt}\right]_t = \left[\frac{dm(O_2)}{dt}\right]_s + \left[\frac{dm(O_2)}{dt}\right]_e \tag{8-28}$$

式中，$\left[\dfrac{dm(O_2)}{dt}\right]_t$——系统总耗氧速率，$kg/(m^3 \cdot d)$；

$\left[\dfrac{dm(O_2)}{dt}\right]_s$——微生物降解有机物的耗氧速率，$kg/(m^3 \cdot d)$；

$\left[\dfrac{dm(O_2)}{dt}\right]_e$——微生物内源呼吸的耗氧速率，$kg/(m^3 \cdot d)$。

依据污水水质和好氧生物系统参数，污水生物处理系统的耗氧量为

$$m(O_2) = a'QS_r + b'VX_v \tag{8-29}$$

式中，$m(O_2)$——混合液每日需氧量，kg；

a'——活性污泥代谢 1 kg BOD_5 的需氧量，对于生活污水而言，该值一般为 0.42～0.53；

Q——污水流量，m^3/d；

S_r——有机物 BOD_5 的去除量，kg/m^3，$S_r = S_0 - S_e$，即曝气池进出水 BOD_5 的差值；

b'——1 kg 活性污泥每天自身氧化的需氧量，$kg/(kg \cdot d)$，对于生活污水而言，该

值一般为 0.11～0.19；

V——曝气池容积，m^3；

X_v——曝气池内挥发性悬浮固体浓度（MLVSS），$kg/(m^3 \cdot d)$。

对比式（8-28）和式（8-29）可得

$$\left[\frac{dm(O_2)}{dt}\right]_t = \frac{m(O_2)}{V} \qquad (8-30)$$

$$\left[\frac{dm(O_2)}{dt}\right]_s = \frac{a'QS_r}{V} = a'L_r \qquad (8-31)$$

式中，L_r——污泥负荷，单位体积活性污泥在单位时间内将有机污染物降解至预定程度的数量，$kg/(m^3 \cdot d)$。

$$\left[\frac{dm(O_2)}{dt}\right]_e = \frac{b'VX_v}{V} = b'X_v \qquad (8-32)$$

污泥负荷反映了污水处理系统有机污染物量与活性污泥量的比值，是影响有机污染物降解、活性污泥增长的重要因素，因而成为活性污泥法处理系统工艺设计、运行管理的主要指标。采用较高的污泥负荷将加快有机污染物降解与污泥增长的速度，减少曝气池容积，降低城市污水处理厂基建成本，但其处理出水水质未必能达到相应的排放标准或受纳水体的环保要求。因此，污水处理工艺设计和后期运行过程中均须选择适宜的污泥负荷。

由式（8-31）和式（8-32）可以看出，微生物降解有机物的耗氧速率不仅与微生物性质有关，还与污水水质有关，而微生物内源呼吸耗氧速率基本为一常量。

当污水中底物主要为可生物降解有机物时，微生物的氧消耗量累积曲线与 BOD 测定的耗氧过程曲线类似（图 8-1 中曲线 1）。溶解氧的消耗量与污水中的有机物浓度有关。实验开始时，反应器内有机物浓度较高，微生物消耗氧的速率较快；随着有机物浓度逐渐降低，氧消耗速率也逐渐减慢，直至最后等于内源呼吸速率，在氧消耗累积曲线上表现为曲线斜率与内源呼吸曲线斜率相等（图 8-1 中曲线 1 与曲线 3）。若污水中无底物，微生物直接进入内源呼吸，其氧消耗累积曲线为一通过原点的直线（图 8-1 中曲线 3）。如果污水中含有对微生物生长具有毒害抑制作用的物质时，氧的消耗将会受到限制，而低于内源呼吸量（图 8-1 中曲线 4）。如果微生物新投入某一废水中，则微生物需要一个适应驯化过程（图 8-1 中曲线 2）。

污水中有毒有害成分对微生物的影响除了直接杀死微生物，使细胞壁变性或破裂以外，主要表现为抑制、损害酶的活性。例如，重金属能与酶或其代谢产物结合，使酶失去活性，改变原生质膜的渗透性，影响营养物质的吸收。由于有毒有害物质对微生物的抑制作用不仅与其性质和浓度有关，还与微生物浓度有关。因此，微生物驯化培养过程中选取的污泥浓度应与曝气池的污泥浓度相同，经适应驯化后微生物可能会逐渐适应该类毒性物质，如图 8-2 所示。

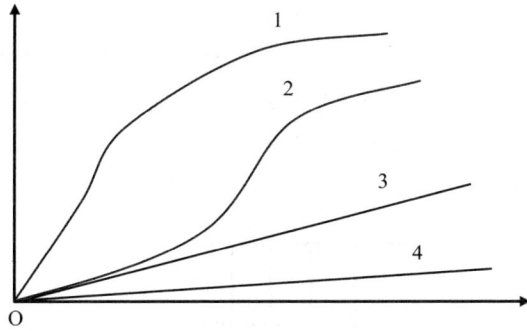

1—易降解；2—经驯化后可降解；3—内源呼吸；4—有毒抑制

图 8-1　不同物质对微生物耗氧过程的影响

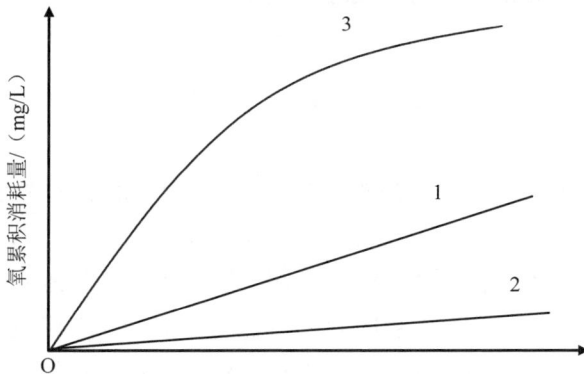

1—未投加毒性物质时的微生物内源呼吸曲线；2—针对毒性物质培养驯化前微生物的呼吸曲线；

3—针对毒性物质培养驯化后微生物的呼吸曲线

图 8-2　微生物驯化前后对毒性物质的适应

综上所述，应用氧消耗累积值与时间的关系曲线或氧消耗速率与时间的关系曲线，可以判断某种污水生物处理的可能性，即其可生化性，或针对现有生物处理单元某种有毒有害物质的最大允许浓度。

2）活性污泥法

在采用活性污泥法进行污水处理前，可采用水质标准法或微生物耗氧速率法对污水可生化性进行评价。若采用水质标准法，需测定 BOD_5/COD 的比值；若采用微生物耗氧速率法，需以时间为横坐标、溶解氧值为纵坐标，所得直线的斜率为微生物的呼吸速率，再用呼吸速率乘以时间求出累积耗氧量，以时间为横坐标、累积耗氧量为纵坐标，绘制曲线与图 8-1 的 4 条曲线对比，确认其可生化性的难易程度。

传统活性污泥法工艺流程见图 8-3。污水和回流污泥在曝气池形成混合液，在曝气作用下，污水中的有机物、氧气与微生物充分进行传质，活性污泥通过一系列的分解代谢和同化代谢反应，将污水中的有机污染物逐步氧化降解，随后混合液流入二沉池进行泥水分离。沉淀的污泥大部分回流至曝气池，称为回流污泥，其目的是使曝气池内保持稳定的微生物浓度。排放至污泥浓缩池的小部分污泥被称为剩余污泥，通过排放剩余污泥可使生化池内微生物保持良好的活性。由于剩余污泥中含有大量微生物及其吸附的有机物，需经脱水处理后进行妥善处置。

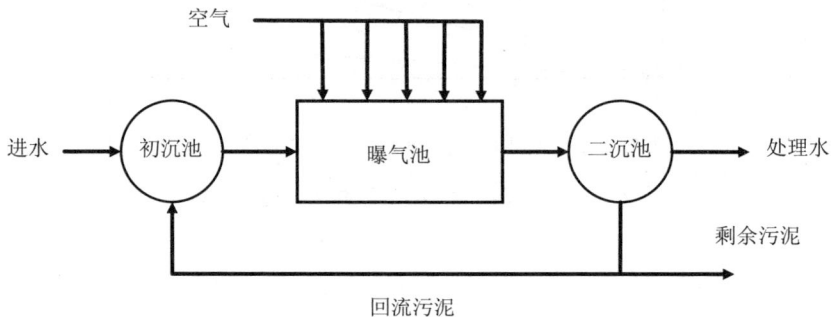

图 8-3 活性污泥法基本流程

在曝气过程中，活性污泥对有机物的作用可分为吸附和代谢两个阶段：

①在吸附阶段，由于活性污泥具有巨大的表面积，当污水与活性污泥接触时，污水中呈悬浮和胶体状态的有机物能够被活性污泥快速吸附，使污水中有机物浓度得到快速降低。值得注意的是，微生物表面被吸附的有机物，随后需要经过数小时的曝气，才能逐步被代谢降解。活性污泥的初期吸附能力充分体现了活性污泥的生物吸附特性，可作为快速降低污水中有机物浓度的有效手段。

②在代谢阶段，有机物先被好氧微生物氧化分解为中间产物，随后部分中间产物会被合成为细胞物质，同时部分中间产物会被氧化分解为无机物。在此过程中，微生物会消耗水中的溶解氧，相应溶解氧消耗量即为生化需氧量，可间接衡量污水中被微生物降解的有机物量，常用的技术指标有 BOD_5 或 COD。

（3）实验设备

1）实验仪器：生化反应器、曝气设备、呼吸速率测定装置、溶解氧仪、磁力搅拌仪、鼓风干燥箱、高速冷冻离心机、多参数水质测定仪、pH 计、精密电子天平、抽滤泵。

2）玻璃仪器：广口瓶、BOD 培养瓶、量筒、玻璃棒、砂芯过滤器、烧杯、COD 消解管。

3）其他仪器：移液枪及对应枪头、0.45 μm 水系微孔滤膜、带盖铝盒、镊子、干燥器、试管架。

（4）实验用试剂

1）实验用水：污水处理厂生化池进水。

2）接种污泥：污水处理厂生化池剩余污泥。

3）实验试剂：COD 测定试剂、BOD 测定试剂、苯酚。

（5）实验步骤

1）污泥可生化性检测——水质标准法

实验前，将取回的污水沉淀，用虹吸取上部、中部的污水，舍弃底部较大颗粒沉渣，再混合后搅拌均匀，取水样测定 BOD_5 和 COD。

2）污泥可生化性检测——微生物耗氧速率法

①将取回的活性污泥搅拌均匀后，分别取 6 L 活性污泥加入 6 个生化反应器内，再加自来水至 20 L，使每个反应器内的污泥浓度为 1～2 g/L，曝气 1 h 左右，使微生物处于饥饿状态。

②除待测内源呼吸速率的 1 号反应器外，2 号～6 号反应器均停止曝气。

③2 号～6 号反应器静置沉淀，待污泥沉淀后，用虹吸去除上清液，加入取回的污水至 20 L 处。

④混合均匀后立即取样测定呼吸速率 $[dm(O_2)/dt]$，再每隔 30 min，测定一次呼吸速率，3 h 后改为每隔 1 h 测定 1 次，5～6 h 后结束实验。

⑤呼吸速率测定方法：用 250 mL 广口瓶取反应器内混合液 1 瓶，迅速用装有溶解氧探头的橡皮塞塞紧瓶口（不能有气泡或漏气），将瓶子放在磁力搅拌仪上搅拌，定期测定溶解氧值（每隔 0.5～1 min），并作记录，测定 10 min。以 DO 值与 t 作图，所得直线的斜率即为微生物的呼吸速率。

3）活性污泥的驯化

通过可生化性分析，可判断污水是否适合直接应用活性污泥法进行处理，对于较难处理的污水，可尝试对活性污泥进行驯化，大致方法如下：

①取中和或适当稀释后的污水进行连续曝气，每天加入少量该种污水，同时加入适量表层土壤或生活污水，使能适应该污水的微生物大量繁殖。

②当水中出现大量絮状物，或检查其 COD 的降低值出现突变时，表明适应的微生物已进行繁殖，可用作接种液，一般驯化过程需要 3～8 d。

4）活性污泥法处理污水

①实验前，将取回的活性污泥曝气 1 h 左右。

②将取回的污水沉淀，取上部、中部污水，舍弃底部较大颗粒沉渣后搅拌均匀，取水样分析 BOD_5、COD、pH、氨氮和总磷。

③取 15 L 活性污泥，同时取等量污水（按污泥回流比 100%计）于曝气池中，进行曝气，曝气强度以保证活性污泥处于悬浮状态，且曝气池混合液 DO 处于 1.5～3.0 mg/L 为宜。

④分别在 5 min、10 min、20 min、40 min、60 min 时取混合液 100 mL，3 000 r/min 离心 5 min，取上清液过滤，滤液分析 BOD_5、COD、pH、氨氮和总磷。

⑤在 60 min 取混合液样时，同时取 100 mL 混合液测定污泥浓度（MLSS）。

5）BOD_5测定

①试剂的配制（表8-9）。

表8-9 BOD_5测试所需试剂配制方法

试剂	配制方法
磷酸盐缓冲溶液	取8.58 g磷酸二氢钾（KH_2PO_4）、2.75 g磷酸氢二钾（K_2HPO_4）、33.4 g磷酸氢二钠（$Na_2HPO_4 \cdot 7H_2O$）和1.7 g氯化铵（NH_4Cl）溶于水中，定容至1 000 mL，此溶液的pH应为7.2
硫酸镁溶液	取22.5 g硫酸镁（$MgSO_4 \cdot 7H_2O$）溶于水中，定容至1 000 mL
氯化钙溶液	取27.5 g无水氯化钙溶于水中，定容至1 000 mL
氯化铁溶液	取0.25 g氯化铁（$FeCl_2 \cdot 6H_2O$）溶于水中，定容至1 000 mL
盐酸溶液（0.5 mol/L）	取40 mL浓盐酸溶于水中，定容至1 000 mL
氢氧化钠溶液（0.5 mol/L）	取20 g氢氧化钠溶于水中，定容至1 000 mL
亚硫酸钠溶液（0.025 mol/L）	取1.575 g亚硫酸钠溶于水中，定容至1 000 mL，需现用现配
葡萄糖-谷氨酸标准溶液	取葡萄糖（$C_6H_{12}O_6$）和谷氨酸（$HOOC-CH_2-CH_2-CHNH_2-COOH$）在103℃干燥1 h后，各称取150 mg溶于水中，定容至1 000 mL，混合均匀，此标准溶液需现用现配
稀释水	在5 L玻璃瓶内装入一定量的水，水温控制在20℃左右，再曝气2～8 h，使水中的溶解氧接近于饱和；瓶口盖以两层经洗涤晾干的纱布，置于20℃培养箱中放置数小时，使水中溶解氧含量达8 mg/L左右；临用前于每升水中加入氯化钙溶液、氯化铁溶液、硫酸镁溶液、磷酸盐缓冲溶液各1 mL，并混合均匀；稀释水的pH应为7.2，BOD_5应小于0.2 mg/L
接种液	➢ 城市污水，一般采用生活污水，在室温下放置一昼夜，取上清液 ➢ 表层土壤浸出液，取100 g植物生长土壤，加入1 L水中，混合搅拌均匀后静置10 min，取上清液 ➢ 污水处理厂出水或排放管道下游河水或湖水 ➢ 当分析含有难降解物质的特种污水时，可在排污口下游3～8 km处取水样作为污水的驯化接种液，或按照活性污泥驯化步骤获取接种液
接种稀释水	取适量接种液加于稀释水中混匀。每升稀释水中接种液加入量为：生活污水1～10 mL；表层土壤浸出液为20～30 mL；河水、湖水为10～100 mL；接种稀释水的pH应为7.2，BOD_5在0.3～1.0 mg/L为宜，配制后应立即使用

②水样预处理可按表8-10进行。

表 8-10　水样预处理方法

水样 pH 若超出 6.5～7.5	可用盐酸或氢氧化钠稀溶液调节至 7 左右，但用量不要超过水样体积的 0.5%。若水样的酸度或碱度过高，应采用高浓度碱或酸进行中和
水样中若含有铜、铅、锌、镉等重金属或其他难降解有机物	可使用经驯化的微生物接种液的稀释水进行稀释，降低有毒物质浓度
水样中若含有少量游离氯	可提前放置 1～2 h；若仍无法消除游离氯，可加入亚硫酸钠溶液，投加量计算方式如下：取中和好的水样 100 mL，加入 50% 乙酸 10 mL，10% 碘化钾溶液 1 mL，混匀。以淀粉溶液为指示剂，用亚硫酸钠标准溶液滴定游离碘。依据亚硫酸钠标准溶液消耗的体积及其浓度，计算水样中所需加亚硫酸钠溶液的量
从水温较低水域或富营养化湖泊采集的水样	应将水样迅速升温至 20℃左右，并充分振摇，使水中溶液氧降低至允许范围内。从水温较高水域污水排放口附近采集的水样，应迅速使其冷却至 20℃左右，并充分振摇，使其与空气中的氧分压接近平衡

③水样测定。

溶解氧含量较高、有机物含量较少的地表水，可直接以虹吸法将水温 20℃左右的混匀水样转移至两个溶解氧瓶内，转移过程中应注意避免产生气泡。以同样操作将两个溶解氧瓶中充满水样后溢出少许，加塞水封（确保不应有气泡）。立即测定其中一瓶的溶解氧，将另一瓶放入培养箱中，在（20±1）℃培养 5 d 后，测其溶解氧。

若水样中有机物含量过高，需要进行稀释后再测定，稀释倍数可用下述方法计算：地表水以高锰酸盐指数乘以适当的系数求得（表 8-11）。工业废水依据重铬酸钾法 COD 确定，通常需采用 3 个稀释比，即由 COD 分别乘以系数 0.075、0.15 和 0.225，即获得 3 个稀释倍数。

表 8-11　不同高锰酸盐指数的稀释系数

高锰酸盐指数/（mg/L）	系数
<5	/
5～10	0.2、0.3
10～20	0.4、0.6
>20	0.5、0.7、1.0

如果能够预估 BOD_5，可参照表 8-12 进行水样稀释。

表 8-12　基于预估 BOD$_5$ 的稀释倍数

预估 BOD$_5$/（mg/L）	稀释倍数	适用水样
2～6	1～2	河水
4～12	2	河水、生化处理后的污水
10～30	5	河水、生化处理后的污水
20～60	10	生化处理后的污水
40～120	20	澄清过的污水或轻度污染的工业废水
100～300	50	澄清过的污水或轻度污染的工业废水，原污水
200～600	100	澄清过的污水或轻度污染的工业废水，原污水
400～1 200	200	严重污染的工业废水，原污水
1 000～3 000	500	严重污染的工业废水
2 000～6 000	100	严重污染的工业废水

④BOD$_5$ 计算。

为获得可靠的 BOD$_5$，被测定溶液需满足以下条件：培育 5 d 后，剩余 DO 不小于 1 mg/L、消耗 DO 不小于 2 mg/L。如不能满足，一般应舍弃该组结果。

若为直接测定的水样

$$BOD_5 = c_1 - c_2 \tag{8-33}$$

式中，c_1——水样在培养前的溶解氧浓度，mg/L；

c_2——水样经 5 d 培养后的剩余溶解氧浓度，mg/L。

若经稀释后测定的水样

$$BOD_5 = \frac{(c_1 - c_2) - (B_1 - B_2) f_1}{f_2} \tag{8-34}$$

式中，B_1——稀释水（或接种稀释水）在培养前的溶解氧浓度，mg/L；

B_2——稀释水（或接种稀释水）在培养后的溶解氧浓度，mg/L；

f_1——稀释水（或接种稀释水）在培养液中所占比例；

f_2——水样在培养液中所占比例。

（6）注意事项

1）活性污泥混合液应提前搅拌均匀后才可加入生化反应器内，且加入量应相等，以保证各反应器内的活性污泥浓度相同，使各反应器的实验结果具有可比性。

2）取样测定呼吸速率时，应充分搅拌使反应器内活性污泥浓度保持均匀，以避免由采样带来的误差。

3）反应器内的溶解氧维持在 6～7 mg/L 为宜，以保证测定呼吸速率时有足够的溶解氧。

4）水中有机物的微生物氧化降解过程可分为碳化阶段和硝化阶段，测定一般水样的

BOD$_5$ 时,硝化阶段不明显或根本不发生,但对于生化处理池的出水,因含有大量硝化细菌,在测定 BOD$_5$ 时可能包括了部分含氮化合物的需氧量。此时,如需准确测定有机物的需氧量,应加入硝化抑制剂,如丙烯基硫脲($C_4H_8N_2S$、ATU)等。

5)在 2 个或 3 个稀释比的样品中,凡消耗溶解氧大于 2 mg/L 和剩余溶解氧大于 1 mg/L 都有效,计算结果时应取平均值。

6)为检查稀释水和接种液的质量、技术人员的操作水平,可将 20 mL 葡萄糖-谷氨酸标准溶液用接种稀释水稀释至 1 000 mL,测其 BOD$_5$,其结果应在 180~230 mg/L。否则,应检查接种液、稀释水或操作环节是否存在问题。

(7)实验记录

1)污泥可生化性检测结果

①水质标准法。

表 8-13　污水 COD 和 BOD$_5$ 测定值

污水的 COD/（mg/L）	污水的 BOD$_5$/（mg/L）	BOD$_5$/COD

②微生物耗氧速率法。

表 8-14　溶解氧记录

时间/min	溶解氧/（mg/L）
0	
0.5	
1	
1.5	
……	

2)活性污泥法处理污水测定结果

表 8-15　污水处理过程中各指标测定记录

指标	处理时间/min					
	0	5	10	15	30	60
COD/（mg/L）						
BOD$_5$/（mg/L）						
pH						
氨氮/（mg/L）						
总磷/（mg/L）						

（8）数据处理

1）采用水质标准法时，计算 BOD_5/COD。

2）采用微生物耗氧速率法，以时间为横坐标、溶解氧值为纵坐标，绘制曲线并进行线性拟合，其斜率为微生物的呼吸速率。

3）将微生物的呼吸速率乘以时间，求出累积耗氧量。

4）以时间为横坐标、累积耗氧量为纵坐标，绘制曲线，并与图 8-1 的 4 条曲线对比，确认其可生化性的难易程度。

5）以反应时间为横坐标，分别以污水的 BOD_5、COD、pH、氨氮和总磷为纵坐标，绘制污染物浓度随处理时间的变化曲线。

（9）结果分析

1）对比水质标准法和微生物耗氧速率法测得的污水可生化性结果有无差距，评价该污水处理厂的污水直接采用活性污泥法处理的难易程度。

2）处理过程中 BOD_5、COD、氨氮和总磷的变化规律如何，是否存在活性污泥的初期吸附作用。

3）分析该污水处理厂的污水采用活性污泥法处理的效果优劣。

（10）思考题

1）污水可生化性测定中水质标准法和微生物耗氧速率法的优、缺点？

2）评价活性污泥法效果时，测定 BOD_5、COD、氨氮和总磷有什么意义？

3）传统活性污泥法在去除有机物、氨氮和总磷方面存在哪些不足之处？

4）曝气量或溶解氧量对活性污泥法处理效果的影响如何？

5）曝气池内活性污泥浓度一般多少为宜？活性污泥浓度对活性污泥法处理效果的影响如何？

8.3　UASB 反应器处理高浓度有机废水实验

污水生化处理方法包括好氧生物处理法和厌氧生物处理方法，其中厌氧生物处理法更适合应用于高浓度有机废水处理或作为好氧生物处理方法的前处理。升流式厌氧污泥床（up-flow anaerobic sludge bed/blanket，UASB）反应器属于第二代厌氧消化工艺，集厌氧生物反应处理与沉淀反应于一体，占地面积小、有机负荷高、无须搅拌，能适应较大幅度的负荷冲击、温度和 pH 变化。在 UASB 反应器的基础上进一步发展出多种新型厌氧消化反应器，如内循环厌氧（internal circulation，IC）反应器、膨胀颗粒污泥床（expanded granular sludge bed，EGSB）反应器等。UASB 反应器底部有一个高浓度、高活性的污泥床，在其上部因水流搅动会形成一个污泥悬浮层，而在顶部设有三相分离器，用以分离消化气、消化液和污泥颗粒。污水自下而上通过反应器，依次流经污泥床、污泥悬浮层和三相分离器，经过微生物厌氧消化处理后，水中有机污染物得到大幅降低。本实验借助 UASB 实验室模拟装置开展高浓度有机废水处理实验，加深学生对厌氧生物处理技术基本原理的理解，了解 UASB 反应器基本构造与运行方法。

（1）实验目的

1）加深对污水厌氧生物处理法基本原理的理解。

2）掌握 UASB 反应器处理高浓度有机废水的启动方法。

3）掌握 UASB 反应器基本构造与功能。

4）观察颗粒化污泥形态特征，了解污泥颗粒化方法。

5）掌握 UASB 反应器处理高浓度有机废水的操作方法。

（2）实验原理

厌氧生物处理过程又称厌氧消化，是利用厌氧微生物在无氧条件下将水中有机物转化为甲烷（CH_4）和 CO_2 的过程，主要应用于高浓度有机废水处理、污泥消化减量和有机废弃物处理。厌氧生物处理技术的提出要晚于好氧生物处理技术，1859 年印度建设了全球第一座厌氧消化处理厂，拉开了污水厌氧生物处理及沼气回收技术的序幕。1978 年 Lettinga 团队提出 UASB 技术方案，掀起了厌氧生物处理技术的研发浪潮。1982 年，我国第一座应用 UASB 工艺的污水处理厂在北京腐乳厂建成并投入使用。

厌氧生物处理过程一般分为 3 个阶段：水解发酵阶段、产氢产乙酸阶段和产甲烷阶段，如图 8-4 所示，其中产甲烷阶段是整个厌氧过程最为重要的阶段，也是厌氧生物处理过程的限速阶段。

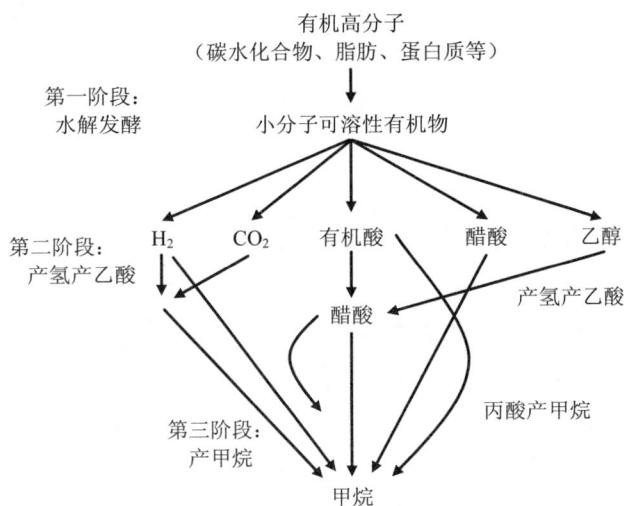

图 8-4　厌氧生物处理的三阶段理论

①水解发酵阶段。

大分子有机物在微生物作用下水解发酵成小分子有机物如有机酸、醇类、酮类等，参与的微生物主要是兼性细菌和专性厌氧菌，此阶段速度较慢。

②产氢产乙酸阶段。

产氢产乙酸菌将水解发酵后的产物进一步转化为氢（H_2）、乙酸和 CO_2，此阶段速度较快。

③产甲烷阶段。

产甲烷细菌利用乙酸、H_2、CO_2 产生 CH_4。研究表明，在厌氧消化过程中 1/3 的 CH_4 来自 H_2 和 CO_2 合成，2/3 的 CH_4 来自乙酸或乙酸盐脱羧过程。产甲烷菌自身生长缓慢，微生物产率低，对温度、pH 和有毒物质敏感，且需要严格厌氧。

基于厌氧消化过程三阶段理论，影响厌氧生物处理的因素主要有温度、pH、氧化还原电位、必要微量元素、有毒物质等。例如，产氢产乙酸菌对酸的耐受性较高，而产甲烷菌的最佳 pH 为 6.8～7.5，若 pH 过低，会严重影响产甲烷菌活性，导致甲烷产率大幅降低。

UASB 反应器运行的关键在于培养出颗粒化的厌氧污泥，这主要是在启动环节内完成厌氧污泥的驯化、增殖和颗粒化。UASB 反应器初次启动过程一般需要较长时间，而一旦启动成功，即便放置不用，再次启动也会相对容易。颗粒化的污泥能够显著提高污泥沉降性能、促进有机物降解、维持相对稳定的微环境，增强微生物共生体系，同时有助于提升反应器内污泥浓度，进而提高有机负荷，这也是 UASB 反应器能够处理高浓度有机废水的主要原因之一。UASB 反应器内污泥床由大量颗粒化污泥构成，污泥浓度可达到 50～100 g/L 或更高。污泥悬浮层内污泥浓度较低，一般为 5～40 g/L。污水由底部注入，上升流速一般控制在 0.5～1.5 m/h。上升流速过高不利于污泥沉降和污泥回流，而上升流速过低不利于传质与颗粒化污泥分级。随着水流的上升流动，通过三相分离器，沼气遇到反射板或挡板后折向集气室而被有效地分离排出，污泥和水进入上部沉淀区，在重力的作用下实现泥水分离。

（3）实验设备

1）实验仪器：UASB 反应器、多参数水质测定仪、pH 计、真空泵、电热鼓风干燥箱、电子天平、马弗炉。

UASB 反应器结构组成如下：反应器主体由 80 mm×1 050 mm 的透明双层有机玻璃制成，两层有机玻璃管内空间为控温区，通过循环可设定温度的水，控制反应器内污泥温度。柱体上设有进水阀、出水阀、取样口、温度计等，进水计量泵将配水箱内污水从底部输入反应器内，顶部出水连接排水箱。具体见图 8-5。

2）玻璃仪器：量筒、砂芯过滤器、烧杯、玻璃棒、消解管。

3）其他仪器：镊子、0.45 μm 水系微孔滤膜、铝盒、称量勺、坩埚、坩埚钳、试剂架。

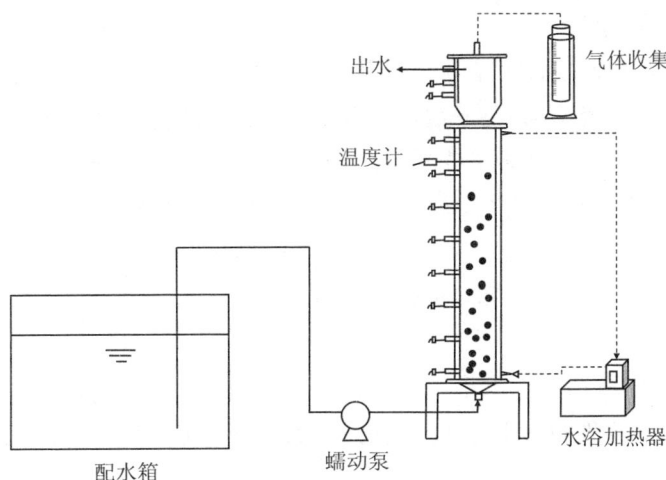

图 8-5　UASB 反应器处理高浓度有机废水实验装置

（4）实验用试剂

1）实验用水：按表 8-16 所示处方配制污水。

表 8-16　污水配方

药剂	投加浓度/（mg/L）
葡萄糖	1 000～2 000
硫酸铵	350～700
磷酸二氢钾	60～120
七水硫酸亚铁	3～6
氧化钙	1.5～3
七水硫酸镁	1～2

2）实验试剂：葡萄糖、硫酸铵、磷酸二氢钾、七水硫酸亚铁、氧化钙、七水硫酸镁、COD 测定试剂、城市污水处理厂成熟的消化污泥。

（5）实验步骤

1）UASB 反应器启动

一般以城市污水处理厂成熟的消化污泥作为接种污泥，并控制好各关键因素，使反应器内污泥得到驯化、增殖和颗粒化，逐渐提升反应器的有机负荷，最终达到设计指标。影响 UASB 反应器启动效果的因素主要有接种污泥的来源及浓度、启动负荷、温度、进水 pH、进水水质等，具体启动程序与关键操作要点可参考相关设计手册。

2）UASB 反应器运行

①打开进水阀和出水阀，开启进水计量泵，依据 UASB 反应器过水断面面积，调整进水流量，使污水上升流速为 0.5 m/h，观察反应器内部污泥悬浮情况。

②定期取原水和出水，测定 COD，评估 UASB 反应器运行稳定性。

③待 UASB 反应器达到稳定状态（出水 COD 稳定），分别在 UASB 反应器侧面不同高度取样口取样，测定溶液 pH、COD 以及 MLSS、MLVSS 等污泥指标。

④改变上升流速为 1.0 m/h 和 1.5 m/h，重复上述步骤，考察污水处理效果。

（6）注意事项

1）UASB 反应器启动工作可由指导老师完成，当二次启动时，仍需注意选取适宜的进水负荷、污水类型并监控出水 pH、COD 去除率、污泥形貌等，确保二次启动能够顺利完成。

2）启动过程中应采用负荷逐步增加的操作方法，可通过增大或降低进液稀释比的方法进行。启动时乙酸浓度应控制在 1 000 mg/L 以下，只有当可降解的 COD 去除率达到 80%左右时，才能逐渐增加有机物负荷。

3）实验开始前，应检查反应器是否漏水，各阀门是否能正常开启关闭。

4）实验过程中，注意观察气泡情况，同时检查顶部排气口是否正常工作。

5）实验场所不要堆积存放易燃易爆物品，严禁烟火，保持通风良好。

（7）数据记录

1）实验操作参数

实验开始日期：　　　　　　　　实验结束日期：

水温/℃：　　　　　　　　污泥龄/d：　　　　　　　　水力停留时间（HRT）/d：

2）COD 测定

表 8-17　COD 测定结果记录

日期	HRT/d	进水 COD/（mg/L）	出水 COD/（mg/L）

3）MLSS 与 MLVSS 测定数据

表 8-18　MLSS 与 MLVSS 测定数据记录

取样位置	pH	θ_c/d	COD/ （mg/L）	铝盒+滤膜 质量/g	铝盒+滤膜+ 污泥质量/g	坩埚质量/g	坩埚+滤纸+ 污泥质量/g	污泥区 体积/L

（8）数据处理

1）根据表 8-17 中实验数据，计算 COD 去除率，并绘制 COD 去除率-时间关系曲线。

2）计算不同取样位置处的 COD 去除率以及活性污泥的 MLSS 与 MLVSS 值。

（9）结果分析

1）结合不同运行时间的出水 COD 去除率，评价 UASB 运行稳定性及其对污水的处理效果。

2）通过比较不同取样位置的 COD 去除率以及 MLSS 与 MLVSS 值，分析 UASB 反应器内不同污泥层的污泥负荷及其对污水的处理效果。

（10）思考题

1）颗粒污泥对产甲烷菌功能是否存在促进作用？

2）UASB 为何会成为应用广泛的厌氧生物处理技术？

3）UASB 如何保持高污泥浓度？

4）若 UASB 反应器内出现死区会对污水处理效果产生什么影响？

5）UASB 是否需要调控碱度？

8.4　人工湿地法处理城市污水实验

人工湿地是通过模拟天然湿地系统结构与功能而建造的可控制运行和工程化的一种污水处理技术，是由人工基质（碎石、砂砾等）、植物、动物、微生物等按设计比例配置而成的人工生态系统。污水在湿地基质的表层或表面下流动，依靠物理沉积、过滤、基质吸附、植物吸收、微生物转化等一系列过程实现对污水的净化处理。人工湿地系统建设及管理成本低，维护简单，出水稳定且具有良好的生态效应、景观美化功能等附加价值。人工湿地以其在经济、社会、环境等方面的独特优势越来越受到关注和重视，并被广泛应用于生活污水和工业废水等处理过程。实验室可自行搭建人工湿地实验装置，在不同单元组块里填充相应的植物或净化配件，以污水的出水 COD、氨氮和总磷为指标，评价人工湿地法的处理效果，加深学生对人工湿地处理系统基本原理的理解。

（1）实验目的

1）掌握人工湿地系统处理污水的基本原理。

2）了解人工湿地系统对污水 COD、氨氮、总磷的去除效果。

3）了解人工湿地系统污水处理效果的关键影响因素。

（2）实验原理

人工湿地是模拟天然湿地而人为建造的水生态系统，是人为地将石、砂、土壤等一种或几种介质按一定比例构成基质，并有选择性地植入植物的污水处理系统，主要通过系统内物理、化学和生物间协同作用实现对污水的净化，能够兼具污水处理、雨水调蓄、美化景观等功能。

人工湿地主要由以下部分组成：

①基质。由土壤、砂、砾石、沸石、炉渣等一种或多种组合而成，为植物提供支撑和营养物质，为各种复杂化学反应提供反应界面，为微生物生长提供稳定的附着载体，对水中污染物具有吸附和过滤作用。

②植物。一般采用根系发达的水生植物，如水菖蒲、富贵竹、芦苇等，应兼顾成活率、生长周期、美观、经济价值、对特定污染物的吸收能力等进行选择或配置。植物根系能够维持湿地内良好的水力传输性，并为微生物提供附着载体，能够吸收水中的氮磷等营养物质以及重金属等污染物。

③水体层。基质表面下或上流动的水，为微生物、水生动物等提供栖息场所与营养物质，能够促进污染物扩散稀释，为污染物去除提供便利条件。

④微生物种群。多种好氧或厌氧微生物，通过硝化、反硝化、降解、络合、吸附等作用降解污水中污染物，在人工湿地净化污水过程中起关键作用。

⑤防渗层。为了防止未经处理的污水通过渗透作用污染地下水而铺设的一层透水性差的物质，通常将压实土壤或黏土作为人工湿地的防渗层。

人工湿地对污染物的去除效果会随污水性质、污染物浓度、系统特性和运行条件而改变，同时系统构成、填料性质、水力停留时间、温度等因素也都会影响湿地的运行。人工湿地净化机理非常复杂，主要包括：

①对悬浮物和有机物的去除。污水中的悬浮物和颗粒性有机物可通过沉降或被湿地基质截留而快速去除，随后通过湿地中的微生物作用而被彻底降解。可溶性有机物可以通过植物吸收、填料表层和根系微生物膜的吸附以及微生物代谢降解过程而被去除。

②对氮的去除。污水中的氮可分为有机氮和无机氮。人工湿地处理系统对氮的去除作用主要包括基质的吸附过滤作用、植物吸收和微生物的同化、硝化和反硝化作用。一般情况下，污水中大部分有机氮会被微生物分解为氨氮，而氨氮一部分挥发到空气中，一部分则会被微生物通过硝化反应转化为硝态氮和亚硝态氮，最终通过反硝化作用去除。

③对磷的去除。污水中含磷化合物主要包括颗粒磷、溶解有机磷和无机磷酸盐。人工湿地对磷的去除主要是通过植物的吸收作用、填料的过滤、离子交换、吸附、共沉淀等作用以及微生物的分解作用共同完成。微生物对磷的去除包括它们对磷的正常同化和对磷的过量积累。

人工湿地按照污水流动方式，可分为自由表面流、水平潜流、垂直流 3 种类型，其中水平潜流人工湿地是目前应用最为广泛的湿地污水处理系统。然而，水平潜流人工湿地存在控制相对复杂，对废水氨氮的硝化和除磷的效果不如垂直流人工湿地等问题。垂直流人工湿地采用竖向渗水方式，底部设置一定厚度的过滤介质，在上层种植长有根系的水生、陆生植物，适合处理污染物浓度较高且稳定性要求较高的场合。

本实验模拟垂直流人工湿地进行污水净化，在植物填充环节，分组填充不一样的植物，对比污水的净化效果。

（3）实验设备

1）实验仪器：垂直流人工湿地实验装置（上行式）（图 8-6）、多参数水质测定仪、电子秤。

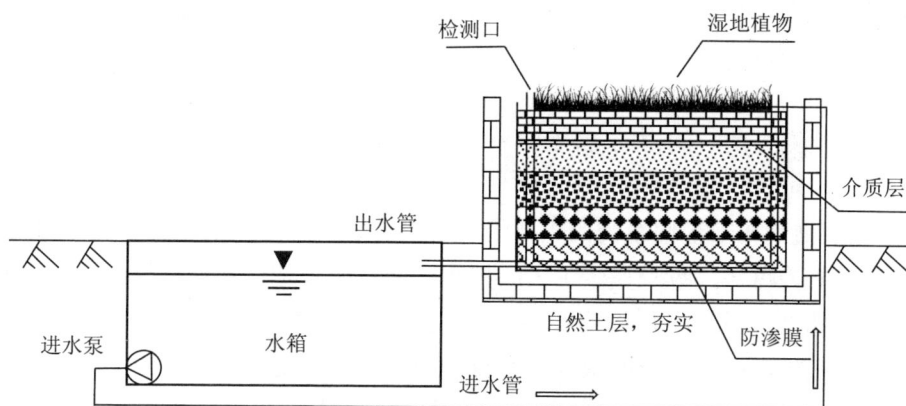

图 8-6　垂直流人工湿地实验装置

垂直流人工湿地实验装置由有机玻璃制成：50 cm×25 cm×60 cm，包括进水系统、过滤垫层、格栅层、基质层、水生植物层、集水管等，具体如下：

①进水系统：由液位控制系统控制，水生植物层上方水面保持 15 cm，即液面高出水生植物层 15 cm 时，系统停止加水，若低于 15 cm 时，系统自动进水。

②过滤垫层：由陶土加卵石组成。

③格栅层：过滤垫层上面覆盖格栅拦滤，去除沉沙。

④基质层：由碎石、砂砾组成。

⑤水生植物层：植物应具有耐水、根系发达、多年生、耐寒、吸收氮磷量大等特性，并兼顾观赏性和经济性，常用的有美人蕉、香蒲、旱伞草等。

⑥集水管：上行式的垂直流人工湿地模型，在液面处有一排集水管，并设置阀门，便于取样检测。

2）玻璃仪器：烧杯、消解管。

3）其他仪器：移液枪及对应枪头、0.45 μm 水系微孔滤膜、试管架。

（4）实验用试剂

1）实验用水：生活污水。

2）实验试剂：COD 测定试剂、氨氮测定试剂、总磷测定试剂。

（5）实验步骤

1）垂直流人工湿地实验装置的装填

首先填充过滤垫层，称取一定质量的陶土和卵石，分别用稀酸和清水反复冲洗，晾干后填入模型中，一般高度为 10 cm；该层上方放置格栅层，再加入清洗干净的碎石和砂砾，一般高度为 20 cm，最后植入水生植物。

2）垂直流人工湿地实验装置启动和进水水质测定

将生活污水加入水箱，通过进水泵和液位控制系统，加至实验装置内，保持其液面高于水生植物层 15 cm。同时，测定进水的 COD、氨氮和总磷。

3）出水水质测定

每个组选择两种水生植物进行培养，在水力负荷、干湿比一致的情况下，通过集水管收集出水，检测一段时间内的 COD、氨氮和总磷。

（6）注意事项

1）湿地植物是人工湿地系统的主要组成之一，选取时应因地制宜，应优选耐水、根系发达、多年生、耐寒、吸收氮磷量大的植物，并兼顾观赏性和经济性。

2）人工湿地植物栽种初期的管理主要保证其成活率，最好在春季栽种，植物容易成活。若在冬季栽种，应做好防冻措施，在夏季应做好遮阳防晒。

3）做好日常护理，防止其他杂草滋生并及时清除枯枝落叶，防止腐烂污染，尽可能维持人工湿地系统的污水净化效果。

（7）数据记录

表 8-19　养殖不同水生植物条件下的出水水质测定结果

植物类型	进水水质/（mg/L）			出水水质/（mg/L）		
	COD	氨氮	总磷	COD	氨氮	总磷
美人蕉、香蒲						
美人蕉、旱伞草						
美人蕉、再力花						
香蒲、旱伞草						
香蒲、再力花						
旱伞草、再力花						

（8）数据处理

1）绘制不同植物类型下，出水水质的 COD、氨氮和总磷的变化规律。

2）计算不同植物类型下，COD、氨氮和总磷的去除率。

（9）结果分析

依据 COD、氨氮和总磷的去除率，分析垂直流人工湿地模型（上行式）的污水净水效果；在最佳种植植物条件下，如何通过调整水力负荷和湿干比，获得最佳净水条件？

（10）思考题

1）如果垂直流人工湿地系统有外渗现象该如何解决？

2）如果垂直流人工湿地系统内部出现死区该如何解决？

3）垂直流人工湿地系统对进水水质有什么要求？

4）对垂直流人工湿地系统进行维护，应注意哪些方面？

8.5　曝气充氧实验

曝气是好氧生物处理系统中的重要环节，其主要作用是向生化池中供氧，保证好氧微生物降解有机污染物对氧的需求，使水中维持一定浓度的溶解氧。另外，对于活性污泥法生化池，曝气也起到搅拌混匀的作用，保证活性污泥悬浮以及活性污泥、污染物、溶解氧等充分混合接触。曝气能耗一般占活性污泥法处理系统能耗的 60%～70%。因此，了解曝气设备充氧性能、掌握氧传质系数测定方法和曝气效果的影响因素，对于高效曝气设备开发、曝气池工程设计、工程运行管理等方面均具有重要意义。本实验通过学习测定脱氧清水的氧传递系数、充氧能力、动力效率及氧利用效率，帮助学生掌握曝气充氧过程及其基本原理，熟悉影响曝气充氧效率的关键因素。

（1）实验目的

1）加深理解曝气充氧的原理及影响因素。

2）掌握曝气设备充氧性能的测定方法。

3）测定曝气设备的氧传质系数、充氧能力、动力效率及氧利用效率。

（2）实验原理

常用曝气设备有机械曝气和鼓风曝气，其中鼓风曝气应用更为广泛。鼓风曝气通过将压缩空气输送至池底并借助曝气头装置，促进曝气池内氧从气相向液相中传递，双膜理论是阐述相应传质过程的经典理论。

1）双膜理论假设

双膜理论如图 8-7 所示，基于以下假设：

①相互接触的气、液两相流体间存在着稳定的相界面，界面两侧各有一个很薄的停滞层。

②氧气分子通过停滞层由气相主体扩散进入液相主体。

③在相界面处，气液两相可瞬时达到平衡，界面上没有传质阻力，氧气分子在界面上的两相组成存在平衡关系。

④在停滞层外的气液两相主体中，由于流体充分湍动，不存在浓度梯度，物质组成均匀。

⑤氧气分子的传质阻力集中于液相膜层内。

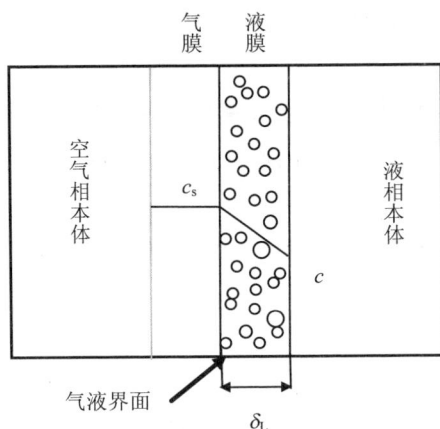

图 8-7　双膜理论示意图

2）氧传质系数 K_{La}

在曝气池内空气以小气泡形式分散，气液界面单位面积单位时间内的氧气传质量 v_d 应用菲克定律表达为

$$v_d = -D \frac{\mathrm{d}c}{\mathrm{d}\delta} \tag{8-35}$$

式中，v_d——气液界面氧传质速率，g/（cm^2·s）；

　　　D——氧分子在液膜的扩散系数，cm^2/s；

　　　$\mathrm{d}c$——液膜内溶解氧微分浓度差；

　　　$\mathrm{d}\delta$——液膜 δ_L 内的厚度元。

式（8-35）两边乘以曝气池内气液界面总面积 A，式（8-35）转化为曝气池内单位时间内氧气传质量 $\mathrm{d}m/\mathrm{d}t$：

$$\frac{\mathrm{d}m}{\mathrm{d}t} = A v_d = -AD \frac{\mathrm{d}c}{\mathrm{d}\delta} \tag{8-36}$$

气液界面氧气传质阻力集中于液膜，由于液膜很薄，微分 $\mathrm{d}c/\mathrm{d}\delta$ 可以用 $(c_s-c)/\delta_L$ 代替，式（8-36）变形：

$$\frac{\mathrm{d}m}{\mathrm{d}t} = \frac{D}{\delta_L} A(c_s-c) = K_L A(c_s-c) \tag{8-37}$$

式中，$\mathrm{d}m/\mathrm{d}t$——曝气池内单位时间氧在气液界面的传质量，mg/min；

δ_L——液膜厚度，cm；

c_s——一定条件下氧的饱和溶解度，mg/L；

c——实际溶解氧浓度，mg/L；

K_L——D/δ_L，cm/min；

c_s-c——液膜两侧溶解氧浓度差，即氧传质推动力，mg/L。

对式（8-37）两边除以反应器的有效容积 V，得

$$\frac{\dfrac{\mathrm{d}m}{\mathrm{d}t}}{V}=\frac{\mathrm{d}c}{\mathrm{d}t}=\frac{D}{\delta}\frac{A}{V}(c_s-c)=K_{La}(c_s-c) \tag{8-38}$$

式中，A——单位曝气池有效容积内气液界面面积，m²/m³；

K_{La}——氧传质系数，min⁻¹。

得

$$\frac{\mathrm{d}c}{\mathrm{d}t}=K_{La}(c_s-c) \tag{8-39}$$

从式（8-39）可知，可通过以下手段提高氧传质速率：

①提高混合强度，减少液膜厚度，降低液膜对氧的扩散阻力。

②良好曝气，使空气充分分散为细小气泡，增大气液界面面积。

③加快溶解氧的转移，减小 c。

对式（8-39）积分得

$$\ln\left(\frac{c_s}{c_s-c}\right)=K_{La}t \tag{8-40}$$

$$\ln(c_s-c)=\ln(c_s)-K_{La}t \tag{8-41}$$

对于脱氧清水，式（8-40）和式（8-41）中，$t=0$ 时，$c=0$。

曝气设备充氧性能测定方法有间歇式非稳态法和连续稳态法，其中间歇式非稳态法最为常用。该方法是将水注入一定水位，既不排水也不进水。在池内投入一定量的无水亚硫酸钠为还原剂、氯化钴为氧化还原催化剂，将池内水中原有溶解氧完全还原，使曝气开始时 DO 浓度值为零。然后曝气，池内溶解氧浓度随充氧时间而变化。每隔一定时间取出一定体积的水样，测定这个时间下的 DO。得到一组 c-t 数据，按式（8-40）或式（8-41）作图，该直线的斜率即为氧传质系数 K_{La}。当充氧时间足够长时，池内水中氧浓度可达到饱和溶解氧浓度 c_s。

3）曝气设备性能评价指标

为便于评价曝气设备性能，曝气设备说明书会列出的指标主要有氧传质系数 $K_{La(20)}$、充氧能力 $Q_{s(20)}$、动力效率 E_p 和氧利用效率 E_A，均为清水在一个大气压、20℃下测得的数值。由于曝气方式不同，鼓风曝气装置和机械曝气装置的性能评价指标也会有所差别，前 3 个指标对两种曝气方式均适用，而氧利用效率只适用于鼓风曝气装置。

①氧传质系数 $K_{La\,(20)}$。

$K_{La\,(20)}$ 与 $K_{La\,(T)}$ 之间可通过式（8-42）进行换算，在已知 $K_{La\,(20)}$ 的情况下，可计算不同温度下的氧传质系数 K_{La} 值。

$$K_{La(T)} = K_{La(20)} \times 1.024(T - 20) \tag{8-42}$$

式中，$K_{La\,(T)}$ ——水温为 T℃时的氧传质系数，h^{-1};

　　$K_{La\,(20)}$ ——水温为 20℃时的氧传质系数，h^{-1};

　　T ——实验水温，℃;

　　1.024——温度系数。

从式（8-42）可知，在活性污泥法中，空气在混合液中扩散供氧给微生物，水温会对氧传质系数产生影响，水温升高，K_{La} 值增大。

除水温外，污水水质和气压也会对氧传质过程产生影响。污水中含有的各种杂质，尤其是表面活性剂，会在气液界面处富集形成一层分子膜，增加氧传递阻力，影响氧分子的扩散传输，使污水中氧传质系数 K_{La} 值降低，并同时影响水中饱和溶解氧 c_s，其影响程度可以分别用修正系数 α 和 β 表示。

$$\alpha = \frac{K_{La(污水)}}{K_{La(清水)}} \tag{8-43}$$

$$\beta = \frac{c_{s(污水)}}{c_{s(清水)}} \tag{8-44}$$

测定 α 和 β 时，应该采用同一曝气设备在相同条件下测定清水和污水中的氧传质系数 K_{La} 和饱和溶解氧值 c_s。一般情况下，生活污水的 α 值为 0.4～0.5，城市污水处理厂出水的 α 值为 0.9～1.0；生活污水的 β 值为 0.9～0.95，混合液的 β 值为 0.9～0.97。因此，已知清水 K_{La} 值和 c_s 值时，可通过式（8-43）和式（8-44）估算污水 K_{La} 值和 c_s 值。

气压主要通过影响水中饱和溶解氧值 c_s，从而影响氧总传质系数 K_{La}，其对 c_s 值的影响如下：

$$c_{s(T)} = \frac{p}{1.013\,25 \times 10^5} c_{s(20)} = \beta c_{s(20)} \tag{8-45}$$

式中，$c_{s\,(T)}$ ——压力 p 条件下的饱和溶解氧，mg/L;

　　p ——实验时的大气压，Pa;

　　$c_{s\,(20)}$ ——20℃、1 个标准大气压下的饱和溶解氧，mg/L;

　　β ——修正系数，量纲一。

当采用表面曝气时，可直接运用式（8-45）计算，无须考虑水深影响。若采用鼓风曝气时，空气扩散器常放置于近池底处，由于氧溶解度会受到进入曝气池的空气中氧分压的影响，池底处氧分压增大，但气泡上升过程中氧分压逐渐降低。计算饱和溶解氧时，应考虑水深的影响，一般以扩散器至水面 1/2 距离处的饱和溶解氧浓度作为计算依据，可按式（8-46）计算：

$$c_{s\,(T)} = c_{s(20)}\left(\frac{p_b}{2.026\times10^5} + \frac{O_t}{42}\right) \tag{8-46}$$

式中，p_b——曝气设备空气出口处的绝对压力，$p_b = p + 9.8H$，Pa；

　　H——曝气设备的水深，m；

　　O_t——气泡上升到水面时的含氧比例，$O_t = \dfrac{21\times(1-E_A)}{79+21\times(1-E_A)}\times100\%$；

　　E_A——曝气设备的氧利用效率，与曝气设备本身性能有关。

　　因此，已知 1 个标准大气压下饱和溶解氧值，可求算出实际压力下的饱和溶解氧值。

　　综上所述，通过间歇非稳态测定法，获得不同取样时间点处的溶解氧值，绘制曲线，按式（8-40）和式（8-41）进行线性拟合，所得直线的斜率即为氧传质系数 K_{La}，对应可达到的溶解氧最大值为饱和溶解氧值 c_s，此方法求得的数值为实测结果。如果已知标准条件下的氧传质系数 $K_{La\,(20)}$ 或 $c_{s\,(20)}$，可代入式（8-42）～式（8-46），计算实际条件下的氧传质系数 $K_{La\,(T)}$ 或 $c_{s\,(T)}$。

　　②充氧能力 $Q_{s\,(20)}$。

　　曝气设备充氧能力 $Q_{s\,(20)}$ 是指曝气设备在单位时间内向液体中充入的氧量，即在标准条件下，转移到一定体积脱氧清水中的总氧量，单位为 kg/h：

$$Q_{s(20)} = K_{La(20)}c_{s(20)}V \tag{8-47}$$

式中，$c_{s\,(20)}$——1 个大气压、20℃时饱和氧值，9.17 mg/L。

　　③动力效率 E_p。

　　动力效率 E_p 是指每消耗 1 kW·h 的能量传递到水中的氧量，单位为 kg/（kW·h）。动力效率将曝气供氧与所消耗能量相关联，是一个经济价值评价指标，其数值将影响污水处理厂的运行费用。

$$E_p = \frac{Q_s V}{N} \tag{8-48}$$

式中，V——被曝气液体的体积，m^3；

　　N——理论功率，即在不计管路、电机的能量损失条件下曝气充氧所消耗的功率，kW·h，计算式为 $\dfrac{Q_b H_b}{102\times3.6}$，在实验条件下，可以直接代入电动机的输入功率进行计算。其中，H_b 为风压，曝气设备上读取，MPa；Q_b 为风量，通过曝气设备上的流量计及曝气时间计算，m^3/h。

　　由于风压受温度、大气压强的影响，一般需要进行如下修正：

$$Q_b = Q_{b0}\sqrt{\frac{P_{b0}T_b}{P_b T_{b0}}} \tag{8-49}$$

式中，Q_{b0}——鼓风曝气的实际风量或仪表的刻度流量，m^3/h；

P_{b0}——标定时气体的绝对压力，0.1 MPa；

T_{b0}——标定时气体的绝对温度，293 K；

P_b——被测气体的实际绝对压力，MPa；

T_b——被测气体的实际绝对温度，（273+t）K。

④氧利用效率 E_A。

氧利用效率 E_A 是指通过鼓风曝气系统转移到混合液中的氧量占总供氧量的百分比，单位为%。

$$E_A = \frac{Q_s W}{Q \times 0.28} \times 100\% \tag{8-50}$$

式中，Q——标准状态下（101.325 kPa、293 K）的曝气量，可通过式（8-49）计算标准
状态下的曝气量；

0.28——标准状态下 1 m^3 空气中所含氧的量；

W——氧气利用率。

（3）实验设备

1）仪器：曝气充氧装置（图 8-8）、溶解氧测定仪。

2）玻璃仪器：烧杯、玻璃棒、移液管。

3）其他仪器：洗耳球。

（4）实验用试剂

1）实验用水：自来水。

2）实验药剂：无水亚硫酸钠、氯化钴。

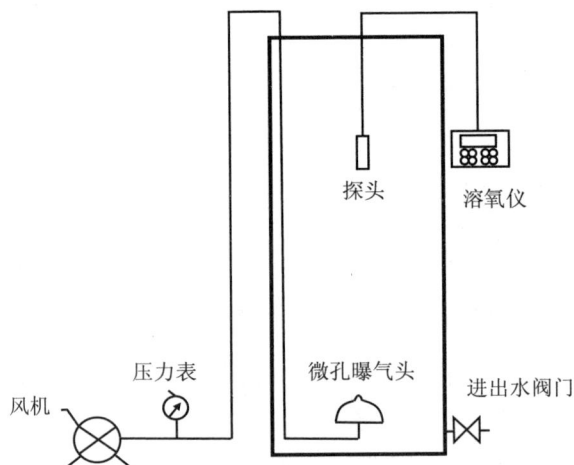

图 8-8　曝气充氧装置

（5）实验步骤

1）提前一周向曝气设备内注入一定水量的自来水至刻度（h=33 cm）处，以去除余氯。

2）将溶解氧测定仪的探头放入曝气设备内，在 V=100 条件下进行曝气直至满氧，记录满氧时水样的 DO，之后密塞。

3）DO 乘以水样的总体积 V（$V = \pi r^2 \times h$，已知曝气池的内径为 14.5 cm），可求池内溶解氧总量 T_0。

4）按以下反应方程式计算无水亚硫酸钠的投加量：

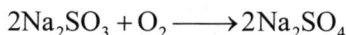

$$2Na_2SO_3 + O_2 \longrightarrow 2Na_2SO_4$$

相对分子质量之比为

$$\frac{O_2}{2Na_2SO_3} = \frac{32}{2 \times 126} \approx \frac{1}{8}$$

故无水亚硫酸钠理论用量为水中溶解氧量的 8 倍。由于水中含有部分杂质会消耗亚硫酸钠，故实际用量为理论用量的 1.5 倍，所以实验投加的亚硫酸钠量计算方法为

$$W_{亚硫酸钠} = 1.5 \times 8T_0 = 12T_0$$

5）经验表明，清水中有效钴离子浓度约为 0.4 mg/L 时，催化效果最佳，其用量的计算方法为

$$\frac{CoCl_2 \cdot 6H_2O}{Co^{2+}} = \frac{238}{59} \approx 4.0$$

因此，水样投加氯化钴的量为

$$W_{氯化钴} = V \times 0.4 \times 4.0 = 1.6V$$

6）称取所需亚硫酸钠和氯化钴于烧杯中，从曝气池水龙头处取少量水溶解。

7）用移液管分别将上述混合液送至池内的低、中、高水位处，密塞；先在 V=70 的条件下曝气 10 s，再在 V=10 的条件下曝气 1 min。

8）打开塞子，将溶解氧测定仪的探头放入池内，连续测定 DO，待其数值降至最低且较稳定后，再次用 V=70 的转速曝气，记录下每隔 1 min 对应的 DO，直到 DO 上升至最大且较稳定，此即为饱和溶解氧 c_s。

（6）注意事项

1）溶解氧测定仪使用前应先检查探头内有无电解液，预热 30 min 后对仪器进行满氧及零氧校准。

2）亚硫酸钠和氯化钴应充分溶解后，借助移液管均匀加至水箱中，防止搅拌浆混合不均匀导致 DO 波动。

3）应提前一周向曝气设备注入一定量的自来水，静置以去除余氯的干扰。

（7）实验记录

表 8-20　相关参数记录

室温/℃：　　　　　　　　　　　　　　　　　　水温/℃：

参数		数据记录
水箱	直径/m	
	水深/m	
	容积/m³	
运行条件	转速/（r/min）	
	电动机输入功率/（kW·h）	
投药	氯化钴投加量/g	
	亚硫酸钠投加量/g	

表 8-21　原始数据记录

饱和溶解氧理论值/（mg/L）：　　　　　　饱和溶解氧实测值/（mg/L）：

充氧过程/min	水中实测溶解氧/（mg/L）
1	
2	
3	
4	
5	
6	
7	
8	
……	

（8）数据处理

1）将时间点与对应溶解氧浓度的数据代入式（8-40）或式（8-41）作图并线性拟合，所得直线的斜率即为该条件下的氧传质系数 $K_{La(T)}$。

2）将实测的氧传质系数 $K_{La(T)}$ 代入式（8-42），计算 20℃下的氧传质系数 $K_{La(20)}$。

3）将求得的氧传质系数 $K_{La(20)}$ 代入式（8-47），计算标准条件下的充氧能力 Q_s。

4）按式（8-48）计算标准条件下的动力效率 E_p。

（9）结果分析

本实验所用曝气设备为机械曝气，综合标准条件下（清水、1 个大气压、20℃）的氧传质系数 $K_{La(20)}$、充氧能力 $Q_{s(20)}$ 和动力效率 E_p，评价该曝气设备的充氧性能。

（10）思考题

1）简述曝气充氧原理。

2）论述水温、搅拌速度、气泡尺寸对氧传质系数 K_{La} 的影响。

3）在测定设备的曝气充氧性能时，间歇非稳态法和连续稳态法各适用于什么场合？

4）为何评价曝气设备的充氧性能指标时，均是以清水在标准条件下测得的数值为准？

5）采用亚硫酸钠作为还原剂会导致实验结果产生哪些偏差？如何消除？

第 9 章

水污染控制消毒工艺实验

9.1 折点加氯消毒实验

污水经物理、化学、生物等工艺处理后,仍需经过杀菌消毒处理后才能排放至受纳水体或用于农业灌溉、景观水补充、园林绿化等,主要目的是去除水中细菌、病毒等致病微生物,防止病原体传播而对生态环境与居民健康造成威胁。生活污水和工业废水中含有大量细菌、病毒等病原微生物,常规物理、化学、生物等方法均无法有效去除,例如,城市污水处理系统中普通生物滤池只能去除 80%~90%大肠杆菌,而活性污泥法也只能去除 90%~95%。因此,消毒杀菌工艺一般位于污水处理工艺流程的末端,常采用的消毒剂有液氯、次氯酸钠、臭氧、二氧化氯等,也有采用紫外消毒方法对污水进行杀菌消毒的。液氯消毒法具有工艺成熟、效果稳定、操作简单、成本低等优势,广泛应用于生活污水、工业废水等水处理工程。本实验通过折点加氯消毒实验,帮助学生掌握折点加氯消毒的基本原理及其实验技术,为经济合理投加消毒剂提供理论支撑。

(1)实验目的

1)掌握折点加氯消毒的基本原理与实验技术。

2)探讨水中氨氮对液氯投加量的影响,分析水中游离性余氯、化合性余氯及总余氯量与投氯量的关系。

(2)实验原理

液氯具有强氧化性,易于溶于水,常用于工业漂白、污水消毒等领域,其中液氯主要通过以下 3 种方式实现杀菌消毒:

1)当原水中不含氨氮时,向水中投加液氯能够生成次氯酸(HClO)及次氯酸根(ClO⁻),反应式为

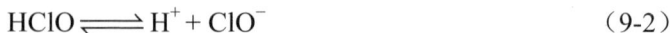

$$Cl_2 + H_2O \rightleftharpoons HClO + H^+ + Cl^- \tag{9-1}$$

$$HClO \rightleftharpoons H^+ + ClO^- \tag{9-2}$$

次氯酸及次氯酸根均有消毒作用，但前者消毒效果较好。由于细菌表面带负电，次氯酸作为中性分子，更易扩散至细菌内部，从而破坏细菌的酶系统、妨碍细菌的新陈代谢，并最终导致细菌死亡。水中次氯酸及次氯酸根称为游离性氯。

2）当原水中含有氨氮时，加氯后能生成次氯酸和氯胺，均具有消毒作用，反应式为

$$Cl_2 + H_2O \rightleftharpoons HClO + HCl \tag{9-3}$$

$$NH_3 + HClO \rightleftharpoons NH_2Cl + H_2O \tag{9-4}$$

$$NH_2Cl + HClO \rightleftharpoons NHCl_2 + H_2O \tag{9-5}$$

$$NHCl_2 + HClO \rightleftharpoons NCl_3 + H_2O \tag{9-6}$$

综上所述，加氯后水中可能会同时存在次氯酸（$HClO$）、一氯胺（NH_2Cl）、二氯胺（$NHCl_2$）和三氯胺（NCl_3，又名三氯化氮），在平衡状态下的含量比例取决于氨氮与氯的相对浓度、pH 和温度。

①当 pH=7～8，反应生成物不断消耗时，1 mol 的氯与 1 mol 的氨作用能生成 1 mol 的一氯胺，此时氯与氨氮（以 N 计，下同）的质量比为 71∶14≈5∶1。

②当 pH=7～8，2 mol 的氯与 1 mol 的氨作用能生成 1 mol 的二氯胺，此时氯与氨氮的质量比约为 10∶1。

③当 pH=7～8，氯与氨氮质量比大于 10∶1 时，将生成三氯胺和游离氯。随着投氯量的不断增加，水中游离氯也将逐渐增加。

一旦生成氯胺，将依据式（9-4）～式（9-6）水解生成次氯酸起消毒作用。只有当水中 $HClO$ 因消毒或其他原因消耗后，相应水解反应才向左进行，继续生成次氯酸。因此，当水中余氯主要是以氯胺形式存在时，消毒作用比较缓慢。氯胺消毒法的接触时间不应短于 2 h。水中 NH_2Cl、$NHCl_2$ 和 NCl_3 统称为化合性氯，其消毒效果不如游离性氯。

3）氯对铁、锰、硫化氢、有机物以及藻类等具有氧化作用。

氯具有强氧化性，能够与水中还原性物质如铁、锰等发生氧化还原反应，对部分有机物具有一定氧化降解作用，而对藻类具有一定灭活效果。若污水中含有上述物质，均会对氯产生消耗作用。

由此可知，在实际应用过程中，所投加液氯在污水中存在复杂的化学反应过程，水中余氯量会受到多种因素影响。当水中含有氨氮和其他消耗氯的物质时，投氯量与余氯量的关系如图 9-1 所示。

图 9-1 中 OA 段投氯量太少，故余氯量为 0，AB 段的余氯主要为一氯胺；BC 段随着投氯量的增加，一氯胺与次氯酸作用，部分成为二氯胺见式（9-5），另一部分反应见式（9-7）：

$$2NH_2Cl + HClO = N_2\uparrow + 3HCl + H_2O \tag{9-7}$$

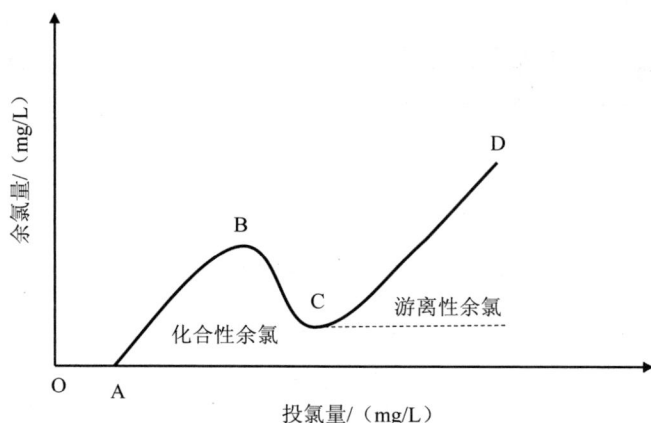

图 9-1 投氯量与余氯量的关系

最终导致 BC 段一氯胺及余氯（总余氯）均逐渐减少，二氯胺逐渐增加。C 点余氯值最少，称为折点。C 点后出现三氯胺和游离性氯。按大于出现折点的量来投氯称折点加氯，主要基于：

①能够去除水中大多数嗅味物质。

②有游离性余氯，消毒效果较好且具有持续消毒作用。

图 9-1 曲线的形状和接触时间有关，接触时间越长，氧化程度越深，化合性余氯则会减少，折点的余氯有可能接近于零，此时折点加氯的余氯几乎全是游离性余氯。

（3）实验设备

1）实验仪器：水箱（可装水 30 L）、多参数水质测定仪、精密电子天平、电热鼓风干燥箱。

2）玻璃仪器：容量瓶、量筒、玻璃棒、烧杯、比色管。

3）其他仪器：称量勺、移液枪及对应枪头、干燥器、温度计。

（4）实验用试剂

1）实验用水：20 L 自来水与 2 mL 氨氮溶液（1%）混合而成。

2）实验试剂：氨氮测定试剂、无水氯化铵、邻联甲苯胺、亚砷酸钠、无水磷酸氢二钾、无水磷酸二氢钾、铬酸钾、重铬酸钾、去离子水。

（5）实验步骤

1）药剂配制

①质量分数为 1%的氨氮溶液：称取 3.819 g 干燥过的无水氯化铵（NH_4Cl）溶于不含氨的去离子水中，稀释至 100 mL，其氨氮质量分数为 1%即 10 g/L。

②质量分数为 1%的漂白粉溶液：称取漂白粉 5 g 溶于 100 mL 去离子水中调成糊状，然后稀释至 500 mL 即得。其有效氯质量浓度约为 2.5 g/L。取漂白粉溶液 1 mL，用去离子水稀释至 200 mL，参照本实验所述的测余氯方法可测出余氯量。

③邻联甲苯胺溶液：称取 1 g 邻联甲苯胺，溶于 5 mL 20%盐酸中（浓盐酸 1 mL 稀释至 5 mL）并将其调成糊状，投加 150～200 mL 去离子水使其完全溶解，置于量筒中补加去离子水至 505 mL，最后加入 20%盐酸 495 mL，总体积为 1 L。此溶液放在棕色瓶内置于冷暗处保存，温度不得低于 0℃，以免产生结晶影响比色，也不要使用橡皮塞，该溶液可保存半年。

④亚砷酸钠溶液：称取 5 g 亚砷酸钠溶于去离子水中，稀释至 1 L。

⑤磷酸盐缓冲液：将分析纯无水磷酸氢二钠（Na_2HPO_4）和分析纯无水磷酸二氢钾（KH_2PO_4）放在 105～110℃烘箱内干燥 2 h，待冷却后，分别称取 22.86 g 和 46.14 g 加入去离子水中，稀释至 1 L。需静置 4 d 以上，待其中沉淀物析出后过滤。取滤液 800 mL 加去离子水稀释至 4 L，即得磷酸盐缓冲液 4 L，此溶液的 pH 为 6.45。

⑥铬酸钾-重铬酸钾溶液：称取 4.65 g 分析纯干燥铬酸钾（K_2CrO_4）和 1.55 g 分析纯干燥重铬酸钾（$K_2Cr_2O_7$）溶于磷酸盐缓冲液中，并用磷酸盐缓冲液稀释至 1 L。

⑦余氯标准比色溶液：按表 9-1 所需的铬酸钾-重铬酸钾溶液，用移液枪加到 100 mL 比色管中，再用磷酸盐缓冲液稀释至所需刻度，记录其相当于氯的 mg/L 数，即得余氯标准比色溶液。

表 9-1　余氯标准比色溶液的配制

氯/（mg/L）	铬酸钾-重铬酸钾溶液/（mg/L）	缓冲液/（mg/L）	氯/（mg/L）	铬酸钾-重铬酸钾溶液/（mg/L）	缓冲液/（mg/L）
0.01	0.1	99.9	0.70	7.0	93.0
0.02	0.2	99.8	0.80	8.0	92.0
0.05	0.5	99.5	0.90	9.0	91.0
0.07	0.7	99.3	1.00	10.0	90.0
0.10	1.0	99.0	1.50	15.0	85.0
0.15	1.5	98.5	2.00	19.7	80.3
0.20	2.0	98.0	3.00	29.0	71.0
0.25	2.5	97.5	4.00	39.0	61.0
0.30	3.0	97.0	5.00	48.0	52.0
0.35	3.5	96.5	6.00	58.0	42.0
0.40	4.0	96.0	7.00	68.0	32.0
0.45	4.5	95.5	8.00	77.5	22.5
0.50	5.0	95.0	9.00	87.0	13.0
0.60	6.0	94.0	10.00	97.0	3.0

2）折点加氯实验

①测定水样温度及氨氮含量。

②在 12 个 2 000 mL 烧杯中各加入原水 1 000 mL。

③当加氯量为 0 mg/L、1 mg/L、2 mg/L、4 mg/L、6 mg/L、8 mg/L、10 mg/L、12 mg/L、14 mg/L、16 mg/L、18 mg/L、20 mg/L 时，计算质量分数为 1%的漂白粉溶液的投加量（mL）。

④往 12 个装有 1 000 mL 原水的烧杯中依次投加计算量的漂白粉溶液，快速混匀 2 h 后，立即采用邻联甲苯胺亚砷酸盐比色法，测定各烧杯水样的游离氯、化合氯及总余氯的量，具体测定步骤如表 9-2 所示。

表 9-2　邻联甲苯胺亚砷酸盐比色法测样步骤

步骤	内容
1	取 3 支 100 mL 比色管，标注甲、乙、丙
2	吸取烧杯 100 mL 水样投加于甲管中，并立即投加 1 mL 邻联甲苯胺溶液，立刻混合，迅速投加 2 mL 亚砷酸钠溶液，混匀，越快越好；2 min 后（从邻联甲苯胺溶液混匀后算起），立刻与余氯标准比色溶液比色，记录结果为 A； A 表示该水样游离余氯和干扰性物质与邻联甲苯胺迅速混合后所产生的颜色
3	吸取烧杯 100 mL 水样投加于乙管中，立刻投加 2 mL 亚砷酸钠溶液，混匀，迅速加入 1 mL 邻联甲苯胺溶液，混匀，2 min 后立刻与余氯标准比色溶液比色，记录结果为 B_1；待相隔 15 min（从加入邻联甲苯胺溶液混匀后算起）后，再取乙管水样与余氯标准比色溶液比色，记录结果为 B_2； B_1 代表干扰物质与邻联甲苯胺溶液迅速混合后所产生的颜色，B_2 代表干扰物质与邻联甲苯胺溶液混合 15 min 后所产生的颜色
4	吸取烧杯水样 100 mL 加于丙管中，立刻加入 1 mL 邻联甲苯胺溶液，立刻混匀，静置 15 min，再与余氯标准比色溶液比色，记录结果为 C； C 代表总余氯和干扰物质与邻联甲苯胺溶液混合 15 min 后所产生的颜色

（6）注意事项

1）各水样加氯的接触时间应尽可能相同或接近，以利于互相比较。

2）比色测定应在光线均匀的地方或灯光下，不宜在阳光直射下进行。

3）所用漂白粉的存放时间最好不要超过几个月，漂白粉应密闭存放，避免受热受潮。

（7）实验记录

表 9-3　原水相关实验数据记录

编号	水温/℃	氨氮含量/（mg/L）	漂白粉溶液含氯量/（mg/L）	漂白粉溶液投加量/mL	加氯量/（mg/L）
1					
2					
3					
4					
5					
6					
7					
8					
9					
10					
11					
12					

表 9-4　比色结果记录

编号	比色结果			
	A	B_1	B_2	C
1				
2				
3				
4				
5				
6				
7				
8				
9				
10				
11				
12				

（8）数据处理

根据比色结果，计算总余氯、游离性余氯及化合性余氯的值，绘制总余氯、游离性余氯及化合性余氯与投氯量的关系曲线。

（9）结果分析

分析该水样（含氨氮）与不同氯量接触一定时间后，水中总余氯、游离性余氯及化合性余氯的变化情况，以及 3 种氯含量与投氯量之间的关系。

（10）思考题

1）水中含有氨氮时，投氯量-余氯量关系曲线为何出现折点？

2）影响投氯量的因素有哪些？

3）本实验原水若采用折点加氯消毒，应采用多大的投氯量？

9.2　臭氧消毒与深度氧化实验

臭氧在常温常压下为无色气体，可溶于水，在常温常压下臭氧的溶解度比氧高约 13 倍，比空气高 25 倍。臭氧水溶液的稳定性受水质影响较大，尤其金属离子存在时，臭氧可迅速分解为氧。臭氧具有强氧化性，能迅速氧化降解水中有机物，广泛应用于水处理领域，如饮用水处理、污水处理、泳池净化、工业废水处理等，具有反应速率快、无二次污染等优点。同时，臭氧具有灭菌作用，对水中细菌、病毒等病原微生物具有较高的灭活率，也被广泛应用于消毒工艺中。值得注意的是，臭氧作为消毒工艺，能有效降低卤代消毒副产物的产生，但需要现场制备。由于臭氧兼具有机物氧化降解与灭菌消毒功能，现多被难降解工业废水处理厂应用于末端消毒工艺，在有效灭活病原微生物的同时，进一步降解有机物，提高出水水质。通过臭氧消毒与深度氧化实验，帮助学生了解臭氧灭菌消毒同步降解有机物的能力，加深对臭氧氧化法工艺基本原理及其工艺条件的理解。

（1）实验目的

1）加深对臭氧灭活大肠杆菌与氧化降解有机污染物原理的理解。

2）了解臭氧工艺的实验方法与装置。

3）了解臭氧灭菌消毒与氧化降解有机物的工艺条件。

（2）实验原理

臭氧是氧气的同素异形体，具有强氧化性质，其氧化还原电位仅次于氟和羟基自由基，能够有效杀菌消毒和氧化降解水中有机污染物。

臭氧的灭菌消毒作用主要是由于：

①臭氧的氧化能力强，与微生物的细胞膜、核酸和其他生物分子发生反应，导致细胞膜的氧化损伤和破裂，使细菌或病毒失活。

②能够穿透细胞壁，侵入微生物的细胞膜，与脂质相互作用，导致细胞膜的氧化损伤和破裂，从而破坏微生物的保护屏障。臭氧能够干扰微生物体内的酶活性，阻止其正常的代谢过程和生物学功能，也能与核酸结合，导致 DNA 或 RNA 链断裂、碱基突变等，从而导致微生物无法增殖。

臭氧灭菌消毒示意图见图 9-2。

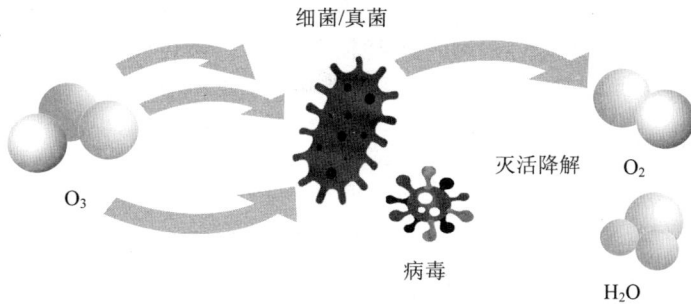

图 9-2　臭氧灭菌消毒示意图

臭氧的有机物氧化降解作用主要是由于：

①臭氧能直接氧化有机物，攻击有机物不饱和键并发生加成反应，形成臭氧化物，进一步分解形成醛、酮等羰基化合物和水。臭氧也倾向于攻击有机物电子云密度高的基团，尤其是芳香族化合物，易氧化生成带有羧基的脂肪族化合物。

②臭氧对有机物具有间接氧化作用，与水反应生成羟基自由基，进而氧化降解水中有机物。

臭氧是一种绿色氧化剂，无二次污染，且不会产生卤代消毒副产物，在污水处理过程中作用速度快、安全可靠。然而，臭氧只能现场制备，且制备能耗大、成本高。目前，主要采用电晕放电方法制备臭氧，干燥空气在臭氧发生器内经高压放电，产生浓度为 $10\sim12$ mg/L 的臭氧化空气，直接输送至臭氧消毒池内或氧化反应器内。

（3）实验设备

1）实验仪器：臭氧发生器、氧气瓶、磁力搅拌仪、精密电子天平、电热鼓风干燥箱、多参数水质测定仪、恒温培养箱、高温蒸汽灭菌锅、超净台。

2）玻璃仪器：锥形瓶、量筒、培养皿、比色管、消解管。

3）其他仪器：流量计、计时器、曝气头、移液枪及对应枪头。

（4）实验用试剂

1）实验用水：将 2 L 大肠杆菌菌液（10^4 CFU/mL）中加入 20 mL 亚甲基蓝溶液（1 000 mg/L）作为模拟污水。

2）实验试剂：BL 琼脂培养基、COD 测定试剂。

（5）实验步骤

1）臭氧作用时间的影响

①取 300 mL 模拟污水，加入锥形瓶中，置于磁力搅拌仪上。

②按照图 9-3 连接臭氧氧化反应装置，打开氧气瓶分压阀，调整压力为 0.1 MPa，启动臭氧发生器，调整氧气进气流量为 1.0 L/min，分别在 0 min、5 min、10 min、20 min、30 min、45 min、60 min 取样 5 mL，测定水中 COD。将水样逐级稀释后，各取 100 μL

涂布于 BL 琼脂培养基上，在 37℃恒温培养箱中培养 24 h，选择菌落数在 15～150 CFU 的平板，统计平板上的菌落数，再乘以稀释倍数，获得水中大肠杆菌浓度。

③另取 300 mL 模拟污水于锥形瓶中，置于磁力搅拌仪上，不加臭氧作为对照组，按照相同时间节点取样，测定水中 COD 和大肠杆菌浓度。

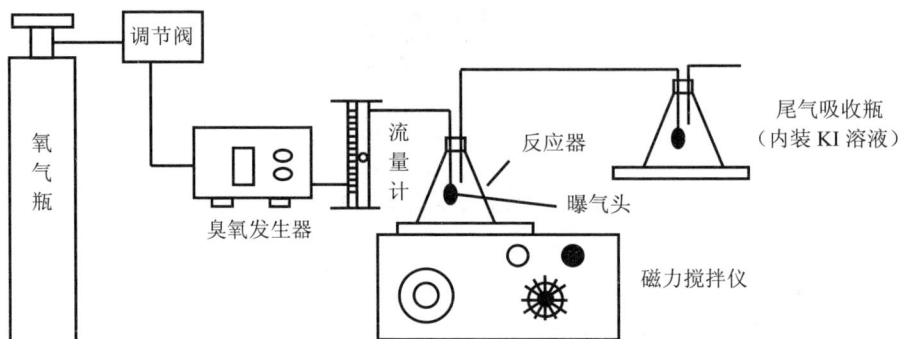

图 9-3　臭氧氧化反应装置

2）臭氧投加量的影响

①取 300 mL 模拟污水，分别加入 5 个锥形瓶中。

②连接反应装置，打开氧气瓶分压阀，启动臭氧发生器，分别调节氧气进气流量为 0 L/min、0.5 L/min、1.0 L/min、1.5 L/min、2.0 L/min，在最佳反应时间条件下取样 5 mL，测定水中 COD 和大肠杆菌浓度。

（6）注意事项

1）实验前应熟悉设备情况，了解阀门与仪表用途，臭氧发生器应按照操作规范进行开启与关闭。

2）大肠杆菌涂板时应在超净台内或无菌条件下操作。

3）臭氧有毒性，实验时保持通风。

4）实验结束后，应先切断臭氧发生器电源，再关闭氧气瓶分压阀，最后关闭其他阀门和仪器。

（7）实验记录

表 9-5　臭氧作用时间的影响实验数据记录

臭氧流量/ （L/min）	时间/ min	对照组		臭氧氧化		COD 去除率/%	灭菌率/ %
		COD/ （mg/L）	大肠杆菌/ （CFU/mL）	COD/ （mg/L）	大肠杆菌/ （CFU/mL）		
	0						
	5						
	10						

臭氧流量/ （L/min）	时间/ min	对照组		臭氧氧化		COD 去除率/%	灭菌率/ %
		COD/ （mg/L）	大肠杆菌/ （CFU/mL）	COD/ （mg/L）	大肠杆菌/ （CFU/mL）		
	20						
	30						
	45						
	60						

表 9-6　臭氧投加量的影响实验数据记录

时间/ min	臭氧流量/ （L/min）	对照组		臭氧氧化		COD 去除率/%	灭菌率/ %
		COD/ （mg/L）	大肠杆菌/ （CFU/mL）	COD/ （mg/L）	大肠杆菌/ （CFU/mL）		
	0						
	0.5						
	1.0						
	1.5						
	2.0						

（8）数据处理

1）计算不同臭氧处理时间和臭氧投加量条件下的 COD 去除率和灭菌率。

2）以处理时间为横坐标、COD 去除率或灭菌率为纵坐标，绘制处理时间与 COD 去除率或灭菌率的关系曲线。

3）以臭氧投加量为横坐标、COD 去除率或灭菌率为纵坐标，绘制臭氧投加量与 COD 去除率或灭菌率的关系曲线。

（9）结果分析

分析臭氧灭活大肠杆菌和氧化降解亚甲基蓝染料的最佳处理时间与投加量，评价臭氧灭菌和氧化降解有机物的性能。

（10）思考题

1）臭氧灭菌或氧化降解有机物后生成的副产物是什么？

2）如何提高臭氧灭菌或氧化降解有机物的效能？

3）若以干燥空气作为气源会对臭氧氧化降解效能产生什么影响？

附　录

附录 1　常用正交实验表

附表 1　$L_4(2^3)$ 正交表

实验号	列号		
	1	2	3
1	1	1	1
2	1	2	2
3	2	1	2
4	2	2	1

附表 2　$L_8(2^7)$ 正交表

实验号	列号						
	1	2	3	4	5	6	7
1	1	1	1	1	2	1	1
2	1	1	1	2	1	2	2
3	1	2	2	1	2	2	2
4	1	2	2	2	1	1	1
5	2	1	2	1	2	1	2
6	2	1	2	2	1	2	1
7	2	2	1	1	2	2	1
8	2	2	1	2	1	1	2

附表 3　$L_{16}(2^{15})$ 正交表

实验号	列号														
	1	2	3	4	5	6	7	8	9	10	11	12	13	14	15
1	1	1	1	1	1	1	1	1	1	1	1	1	1	1	1
2	1	1	1	1	1	1	1	2	2	2	2	2	2	2	2

实验号	列号														
	1	2	3	4	5	6	7	8	9	10	11	12	13	14	15
3	1	1	1	2	2	2	2	1	1	1	1	2	2	2	2
4	1	1	1	2	2	2	2	2	2	2	2	1	1	1	1
5	1	2	2	1	1	2	2	1	1	2	2	1	1	2	2
6	1	2	2	1	1	2	2	2	2	1	1	2	2	1	1
7	1	2	2	2	2	1	1	1	1	2	2	2	2	1	1
8	1	2	2	2	2	1	1	2	2	1	1	1	1	2	2
9	2	1	2	1	2	1	2	1	2	1	2	1	2	1	2
10	2	1	2	1	2	1	2	2	1	2	1	2	1	2	1
11	2	1	2	2	1	2	1	1	2	1	2	2	1	2	1
12	2	1	2	2	1	2	1	2	1	2	1	1	2	1	2
13	2	2	1	1	2	2	1	1	2	2	1	1	2	2	1
14	2	2	1	1	2	2	1	2	1	1	2	2	1	1	2
15	2	2	1	2	1	1	2	1	2	2	1	2	1	1	2
16	2	2	1	2	1	1	2	2	1	1	2	1	2	2	1

附表4 $L_{12}(2^{11})$ 正交表

实验号	列号										
	1	2	3	4	5	6	7	8	9	10	11
1	1	1	1	2	2	1	2	1	2	2	1
2	2	1	2	1	2	1	1	2	2	2	2
3	1	2	2	2	2	2	1	2	2	1	1
4	2	2	1	1	2	2	2	2	1	2	1
5	1	1	1	2	1	2	2	2	1	2	2
6	2	1	2	1	1	2	2	1	2	1	1
7	1	2	2	1	1	1	2	2	2	1	2
8	2	2	1	2	1	2	1	1	2	2	2
9	1	1	1	1	2	2	1	1	1	1	2
10	2	1	1	2	1	1	2	1	1	1	1
11	1	2	2	1	1	1	1	1	1	2	1
12	2	2	2	2	2	1	2	1	1	1	2

附表5　L₉（3⁴）正交表

实验号	列号			
	1	2	3	4
1	1	1	1	1
2	1	2	2	2
3	1	3	3	3
4	2	1	3	3
5	2	2	2	1
6	2	3	1	2
7	3	1	3	2
8	3	2	1	3
9	3	3	2	1

附表6　L₂₇（3¹³）正交表

实验号	列号												
	1	2	3	4	5	6	7	8	9	10	11	12	13
1	1	1	1	1	1	1	1	1	1	1	1	1	1
2	1	1	1	1	2	2	2	2	2	2	2	2	2
3	1	1	1	1	3	3	3	3	3	3	3	3	3
4	1	2	2	2	1	1	1	2	2	2	3	3	3
5	1	2	2	2	2	2	2	3	3	3	1	1	1
6	1	2	2	2	3	3	3	1	1	1	2	2	2
7	1	3	3	3	1	1	1	3	3	3	2	2	2
8	1	3	3	3	2	2	2	1	1	1	3	3	3
9	1	3	3	3	3	3	3	2	2	2	1	1	1
10	2	1	2	3	1	2	3	1	2	3	1	2	3
11	2	1	2	3	2	3	1	2	3	1	2	3	1
12	2	1	2	3	3	1	2	3	1	2	3	1	2
13	2	2	3	1	1	2	3	2	3	1	3	1	2
14	2	2	3	1	2	3	1	3	1	2	1	2	3
15	2	2	3	1	3	1	2	1	2	3	2	3	1
16	2	3	1	2	1	2	3	3	1	2	2	3	1
17	2	3	1	2	2	3	1	1	2	3	3	1	2
18	2	3	1	2	3	1	2	2	3	1	1	2	3
19	3	1	3	2	1	3	2	1	3	2	1	3	2
20	3	1	3	2	2	1	3	2	1	3	2	1	3

实验号	列号												
	1	2	3	4	5	6	7	8	9	10	11	12	13
21	3	1	3	2	3	2	1	3	2	1	3	2	1
22	3	2	1	3	1	3	2	2	1	3	3	2	1
23	3	2	1	3	2	1	3	3	2	1	1	3	2
24	3	2	1	3	3	2	1	1	3	2	2	1	3
25	3	3	2	1	1	3	2	3	2	1	2	1	3
26	3	3	2	1	2	1	3	1	3	2	3	2	1
27	3	3	2	1	3	2	1	2	1	3	1	3	2

附表7　L_{18}（$6×3^6$）正交表

实验号	列号						
	1	2	3	4	5	6	7
1	1	1	1	1	1	1	1
2	1	2	2	2	2	2	2
3	1	3	3	3	3	3	3
4	2	1	1	2	2	3	3
5	2	2	2	3	3	1	1
6	2	3	3	1	1	2	2
7	3	1	2	1	3	2	3
8	3	2	3	2	1	3	1
9	3	3	1	3	2	1	2
10	4	1	3	3	2	2	1
11	4	2	1	1	3	3	2
12	4	3	2	2	1	1	3
13	5	1	2	3	1	3	2
14	5	2	3	1	2	1	3
15	5	3	1	2	3	2	1
16	6	1	3	2	3	1	2
17	6	2	1	3	1	2	3
18	6	3	2	1	2	3	1

附表8　L$_{18}$（2×3^7）

实验号	列号							
	1	2	3	4	5	6	7	8
1	1	1	1	1	1	1	1	1
2	1	1	2	2	2	2	2	2
3	1	1	3	3	3	3	3	3
4	1	2	1	1	2	2	3	3
5	1	2	2	2	3	3	1	1
6	1	2	3	3	1	1	2	2
7	1	3	1	2	1	3	2	3
8	1	3	2	3	2	1	3	1
9	1	3	3	1	3	2	1	2
10	2	1	1	3	3	2	2	1
11	2	1	2	1	1	3	3	2
12	2	1	3	2	2	1	1	3
13	2	2	1	2	3	1	3	2
14	2	2	2	3	1	2	1	3
15	2	2	3	1	2	3	2	1
16	2	3	1	3	2	3	1	2
17	2	3	2	1	3	1	2	3
18	2	3	3	2	1	2	3	1

附表9　L$_8$（4×2^4）正交表

实验号	列号				
	1	2	3	4	5
1	1	1	1	1	1
2	1	2	2	2	2
3	2	1	1	2	2
4	2	2	2	1	1
5	3	1	2	1	2
6	3	2	1	2	1
7	4	1	2	2	1
8	4	2	1	1	2

附表 10 $L_{16}(4^5)$ 正交表

实验号	列号				
	1	2	3	4	5
1	1	1	1	1	1
2	1	2	2	2	2
3	1	3	3	3	3
4	1	4	4	4	4
5	2	1	2	3	4
6	2	2	1	4	3
7	2	3	4	1	2
8	2	4	3	2	1
9	3	1	3	4	2
10	3	2	4	3	1
11	3	3	1	2	4
12	3	4	2	1	3
13	4	1	4	2	3
14	4	2	3	1	4
15	4	3	2	4	1
16	4	4	1	3	2

附表 11 $L_{16}(4^3×2^6)$

实验号	列号								
	1	2	3	4	5	6	7	8	9
1	1	1	1	1	1	1	1	1	1
2	1	2	2	1	1	2	2	2	2
3	1	3	3	2	2	1	1	2	2
4	1	4	4	2	2	2	2	1	1
5	2	1	2	2	2	1	2	1	2
6	2	2	1	2	2	2	1	2	1
7	2	3	4	1	1	1	2	2	1
8	2	4	3	1	1	2	1	1	2
9	3	1	3	1	2	2	2	2	1
10	3	2	4	1	2	1	1	1	2
11	3	3	1	2	1	2	2	1	2
12	3	4	2	2	1	1	1	2	1
13	4	1	4	2	1	2	1	2	2

实验号	列号								
	1	2	3	4	5	6	7	8	9
14	4	2	3	2	1	1	2	1	1
15	4	3	2	1	2	2	1	1	1
16	4	4	1	1	2	1	2	2	2

附表 12　L_{16}（$4^4 \times 2^3$）

实验号	列号						
	1	2	3	4	5	6	7
1	1	1	1	1	1	1	1
2	1	2	2	2	1	2	2
3	1	3	3	3	2	1	2
4	1	4	4	4	2	2	1
5	2	1	2	3	2	2	1
6	2	2	1	4	2	1	2
7	2	3	4	1	1	2	2
8	2	4	3	2	1	1	1
9	3	1	3	4	1	2	2
10	3	2	4	3	1	1	1
11	3	3	1	2	2	2	1
12	3	4	2	1	2	1	2
13	4	1	4	2	2	1	2
14	4	2	3	1	2	2	1
15	4	3	2	4	1	1	1
16	4	4	1	3	1	2	2

附表 13　L_{16}（$4^2 \times 2^9$）正交表

实验号	列号										
	1	2	3	4	5	6	7	8	9	10	11
1	1	1	1	1	1	1	1	1	1	1	1
2	1	2	1	1	1	2	2	2	2	2	2
3	1	3	2	2	2	1	1	1	2	2	2
4	1	4	2	2	2	2	2	2	1	1	1
5	2	1	1	2	2	1	2	2	1	2	2
6	2	2	1	2	2	2	1	1	2	1	1
7	2	3	2	1	1	1	2	2	2	1	1

实验号	列号										
	1	2	3	4	5	6	7	8	9	10	11
8	2	4	2	1	1	2	1	1	1	2	2
9	3	1	2	1	2	2	1	2	2	1	2
10	3	2	2	1	2	1	2	1	1	2	1
11	3	3	1	2	1	2	1	2	1	2	1
12	3	4	1	2	1	1	2	1	2	1	2
13	4	1	2	2	1	2	2	1	2	2	1
14	4	2	2	2	1	1	1	2	1	1	2
15	4	3	1	1	2	2	2	1	1	1	2
16	4	4	1	1	2	1	1	2	2	2	1

附表 14 $L_{16}(4 \times 2^{12})$

实验号	列号												
	1	2	3	4	5	6	7	8	9	10	11	12	13
1	1	1	1	1	1	1	1	1	1	1	1	1	1
2	1	1	1	1	1	2	2	2	2	2	2	2	2
3	1	2	2	2	2	1	1	1	1	2	2	2	2
4	1	2	2	2	2	2	2	2	2	1	1	1	1
5	2	1	1	2	2	1	1	2	2	1	1	2	2
6	2	1	1	2	2	2	2	1	1	2	2	1	1
7	2	2	2	1	1	1	1	2	2	2	1	1	1
8	2	2	2	1	1	2	2	1	1	1	1	2	2
9	3	1	2	1	2	1	2	1	2	1	2	1	2
10	3	1	2	1	2	2	1	2	1	2	1	2	1
11	3	2	1	2	1	1	2	1	2	2	1	2	1
12	3	2	1	2	1	2	1	2	1	1	2	1	2
13	4	1	2	2	1	1	2	2	1	1	2	2	1
14	4	1	2	2	1	2	1	1	2	2	1	1	2
15	4	2	1	1	2	1	2	2	1	2	1	1	2
16	4	2	1	1	2	2	1	1	2	1	2	2	1

附表 15 L_{25}（5^6）

实验号	列号					
	1	2	3	4	5	6
1	1	1	1	1	1	1
2	1	2	2	2	2	2
3	1	3	3	3	3	3
4	1	4	4	4	4	4
5	1	5	5	5	5	5
6	2	1	2	3	4	5
7	2	2	3	4	5	1
8	2	3	4	5	1	2
9	2	4	5	1	2	3
10	2	5	1	2	3	4
11	3	1	3	5	2	4
12	3	2	4	1	3	5
13	3	3	5	2	4	1
14	3	4	1	3	5	2
15	3	5	2	4	1	3
16	4	1	4	2	5	3
17	4	2	5	3	1	4
18	4	3	1	4	2	5
19	4	4	2	5	3	1
20	4	5	3	1	4	2
21	5	1	5	4	3	2
22	5	2	1	5	4	3
23	5	3	2	1	5	4
24	5	4	3	2	1	5
25	5	5	4	3	2	1

附表 16 L_{12}（3×2^4）

实验号	列号				
	1	2	3	4	5
1	2	1	1	1	2
2	2	2	1	2	1
3	2	1	2	2	2
4	2	2	2	1	1

实验号	列号				
	1	2	3	4	5
5	1	1	1	2	2
6	1	2	1	2	1
7	1	1	2	1	1
8	1	2	2	1	2
9	3	1	1	1	1
10	3	2	1	1	2
11	3	1	2	2	1
12	3	2	2	2	2

附表 17 L_{12} (6×2^2)

实验号	列号		
	1	2	3
1	1	1	1
2	2	1	2
3	1	2	2
4	2	2	1
5	3	1	2
6	4	1	1
7	3	2	1
8	4	2	2
9	5	1	1
10	6	1	2
11	5	2	2
12	6	2	1

附录 2　玻璃器皿的洗涤和使用规范

玻璃器皿是水污染控制实验中常用的实验器具，其清洁与否直接影响实验结果的准确度与精密度。因此，玻璃器皿的洗涤是一项非常重要的操作，也是培养学生动手能力的第一课。洗涤的目的是去除污垢，同时须注意不能引进任何干扰物质，尤其是清洁剂。洗涤后的玻璃器皿应清洁透明，达到内外壁能被水均匀地润湿且不挂水珠，晾干后不留水痕。

（1）常用洗涤方法

1）去污粉、合成洗涤剂或肥皂洗涤

玻璃器皿如烧杯、试剂瓶、锥形瓶、量筒、试管、离心管等可用毛刷蘸洗涤剂、去污粉或肥皂水直接刷洗，然后内外均用自来水冲洗干净，再用去离子水冲洗内壁 3 次。

具有精确刻度的器皿如移液管、吸量管、容量瓶、滴定管、刻度比色管等，为保证容量的准确性，不宜用毛刷刷洗，可配制 1%～3%的洗涤剂溶液浸泡，如若洗不干净，可用其他方法清洗。

2）铬酸洗液洗涤

洗涤时尽量将待洗器皿内壁水沥干，再倒入适量铬酸洗液，转动器皿使其内壁被洗液浸润。如果器皿内污垢较严重，可用洗液浸泡一段时间，然后用自来水冲洗干净。使用过的洗液倒回原储存瓶，以备再用（直至洗液颜色变绿，则需更换）。如果用热的洗液洗涤，去污能力会更强。铬酸洗液具有强酸性和强氧化性，对各种污渍均有较好的去污能力，但对衣服、皮肤、橡胶等有腐蚀作用，使用时应特别小心。

3）酸洗液洗涤

根据污垢性质，如水垢和无机盐结垢，可直接使用不同浓度的盐酸、硝酸或硫酸溶液对器皿进行浸泡和洗涤，必要时适当加热，但加热温度不宜太高，以免酸挥发或分解。灼烧过沉淀的瓷坩埚，用盐酸溶液（浓盐酸和去离子水体积比为 1∶1）浸泡后去污更有效。酸洗适用于洗涤附在容器上的金属盐类和部分荧光物质。盐酸/乙醇（浓盐酸和乙醇的体积比为 1∶2）混合溶液也可用于被有色物质污染的比色皿、吸量管、容量瓶等器皿的洗涤。

4）碱洗液洗涤

碱洗液多为浓度 10%以上的氢氧化钠、氢氧化钾或碳酸钠溶液。碱洗液适用于洗涤油脂和有机物，可采用浸泡和浸煮的方法。高浓度碱对玻璃有腐蚀作用，接触时间不宜超过 20 min。氢氧化钠（钾）的乙醇溶液洗涤油脂的效率比有机溶剂高，但注意不能与器皿长时间接触。

5）有机溶剂洗涤

适用于洗涤聚合物、油脂和其他有机物。根据污物的性质选择适当的有机溶剂，包括丙酮、乙醚、苯、二甲苯、乙醇、三氯甲烷、四氯化碳等。可采用浸泡或擦洗的洗涤方式，但后续均须采用自来水将洗涤液彻底冲洗干净，再用去离子水洗涤 3 次。

（2）常用洗涤液的配制

1）铬酸洗液

称 20 g 重铬酸钾置于 40 mL 水中，加热使其溶解，放冷。缓缓加入 360 mL 浓硫酸（不能将重铬酸钾溶液加入浓硫酸中），边加边用玻璃棒搅拌。

贮存洗液应随时盖好器皿盖，以免吸收空气中的水分而逐渐析出 CrO_3 红色沉淀，降低洗涤效果。新配制的洗液呈暗红色，氧化能力很强；贮存时间过长或吸收过多水分后会变成墨绿色，表明已经失效，需更换。

2）酸洗液

常用的纯酸洗液为 1+1 盐酸（浓盐酸和去离子水的体积比为 1：1）、1+1 硫酸（浓硫酸和去离子水的体积比为 1：1）、1+1 硝酸（浓硝酸和去离子水的体积比为 1：1）。根据所需用量，量取一定体积的水放入烧杯中，再取等体积酸缓慢倒入水中即可。

3）盐酸-乙醇溶液

将浓盐酸和乙醇按体积比 1：2 混合即可。

4）氢氧化钠-乙醇洗液

称取 120 g 氢氧化钠溶解在 100 mL 水中，再用 95%的乙醇稀释至 1 L。

（3）超声波清洗

超声波清洗器是常用的清洗仪器，其工作原理是超声波清洗器发出的高频振荡信号，通过换能器转换成高频机械振荡，传播到介质清洗液中，使液体流动而产生数以万计的微小气泡，这些气泡在超声波传播过程中会破裂产生能量极大的冲击波，相当于瞬间产生上千个大气压的高压，该现象被称为"空化作用"。超声波清洗正是用液体中气泡产生的冲击波，不断冲击物体表面及缝隙，从而达到全面清洗的效果。

超声波清洗器的基本组成有超声波发生器、换能器和清洗水槽。超声波清洗器种类较多，容量为 0.6～20 L 不等，可带有定时、功率强弱和温度控制功能。超声波清洗玻璃器皿时，应先用自来水初步清洗，玻璃器皿内应充盈洗涤液，避免局部"干超"，使器皿破裂。

超声波清洗器洗涤玻璃器皿具有以下优点：

①清洗全面，由于超声波会作用于整个液体内，所有能与液体接触的物体表面均能被清洗，尤其适宜形状复杂、缝隙多的物体。

②无损洗涤，传统的人工或化学清洗常会产生机械磨损或化学腐蚀，而超声波清洗一般不会引起器皿损伤。

（4）玻璃器皿的干燥

根据器皿类型和使用要求不同，采用不同的干燥方法，包括晾干、吹干、烘干、用适量有机溶剂干燥等。

1）晾干

适用于不急用或不宜加热的玻璃器皿，将洗净的玻璃器皿倒置或平放在干净架子或专用橱柜内，自然晾干。

2）烘干

将洗净的玻璃器皿置于烘箱（105～120℃）内烘 1 h，烘厚壁玻璃器皿、实心玻璃塞时应缓慢升温。

3）气流烘干器干燥

气流烘干器集加热和吹干双重作用，干燥快速、无水渍、使用方便。试管、量筒等可用气流烘干器进行干燥，温度一般控制在 40～120℃。

4）吹干

适用于要求快速干燥的玻璃器皿，按需要用吹风机热风或冷风吹干。

5）有机溶剂干燥

适用于不宜加热，需快速干燥的器皿。有些有机溶剂可与水相溶，可用有机溶剂将水带出，然后将有机溶剂挥发干，最常用的是乙醇。向容器内加入少量乙醇，将容器倾斜转动，器壁上的水与乙醇混合，然后倾倒出乙醇和水（必要时重复操作 1 次），将残余的乙醇挥发干。若需要可向容器内吹风，加快有机溶剂的挥发。

（5）玻璃器皿的使用规则

使用玻璃器皿时，应遵守的规则和注意事项如下：

1）玻璃器皿应放在干燥、无尘的地方保存，使用完毕，应及时洗擦干净。

2）计量玻璃器皿不能加热和受热，也不能用来贮存浓酸和浓碱。

3）用于加热的器皿，事前应做质量检查，特别要注意受热部位不能有气泡、水印等，加热时应保持受热部位均匀受热。

4）不要将热的溶液或热水倒入厚壁玻璃器皿中。

5）带磨口的玻璃仪器不能存放碱溶液，磨塞和磨口之间不要在干态下硬性转动或摩擦，也不能将塞子塞紧瓶口后再加热或烘干。磨口瓶不用时，瓶塞（活塞）和磨口之间要衬纸，以免日后打不开。

6）带磨口的玻璃仪器如容量瓶、比色管等最好在清洗前用线绳把塞子和管拴好，以免打破塞子或弄混而漏水。

7）成套玻璃仪器用完后立即洗净放在专用的包装盒中保存。

附录 3　分析量器的使用方法

在分析测量中，量器的正确、规范使用会明显影响测量结果的精密度和准确度。量器是指准确量取溶液体积的玻璃仪器，主要有移液管、吸量管、定量移液器、滴定管及容量瓶。

（1）移液管和吸量管（刻度吸管）

移液管是用于准确移取一定体积溶液的量出式玻璃量器，正规名称应为"单标线吸量管"。移液管中部有一膨大部分（称为球部），上标容积和标定时的温度，而球部的上部和下部均为较细窄的管径，管径上部刻有标线。常用的移液管有 25 mL、50 mL、100 mL 等规格。

吸量管是带有分刻度线的玻璃管，一般用于移取非整数的小体积溶液。常用的吸量管有 1 mL、2 mL、5 mL、10 mL、20 mL 等规格，吸量管分刻度线最大量程常标注在上端。

1）移液管和吸量管的润洗

移取溶液前，移液管或吸量管必须用少量待移溶液润洗内壁 2～3 次，以保证溶液吸取后的浓度不变。润洗时，先用吸水纸将管尖内外的水除去（以免稀释待移溶液），用右手拇指和中指拿住管径标线以上的部位，无名指和小指辅助拿住管，管尖插入液面以下 1～2 cm，管尖不应插入太浅，以免液面下降后造成空吸；也不能插入太深，以免移液管外部附有过多的溶液。左手拿洗耳球（拇指或食指在球上方），先把球中空气压出，然后将球的尖端接在管口上，慢慢放松洗耳球，吸入溶液至管总体积约 1/3 处（不能让溶液回流，以免稀释待移液）。吸液时，应注意容器中液面和管尖的位置，应使管尖随液面的下降而下降。从管口移走洗耳球，立即用食指按紧管口，将移液管或吸量管从溶液中移出，平放转动，使溶液充分润洗至标线以上内壁，润洗后的溶液从管尖放出，弃掉。重复润洗操作 2～3 次。

2）移液管和吸量管移取溶液的操作

将润洗过的移液管或吸量管适度插入待移溶液中，按润洗时的操作方法吸入溶液至管径标线以上，迅速移去洗耳球，立即用右手食指紧按管口，然后将移液管或吸量管往上提起。将待吸溶液的容器倾斜约 30°，右手垂直地拿住移液管或吸量管，使管尖紧贴液面以上容器内壁轻轻转两圈，以除去其外壁上的溶液。用拇指和中指微微旋转移液管或吸量管，食指轻微减压，直到液面缓缓下降到与标线相切时再次按紧管口，使溶液不再流出。然后移开待吸溶液的容器，左手改拿接收溶液的容器（一般为锥形瓶或烧杯）并使其倾斜约 30°，将移液管或吸量管保持垂直状态轻轻插入接收溶液的容器中，且接收容器内壁要与移液管或吸量管的管尖紧贴在一起，松开食指让溶液自然地顺接收容器内壁流下，待液面下降到管尖后，再停 15 s 左右，靠内壁转动一下管尖后再将其移去。注意不要把残留在管尖的液体吹出，因为在校准移液管或吸量管体积时，没有把这部分液体算在内。移液管和吸量管使用完毕，应及时冲洗干净，放回移液管架上。

（2）容量瓶

容量瓶是一种细颈梨形平底瓶，由无色或棕色玻璃制成，带有磨口玻璃塞或塑料塞。容量瓶上标有温度、容量和刻度线，表示在所指温度下（一般为20℃）液体充满至标线时，溶液体积恰好与瓶上所注明的容积相等。通常有25 mL、50 mL、100 mL、250 mL、500 mL、1 000 mL 等数种规格，其用途是配制准确精度的溶液或定量地稀释溶液，常和移液管配合使用。

1）使用方法

①使用前检查瓶塞处是否漏水。往瓶中注入2/3容积的水，塞好瓶塞。用手指顶住瓶塞，另一只手托住瓶底，把瓶子倒立过来停留一段时间，反复几次后，观察瓶塞周围是否有水渗出。经检查不漏水的容量瓶才能使用。

②把准确称量好的固体溶质放在烧杯中，用少量溶剂溶解。然后把溶液沿玻璃棒转移到容量瓶里。为保证溶质能全部转移到容量瓶中，要用溶剂多次洗涤烧杯和玻璃棒，并把洗涤溶液全部转移到容量瓶里。

③向容量瓶内加入的液体液面离标线1 cm 左右时，应改用滴管小心滴加，最后使液体的凹液面与标线正好相切。

④盖紧瓶塞，用倒转和摇动的方法使瓶内的液体混合均匀。

2）注意事项

①不能在容量瓶里进行溶质的溶解，应将溶质在烧杯中溶解后转移到容量瓶里。如果溶质在溶解过程中放热，要待溶液冷却后再进行转移，因为温度升高会导致瓶体膨胀，所量体积就会不准确。

②用于洗涤烧杯的溶剂总量不能超过容量瓶的标线。

③使用前应确认容量瓶容积与所要求的是否一致。

④使用前应检查瓶塞是否严密，不漏水。

⑤合用的瓶塞必须妥善保护，最好用绳系在瓶颈上，以防跌碎或与其他容量瓶搞混。

⑥翻转瓶身摇匀时，不要用手掌握住瓶身，以免体温使液体膨胀，影响容积的准确（对于容积小于100 mL 的容量瓶，不必托住瓶底）。

⑦容量瓶只能用于配制溶液，不能储存溶液，因为溶液可能会对瓶体造成腐蚀，从而使容量瓶的精度受到影响，尤其是碱性溶液会侵蚀瓶壁，并使瓶塞粘住，无法打开。

⑧容量瓶不能加热。

⑨容量瓶用毕应及时洗涤干净，塞上瓶塞，并在塞子与瓶口之间夹一纸条，防止瓶塞与瓶口粘连。

（3）量筒

量筒是用来量取液体并能粗略量度液体体积的一种玻璃仪器，常用的有 10 mL、

25 mL、50 mL、100 mL、250 mL、500 mL、1 000 mL 等规格。外壁刻度都是以 mL 为单位，10 mL 量筒每小格表示 0.2 mL，而 50 mL 量筒每小格表示 1 mL。可见量筒容积越大、管径越粗，其精确度越小，由视线偏差所造成的读数误差也越大。所以，实验中应根据所取溶液的体积，尽量选用能一次量取的最小规格的量筒，减少分次量取所引起的误差。如量取 70 mL 液体，应选用 100 mL 量筒。

1）使用方法

①用左手拿住量筒，使量筒略倾斜，右手拿试剂瓶，使瓶口紧挨着量筒口，使液体缓缓流入。

②将刻度面对着人，方便随时观察刻度，以免超过目标体积。

③接近目标体积时，停止倾倒，改用胶头滴管，直至量筒内液体的凹液面与所需量取体积的刻度线相切。

④将量取好的溶液转移至烧杯等容器中。

2）注意事项

①倾倒完溶液后，需等待 1～2 min，使附着在内壁上的液体流下来，再读取数值，否则读数偏小。

②读数时，应手拿量筒使其自然垂直，视线与量筒内液体的凹液面最低处保持水平，再进行读数。否则，读数会偏高或偏低。

③量筒面的刻度是指温度在 20℃时的体积数。温度升高，量筒发生热膨胀，容积会增大。因此，量筒不能加热，也不能用于量取过热的液体，更不能在量筒中进行化学反应或配制溶液。

④从量筒中倒出液体后不需要用水润洗量筒，因为制造量筒时已经考虑到有残留液体，冲洗反而使所取体积偏大。

⑤量筒不允许刷洗，因为刷洗会磨损量筒内壁，造成量筒体积变化，从而影响量筒的准确度，且清洗干净的量筒不可放于烘箱中干燥，会影响其准确度。

⑥量筒一般只能在精度要求不是很严格时使用，通常应用于定性分析。

（4）定量及可调移液器

1）定量及可调移液器的构造和规格

移液器是量出式量器，分定量和可调两种类型。定量移液器是指移液器的容量是固定的，而可调移液器的容量在其标称容量范围内连续可调。移液器由连续可调的机械装置和可替换的吸头组成（附图 1），实验室常用的移液器根据最大吸用量有 2 μL、10 μL、20 μL、200 μL、500 μL、1 000 μL 等规格（附图 1）。

2）定量及可调移液器的使用

①根据实验精度选用正确量程的移液器，当取用体积与量程不一致时，可通过稀释液体，增加取用体积来减小误差。

附图 1　移液器

②移液器吸量体积调节时，切勿超过最大或最小量程。

③吸量时将吸头套在移液器的吸杆上（必要时可用手辅助套紧，但要防止由此可能带来的污染），然后将吸量按钮按至第 1 挡，将吸头垂直插入待取液体中，深度以刚浸没吸头尖端为宜，然后慢慢释放吸量按钮以吸取液体。释放所吸液体时，先将吸头垂直接触在受液容器壁上，慢慢按压吸量按钮至第 1 挡，停留 1～2 s 后，按至第 2 挡以排出所有液体。吸头更换时轻轻按卸载按钮，吸头就会自动脱落。

3）注意事项

①调节移液器的刻度时，如果是从大调节至小，直接调至目标刻度即可；如果是从小调节至大，需要先旋至比目标刻度多半圈的位置，再回旋至目标刻度。

②移液器使用过程中不可平放，如需完成其他操作，可将其挂于专门的移液器架子上，防止吸头中的溶液倒流至移液器中。

③移液器使用完毕后，应调回最大刻度，防止移液器中的定量弹簧损坏，量取体积不准确。

（5）微量进样器

微量进样器也叫微量注射器，一般有 1 μL、5 μL、10 μL、25 μL、50 μL、100 μL 等规格，是进行微量分析，特别是色谱分析实验中必不可少的取样、进样工具。微量进样器是精密量器，易碎、易损，使用时应细心，否则会影响其准确度。使用前要用溶剂洗净，以免干扰样品分析；使用后应立即清洗，以免样品中的高沸点组分沾污进样器。

使用微量进样器应注意以下几点：

1）每次取样前先抽取少许试样溶液再排出进样器。如此重复几次，以润洗进样器。

2）为保证精密度，每次进样体积都不应小于进样器总体积的 10%。

3）为排除进样器内的空气，可将针头插入样品中反复抽排几次，抽时慢些，排时快些。

4）取样时应多抽些试样于进样器内，并将针头朝上排出空气。

5）取好样后，用无棉的纤维纸（如镜头纸）将针头外壁所黏附的样品擦掉，注意切勿使针头内的样品流失。

附录 4　仪器设备使用说明及注意事项

4.1　彩屏混凝实验搅拌仪器 MY3000-6K

（1）仪器概述及外观

彩屏混凝实验搅拌仪器 MY3000-6K 是国内水处理实验室常用的一款搅拌装置，可以实现自动加药、搅拌轴自动升降、自动计算并显示 G 值、GT 值等功能，已广泛应用于高等院校、科研院所、自来水厂、污水处理厂、环保化工、电力等行业的混凝模拟过程。微电脑控制，程序可储存 20 种，每种可自动无级变速 10 次（附图 2）。

附图 2　彩屏混凝实验搅拌仪器 MY3000-6K

（2）主要特征

①7 寸超大彩色液晶屏，动态显示各种参数，数据更清晰。

②微电脑控制、程序储存 20 种，每种可自动无级变速 10 次。

③中英文双显系统。

④整机一体化设计，整洁、美观、安全性能好。

⑤六联搅拌轴实现同步运行或者独立运行。

⑥自动测温，自动计算 G 值、GT 值。

⑦自动加药，并可设定多次自动加药。

⑧在沉淀结束时有语音信号提示。

⑨搅拌轴呈垂直升降式，更容易保护矾花的形成。

⑩实验杯底座有照明光源，便于观察絮凝效果。

⑪磨砂不锈钢机身，耐腐蚀。

⑫配送仪器专用的有机玻璃实验杯和试管。

（3）主要作用

①比较各种混凝剂的混凝效果。

②确定最佳的混凝剂投加量。

③优化混合条件。

④优化絮凝条件。

⑤确定混合、絮凝、沉淀的合理组合。

（4）主要参数

彩屏混凝实验搅拌仪器 MY3000-6K 的主要技术参数如附表 18 所示。

附表 18　彩屏混凝实验搅拌仪器 MY3000-6K 主要技术参数汇总

主要参数	可设范围
可设程序数量	20 种（每种自动无级变速 10 次）
速度梯度 G 值	$10\sim1\ 000\ s^{-1}$
转速范围	$10\sim1\ 000\ r/min$
时间范围	$0\sim99\ min\ 59\ s$
测温范围	$0\sim50℃$
电压	AC 220 V

（5）使用说明

打开电源开关，液晶屏上显示出主菜单；按"升"键，搅拌杆及叶片上升到位后自动停止；把 6 个实验杯装入实验溶液后放到实验杯座上，同时另外准备一容器，放入一定量的同样溶液，把测温插头插入机架侧面的插座内，把测温传感头放入溶液中，工作过程中测温头一直要保持在溶液中。按"降"键，搅拌杆及叶片下降到位后自动停止；向试管中加入实验用药液；这时可根据需要按液晶显示屏上的主菜单设定程序；输入预设的程序号后，液晶屏即显示程序单，按"回车"键确认；执行搅拌程序时，液晶屏动态显示程序执行情况，程序单滚动显示各项数据，时间为倒计时显示，液晶屏同时显示出搅拌中的剩余时间、转速、G 值、GT 值、温度；搅拌结束时，搅拌杆及叶片自动升起，开始沉淀，沉淀结束时蜂鸣器提示，按任意键，可停止蜂鸣器提示；在工作过程中按"复位"键可立即停止工作并返回主菜单。

4.2　梅特勒-托利多 pH 计

（1）仪器概述及外观

梅特勒-托利多 pH 计是高性能、高精度的多功能数字显示 pH 计，采用 LED 数字显示，具有稳定可靠、使用方便等优点。仪器如附图 3 所示。

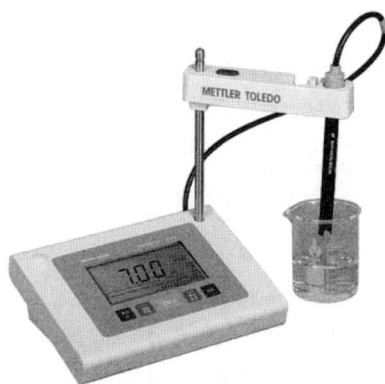

附图 3 梅特勒-托利多 pH 计

（2）技术参数

该 pH 计的主要技术参数如附表 19 所示。

附表 19 梅特勒-托利多 pH 计的主要技术参数汇总

参数	设定范围
测量范围	pH 0.00～14.00；−1 999～1 999 mV；0～100℃
分辨率	0.01 pH；1 mV；0.1℃
电源	220 V/50 Hz，9 V/DC
尺寸/重量	200 mm×175 mm×52 mm/0.6 kg
环境条件	环境温度：5～40℃；相对湿度：5%～80%

（3）操作规程

1）校准溶液

pH 计可进行一点、两点或三点校准，如果使用仪表内置的标准缓冲液组，在校准过程中，仪表能够自动识别标准缓冲溶液的 pH。仪表内置 4 组标准缓冲溶液，具体见附表 20～附表 24。

附表 20 标准缓冲溶液对应的 pH（25℃）

pH	B_1（MT US）	B_2（MT Europe）	B_3（JJG 119 中国）	B_4（JIS Z 8802 日本）
1	1.68	2.00	1.68	1.68
2	4.01	4.01	4.00	4.01
3	7.00	7.00	6.86	6.86
4	10.01	9.21	9.18	9.18
5	/	11.00	12.46	/

2）校准设置

短按设置键，当 MTC 温度值闪烁，按读数键确定。当预置缓冲液组闪烁，使用▲或▼键来选择使用的缓冲液组，按读数键确认。

①一点校准。将电极放入缓冲液中，并按校准键开始校准，校准和测量图标将同时显示；在信号稳定后仪表根据预选终点的方式自动终点（显示屏显现 $\sqrt{A}$ ）或按读数键手动终点（显示屏显现 $\sqrt{M}$ ）；按读数键后，仪表显示零点和斜率，然后自动退回到测量画面。

注意：当进行一点校准时，只有零点被调节。如果电极之前进行过多点校准，它的斜率会被保存。否则理论斜率，即−59.16 mV/pH 将被采纳。长按校准键，仪表将显示斜率和零点值，然后仪表退回到测量画面。

②两点校准。将电极放入缓冲液中，并按校准键开始校准，校准和测量图标将同时显示；在信号稳定后仪表根据预选终点的方式自动终点（显示屏显现 $\sqrt{A}$ ）或按读数键手动终点（显示屏显现 $\sqrt{M}$ ）；仪表自动终点或手动终点后，请不要按读数键，否则将退回测量状态；用去离子水冲洗电极；将电极放入下一个校准缓冲液中，并按校准键开始下一点校准；在信号稳定后仪表根据预选终点方式自动终点或按读数键手动终点；按读数键后，仪表显示零点和斜率，同时保存校准数据，然后自动退回到测量画面。

③三点校准。与两点校准操作类似。

注意推荐使用温度探头或带内置温度探头的电极。如果使用 MTC 模式，则应将所有缓冲溶液和样品溶液保持在相同的设定温度上。

3）样品测量

①将清洗干净的电极放入样品溶液中并按读数键开始测量，轻轻搅拌电极，加速其数值稳定，可观察到数值稳定前，屏幕上小数点不停闪动，当电极输出稳定后，显示屏自动固定，并显示样品溶液 pH。

②按住读数值，可以在自动和手动测量终点模式之间切换。要手动测量一个终点，可按读数键，显示屏固定并显示 $\sqrt{M}$ 。

③要在 pH 测量过程中查看 mV 值，只要按模式键即可。要执行 mV 测量，请按与 pH 测量相同的步骤执行。

4）仪表自检

①同时按住读数和校准键，直到仪表满屏显示所有图标，然后屏幕依次闪现每一个图标。这样可以检查所有的图标是否被正确显示。最后一步是检测每一个按键是否功能正常。

②检测按键功能时，有 5 个图标显示在屏幕上，以任意次序逐个按键盘上的 5 个功能键：每按一个键，屏幕上的相应图标即消失；继续按其余按键直到所有图标均消失。

③自检成功完成后，屏幕会显示 PAS。如果自检失败，将显示 Err1。

5）恢复出厂设定

仪表在关机状态下，同时按读数，校准和开/关键 3 s，将显示 RST 并闪烁，按读数键恢复出厂设置，否则按退出键取消此操作。

（4）注意事项

1）仪表维护

禁止将仪器的壳体分离，除偶尔需要用一块湿布擦拭一下或更换电池外，仪表不需要作其他维护保养；外壳由 ABS/PC 塑料制成，某些有机溶剂如甲苯、二甲苯和丁酮等会侵蚀外壳。

2）电极维护

确保电极始终存放在适当的存储液（3 mol/L 氯化钾溶液）中，不要使之干涸；使用前，用去离子水清洗 pH 敏感膜、液络部和电极杆，然后用吸水纸轻轻吸干，不要摩擦 pH 敏感膜以防产生静电影响电极的响应时间；避免在无水乙醇、浓硫酸等脱水性介质中使用，否则会损坏球泡表面的水合凝胶层；pH 复合电极插入被测溶液后，要搅拌晃动几下再静止放置，这样会加快电极的响应；如果电极斜率迅速下降，或者响应速度缓慢，则可用下列步骤解决。根据样品的不同，请尝试下列方法之一。

①对于油脂类，请用蘸有丙酮或肥皂水的原棉除去电极膜表面的污垢。

②如果电极膜干涸，将电极头浸入 0.1 mol/L 的 HCl 溶液中，放置一夜。

③如果隔膜中有蛋白质积聚，将电极浸入 HCl/胃蛋白酶溶液中清洗。

④如果电极发生硫化银污染，请将电极浸入硫脲溶液中除去沉积物，电极处理后请重新校准。

附表 21　缓冲液组 1（MT US）不同温度下的 pH 情况汇总

温度/℃	pH			
	1	2	3	4
5	1.67	4.01	7.09	10.25
10	1.67	4.00	7.06	10.18
15	1.67	4.00	7.04	10.12
20	1.68	4.00	7.02	10.06
25	1.68	4.01	7.00	10.01
30	1.68	4.01	6.99	9.97
35	1.69	4.02	6.98	9.93
40	1.69	4.03	6.97	9.89

附表 22　缓冲液组 2（MT Europe）不同温度下的 pH 情况汇总

温度/℃	pH			
	1	2	3	4
5	2.02	4.01	7.09	9.45
10	2.01	4.00	7.06	9.38
15	2.00	4.00	7.04	9.32
20	2.00	4.00	7.02	9.26
25	2.00	4.01	7.00	9.21
30	1.99	4.01	6.99	9.16
35	1.99	4.02	6.98	9.11
40	1.98	4.03	6.97	9.06

附表 23　缓冲液组 3（JJG 119 中国）不同温度下的 pH 情况汇总

温度/℃	pH			
	1	2	3	4
5	1.67	4.00	6.95	9.39
10	1.67	4.00	6.92	9.33
15	1.67	4.00	6.90	9.28
20	1.68	4.00	6.88	9.23
25	1.68	4.00	6.86	9.18
30	1.68	4.01	6.85	9.14
35	1.69	4.02	6.84	9.11
40	1.69	4.03	6.84	9.07

附表 24　缓冲液组 4（JIS Z 8802 日本）不同温度下的 pH 情况汇总

温度/℃	pH			
	1	2	3	4
5	1.67	4.00	6.95	9.40
10	1.67	4.00	6.92	9.33
15	1.67	4.00	6.90	9.28
20	1.68	4.00	6.88	9.23
25	1.68	4.01	6.86	9.18
30	1.68	4.02	6.85	9.14
35	1.69	4.02	6.84	9.11
40	1.69	4.04	6.84	9.07

4.3　WGZ 系列浊度计

（1）仪器概述及外观

WGZ 系列浊度计外观如附图 4 所示，通过测量悬浮于水或透明液体中不溶性颗粒物所产生的光散射程度，评估其浊度，能定量表征这些悬浮颗粒物质的含量。本仪器采用国际标准 ISO 7027 中规定的福尔马肼准度标准溶液进行标定，采用 NTU 作为浊度计量单位。WGZ 系列浊度计广泛应用于自来水厂、生活污水处理厂、环保部门、制酒及制药行业、防疫部门、医院等部门的浊度测定（附图 4）。

附图 4　WGZ 系列浊度计

（2）主要技术参数

WGZ 系列浊度计的主要技术参数如附表 25 所示。

附表 25　主要技术参数汇总

参数	设定数值
测量范围/NTU	0～10；0～100；0～200
最小显示值/NTU	0.001
零点漂移 NTU/30 min	空腔±0.03；零浊度水≤±0.5%FS
示值误差极限%FS	±2%
电压波动影响	±0.3%FS
供电电源	交流电源适配器 220 V/50 Hz 或 VAA 碱性干电池 1 节
使用环境	温度 5～35℃；湿度：<80%RH，不冷凝

（3）使用操作说明

1）开机预热

按动仪器面板上的按键"开"，对仪器进行开机预热。微机系统预热 15 s 后，自动进入测量状态，显示时间、所在量程、测量值及测量单位。

2）仪器校正

仪器必须在开机预热 5 min 后使用，在测量状态时按"设置"键一次，进入主菜单 LCK 设置栏。按"设置键"进入 CS1 量程校准状态（测量范围 0～10 NTU），可通过"←、↑、↓"进行修改。

①调零。将装好的零浊度水试样瓶置于测量座内，并保证试样瓶的刻线应对准试样座的白色定位线，然后盖好遮光盖，待显示稳定后，按"调零"键，使显示值为 0.00（允许误差±0.02）。

②校正。取出零浊度水试样瓶，采用同样的方法换上 10 NTU 标准溶液，盖好遮光盖，

待显示稳定后，按"校正"键，使显示值为 10 NTU（允许误差±0.02）。按"设置"键，进入 CS2 量程校准状态（测量范围 0～100 NTU）。按一下"设置"键，进入 CS3 量程校准状态（测量范围 0～200 NTU）。

3）进入测量状态

通过按"设置键"或者"存储键"退出设置状态，进入测量状态。取出标准溶液，换上样品试样瓶，待显示稳定后，将显示的浊度值加上 0.10 NTU 后即为样品的实际浊度。

4）关机

自开机起约 40 min 后仪器会自动关机，或者按"关"键可直接关机。

5）测量值存储或打印

在测量状态下按"存储/打印"键时，打印显示内容，同时将显示内容进行储存。如未连接打印机或打印机处于离线状态时，只进行数据存储。

6）已存测量值查询

在测量状态下按"查询"键，显示最近一次已存测量值。通过上下键可对已存测量值向上查询，共可查 20 个数据。再按一下查询键，退出查询状态。

（4）注意事项

①长时间停用的情况下，应定期开机预热一段时间，有利于驱除机内潮气。

②贮存或运输期间，应避免高温或低温及潮湿的地方，以防止损坏仪器内的光学系统及电器元件。

③定期清洗测样瓶及清除试样座内的灰尘，可以有效提高测量准确值，清洗时不能划伤玻璃表面。

（5）维护与检修

浊度计故障分析与维修见附表 26。

附表 26　浊度计故障分析与维修

故障现象	可能原因	维修方法
不能开机无显示	电源适配器没有开通	检查并排除
	电源插接触不良或松脱	检查插座或调换电源适配器
	供电电池已失效	调换电池
测量无反应	光源不良	返厂检修
	电气系统故障	返厂检修
测量值不稳定或漂移	溶液内有气泡或有颗粒在漂移	重新取样或延长读数时间求平均值
	仪器内部电路受潮	延长开机预热时间进行预热驱潮
	试样瓶外部有水滴	拭干试样瓶
	外界干扰	排除干扰源
	供电电源电压低	调换电池

故障现象	可能原因	维修方法
调零时调不到零位	调零时没有采用零浊度水	改用零浊度水
	调零范围偏移	调节仪器背面 ZERO 调零电位器，在 CSI 状态时为 220 mV 左右
	电气系统故障	返厂检修
校正值调不到标准值	标准溶液标准值不准确	准确制备标准溶液
	标准溶液不稳定	准确制备标准溶液
	电气系统故障	返厂检修

4.4 LH-3B 型多参数水质测定仪

（1）仪器概述及外观

LH-3B 型多参数水质测定仪，是依据《水和废水监测分析方法》第三版、第四版以及环境保护行业标准要求研发的智能型多参数水质测定仪，可测定水中的 COD、氨氮、总磷、浊度、六价铬、镍、铜、硫化物、硝酸盐氮、亚硝酸盐氮等多项指标，且有多组扩展通道，可自行扩展测定项目。采用 5.6 寸彩色液晶触摸屏，可按照文字提示操作仪器，在稳定性、准确性、测定范围、多功能、实用简便性等多方面有显著优势。仪器配套 LH-25A 型智能多参数消解仪，可同时消解 25 个样品（附图 5）。

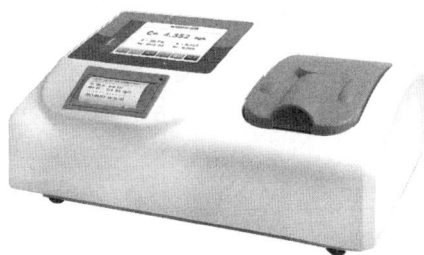

（a）LH-3B 型多参数水质测定仪　　　　（b）LH-25A 消解仪

附图 5　仪器外观

（2）技术参数

1）性能参数

准确度：≤±10%；光学稳定性：≤±0.005 A/20 min；温控范围：45～190℃；批处理量：25 支；温度示值误差：<±2℃；温场均匀性：≤3℃。

2）环境及工作参数

环境温度：5～40℃；环境湿度：相对湿度≤85%（无冷凝）；定电压：AC220 V±10%/50 Hz；额定功率：主机：20 W；消解仪：900 W。

（3）COD 项目测定

1）试剂配制

①COD 标准使用溶液：称取在 105℃条件下干燥 2 h 并冷却后的 0.425 1 g 邻苯二甲酸氢钾溶于去离子水，并稀释至 1 000 mL，混匀，该溶液的理论 COD 为 500 mg/L。

②LH-D-100 试剂：将整瓶的 LH-D-100 试剂倒入烧杯中，加入 75 mL 去离子水，加入 5 mL 分析纯硫酸后不断搅拌直至全部溶解。

③LH-D-500 试剂：将整瓶的 LH-D-500 试剂倒入烧杯中，加入 348 mL 去离子水，加入 22 mL 分析纯硫酸后不断搅拌直至全部溶解。

④LH-E-100 试剂：将整瓶的 LH-E-100 试剂，全部溶解于 500 mL 分析纯硫酸中，不断搅拌或隔夜放置，直至试剂全部溶解。

⑤LH-E-500 试剂：将整瓶的 LH-E-500 试剂，全部溶解于 2 500 mL 分析纯硫酸中，不断搅拌或隔夜放置，直至试剂全部溶解。

⑥LH-Eg-100 抗高氯试剂：配制方法同 LH-E-100 试剂。

2）试样稀释方法

对于不同浓度范围的水样，稀释倍数有所差异，具体见附表 27。为减少误差，建议使用第 1 种稀释方法。

附表 27　稀释倍数汇总

	浓度范围/（mg/L）	稀释操作/mL		应用曲线（需自行修改）
		水样	去离子水	
1	20～1 000	2.5	0	M01-01
2	100～2 500	1	1.5	M01-02
3	250～5 000	0.5	2	M01-03
4	500～10 000	0.2	2.3	M01-04

3）具体操作步骤

①启动消解仪，选择 COD 消解模式，仪器自动加热，打开主机开关，仪器进行预热，准备数支洗净晾干的反应管，置于冷却架的空冷槽上，如使用管比色模式，需使用密封管。

②准确量取 2.5 mL 去离子水加到"0"号反应管，分别准确量取各水样 2.5 mL，依次加入其他反应管中，依次向各个反应管中加入 0.7 mL 专用耗材 D 试剂。

③依次向各反应管中加入 4.8 mL 的专用耗材 E 试剂，通过摇动、振荡等方式将反应液充分混匀。

④将反应管依次放入仪器消解孔中，盖上保护罩，按消解键开始消解，液晶屏上显示倒计时时间。

⑤消解完成,按消解键取消报警,将各样品依次放到冷却架的空冷槽上,在消解仪上按定时键开始空气冷却倒计时,空气冷却完成,按定时键取消报警,依次向各反应管中加入 2.5 mL 去离子水,通过摇动、振荡等方式将反应液充分混匀。

⑥将各反应管放到冷却架的水冷槽中,在消解仪上,按定时键开始冷却倒计时,水冷却完成,按定时键取消报警。

⑦将溶液混匀,然后依次倒入 BSM-BL-30-15 的玻璃比色皿中。

⑧将主机测定模式调整为 COD 高量程皿比色模式,将空白水样放入比色池,关闭上盖。

⑨待仪器读数稳定后,按空白键,待屏幕上显示"C=0.000",仪器自动执行置空白、置零操作。

⑩将"1"号水样放入比色池,屏幕显示为 1 号样品的 COD。

4)注意事项

①主机在使用前需预热 10 min,保证测值的稳定性。

②实验中使用的反应管及器皿必须清洗干净。

③样品量取必须准确,如果使用同一支移液管量取不同样品时,请注意每次都要进行清洗,防止样品间的交叉污染。

④将溶液混匀后,拭擦干净反应管外壁液体再放入消解仪中消解,放入反应管时注意轻拿轻放。

⑤反应管取出后,应擦干外壁水珠。

⑥测定时,先用少量待测溶液润洗比色皿,倒入待测溶液后用擦镜纸将比色皿透光面拭擦干净。

⑦样品放入比色池,关闭上盖后,稍等 2~3 s 使读数稳定,再记录结果。

(4)氨氮比色测定

1)试剂配制

①氨氮标准贮备溶液(标样 1):准确称取经 100℃烘干过的 0.381 9 g 氯化铵(NH_4Cl)溶于水中,移入 1 000 mL 容量瓶中用无氨水稀释至标线摇匀。此溶液每毫升含 0.1 mg 氨氮,即 100 mg/L。

②氨氮标准使用溶液(标样 2):量取 25 mL 氨氮标准贮备液于 500 mL 容量瓶中,用无氨水稀释至标线。此溶液每毫升含 0.005 mg 氨氮,即 5 mg/L。

③LH-N2-100 试剂:将整瓶 LH-N2-100 试剂放入烧杯中,准备 100 mL 无氨水。先向烧杯中加入 30 mL 左右的无氨水,然后用搅拌棒充分搅拌使其溶解,然后再加入剩余无氨水。如浑浊,可放置至澄清,取上清液使用。(建议放置 4~5 h 或过夜后再使用)。

④LH-N3-100 试剂:将整瓶 LH-N3-100 试剂溶于 100 mL 无氨水中,备用。

2)试样稀释方法

对于不同浓度范围的水样,稀释倍数有所差异,具体见附表 28。为减小误差,建议使用第 1 种稀释方法。

附表 28 稀释倍数汇总

	浓度范围/（mg/L）	稀释操作/mL		应用曲线（需自行修改）
		水样	无氨水	
1	0.01～5	10	0	M07-01
2	0.05～10	5	5	M07-02
3	0.5～25	2	8	M07-03
4	1～50	1	9	M07-04
5	2～100	0.5	9.5	M07-05

3）具体操作步骤

①打开主机开关，仪器进行预热。

②准备数支洗净晾干的反应管，置于冷却架的空冷槽上，如使用管比色模式，需使用密封管。

③准确量取 10 mL 无氨水加到"0"号反应管，分别准确量取各水样 10 mL，依次加入其他反应管中。

④依次向各个反应管中加入 1 mL 专用耗材 N3 试剂。

⑤依次向各反应管中加入 1 mL 的专用耗材 N2 试剂，通过摇动、振荡等方式将反应液充分混匀，静置 10 min 显色。

⑥显色完成后，将溶液依次倒入 BSM-BL-10-15 的玻璃比色皿中。

⑦将主机测定模式调整为氨氮比色模式，将空白溶液放入比色池，使用比色皿限位块固定比色皿，关闭上盖。

⑧待仪器读数稳定后，按空白键，待屏幕上显示"C=0.000"，仪器自动执行置空白、置零操作。

⑨将"1"号水样放入比色池，屏幕显示为 1 号样品的氨氮测量值。

4）注意事项

①主机在使用前需预热 10 min，保证测值的稳定性。

②实验中使用的反应管及器皿必须清洗干净。

③样品量取必须准确，如果使用同一支移液管量取不同样品时，请注意每次都要进行清洗，防止样品间的交叉污染。

④每一次加完试剂后都要混合均匀。

⑤静置显色的时间不可过长，以免误差偏大。

⑥测定时，先用少量待测溶液润洗比色皿，倒入待测溶液后用擦镜纸将比色皿透光面拭擦干净。

⑦样品放入比色池，关闭上盖后，稍等2～3 s使读数稳定，再记录结果。

（5）总磷测定

1）试剂配制

①总磷标准贮备溶液（标样1）：准确称取在110℃下烘干2 h后在干燥器中放冷却的0.219 7 g磷酸二氢钾（KH_2PO_4），用少许去离子水溶解后，加入5 mL硫酸，然后将该溶液定容在1 000 mL容量瓶中并混匀。此标准溶液含50.0 mg/L的磷，可在玻璃瓶中至少贮存6个月。

②总磷标准使用溶液（标样2）：将50.0 mL的总磷标准储备溶液（标样1）转移至1 000 mL容量瓶中，用去离子水稀释至标线。

③过硫酸钾溶液：将4 g过硫酸钾（$K_2S_2O_8$）溶于去离子水，稀释至100 mL。

④LH-P1-100试剂：将整瓶LH-P1-100试剂溶于去离子水中，稀释至100 mL。

⑤LH-P2-100试剂：将整瓶LH-P2-100试剂溶于100 mL 12%硫酸溶液中（88 mL去离子水中加入12 mL的浓硫酸）。

2）试样稀释方法

对于不同浓度范围的水样，稀释倍数有所差异，具体见附表29。为减小误差，建议使用第1种稀释方法。

附表29　稀释倍数汇总

	浓度范围/（mg/L）	稀释操作/mL		应用曲线（需自行修改）
		水样	无氨水	
1	0.01～0.75	8	0	M09-01
2	0.02～1.5	4	4	M09-02
3	0.1～3	2	6	M09-03
4	0.2～6	1	7	M09-04
5	0.5～12	0.5	75	M09-05

3）具体操作步骤

①启动消解仪，选择总磷消解模式，进入总磷程序，消解仪自动升温，打开主机开关，仪器进行预热，准备数支洗净晾干的反应管，置于冷却架的空冷槽上。

②准确量取8 mL去离子水加到"0"号反应管，分别准确量取各水样8 mL，依次加入其他反应管中，再依次向各个反应管中加入1 mL过硫酸钾溶液，将密封盖拧紧，摇匀水样。

③将反应管依次放入仪器消解孔中，盖上保护罩，按消解键开始消解，倒计时30 min。

④消解完成，按消解键取消报警，将各样品依次放到冷却架的空冷槽上，并在消解仪上按定时键开始冷却倒计时，空气冷却2 min；空气冷却完成，将各反应管放到冷却架的水

冷槽中，并在消解仪上按定时键开始冷却倒计时，水冷却 2 min，按定时键取消报警。

⑤消解仪冷却定时报警提示后，依次向各反应管中加入 1 mL 专用耗材 P1 试剂，再依次向各反应管中加入 1 mL 专用试耗材 P2 试剂，并将溶液摇匀，静置 10 min 显色。

⑥显色完成后，将溶液依次倒入 BSM-BL-30-15 的玻璃比色皿中。

⑦将主机测定模式调整为总磷比色模式，将空白水样放入比色池，关闭上盖，待仪器读数稳定后，按空白键，至屏幕上显示"C=0.000"，仪器自动执行置空白、置零操作。

⑧将"1"号水样放入比色池，屏幕显示为 1 号样品的总磷测量值。

4）注意事项

①主机在使用前需预热 10 min，保证测值的稳定性。

②实验中使用的反应管及器皿要清洗干净。

③样品量取必须准确，如果使用同一支移液管量取不同样品时，请注意每次都要进行清洗，防止样品间的交叉污染。

④每一次加完试剂后都要混合均匀。

⑤密封盖必须拧紧，防止高温高压下迸溅。

⑥静置显色的时间不可过长，以免误差偏大。

⑦测定时，先用少量待测溶液润洗比色皿，倒入待测溶液后用擦镜纸将比色皿透光面拭擦干净。

⑧样品放入比色池，关闭上盖后，稍等 2～3 s 使读数稳定，再记录结果。

（6）常见故障及排除方法

常见故障及排除方法见附表 30。

附表 30　常见故障及排除方法汇总

故障现象	排除方法
消解过程中出现喷溅	1. 用棒式温度计检查消解孔中的温度是否超过 165℃设定温度； 2. 加入 D、E 试剂后是否摇匀； 3. 配制试剂所使用的硫酸是否为分析纯硫酸； 4. 水样预处理过程中 E 试剂量取是否准确
消解仪出现报警提示	1. 检查确认是否为仪器温度升到设定温度后的报警提示，可按任意键停止报警提示； 2. 检查是否为仪器中的定时报警，可按任意定时键停止报警提示
消解时产生异味	1. 新仪器在初次使用时产生异味属正常现象，随着使用频次的增加，该现象将逐渐消除； 2. 检查确认仪器的消解孔中是否有异物存在
消解过程中反应管破裂或样品溢出	1. 切断仪器电源，打开窗户通风； 2. 取出破碎反应管并清理碎渣，倒置仪器，使液体从消解孔中流出； 3. 用干净的湿抹布将仪器表面及消解孔中的液体反复擦拭干净； 4. 在通风处对仪器通电 1～2 次（每次 30 min），如无异常现象即可正常使用

故障现象	排除方法
开机后屏幕无显示（黑屏）	1. 检查电源插座输出是否正常； 2. 检查或更换仪器电源线，确认连接是否正常； 3. 检查仪器电源保险（熔断器）是否正常
用空白溶液无法归零	1. 重新启动仪器后再进行操作； 2. 检查比色池中的单色光是否存在或正常通过； 3. 确认仪器在开机时上盖是否处于闭合状态； 4. 检查确认空白溶液是否存在浑浊
打印时间不准确	修改调整仪器中的系统时间
查看不到历史数据	确认在测定出结果后是否进行过保存
测量出的结果均为零	1. 检查当前调用的曲线值（Kv）设置是否为"0"； 2. 检查确认量取水样时，包括空白在内是否全部量取的是同一个样品； 3. 检查比色池中的单色光是否存在或正常通过
测量出的结果为负值	1. 确认空白是否被污染或误将测定水样作为空白； 2. 确认被测水样浓度是否超出或接近仪器的测量下限，同时测试过程是否存在操作误差
仪器按键无反应	1. 确认当前仪器是否在特定的系统设置界面下，从而导致操作无效； 2. 重新启动仪器后再进行操作
测定结果不稳定	1. 检查比色溶液中有无悬浮物或存在浑浊现象； 2. 水冷却完成后，向比色皿中转移时是否进行过反复混匀； 3. 检查比色皿外壁是否有液体悬挂； 4. 确认仪器在比色前是否按照要求进行过预热； 5. 比色时检查仪器上盖是否完全密封，有无阳光直射干扰
每次测定结果偏差大	1. 水样的预处理过程和比色过程存在操作误差（操作过程同一性差）； 2. 检查确认是否由比色皿差造成

4.5　岛津 UVmini-1280 紫外分光光度计

（1）仪器概述及外观

UVmini-1280 是一台具有双光束光学系统的紫外分光光度计，可提供比氘灯仪器更优异的数据稳定性，可满足光度测定、光谱扫描、时间扫描、动力学测定及 DNA/蛋白质定量，配置 UV/VIS 分析需要的全套程序，包括多组分定量，同时可选配水质分析程序及农残快速分析程序（附图 6）。

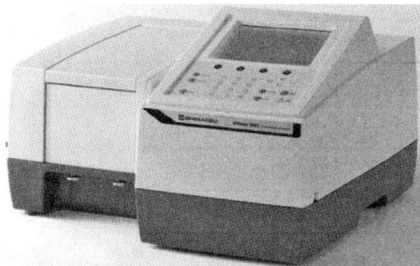

附图 6　岛津 UVmini-1280 紫外分光光度计

（2）主要技术参数

该仪器的主要技术参数如附表 31 所示。

附表 31　技术参数汇总

技术参数	设定范围
仪器结构	双波长
光谱带宽	5 nm
自动程度	自动波长
波长准确度	±1.0 nm
覆盖波段	紫外可见近红外
杂散光（S.L.）	峰峰比≤0.002 Abs，RMS≤ 0.000 5 Abs
接收器类	硅光电二极管
波长范围	190～1 100 nm

（3）测定项目

1）单波长光度测量

①打开主机电源，待主机自检完成后，按"Enter"后选择"1"。

②按"Go to WL"输入测量波长，按"Enter"确定。

③按"FI"选择测量"Abs"或"T%"。

④将盛有空白液的比色皿放入样品架中，盖上样品室盖子，按"Auto Zero"。

⑤待屏幕上的数值回到 0 或 100%时，打开样品盖，将样品侧的空白液更换为测试样品液，盖上盖子。

⑥按"Start"键，记录下读数。

⑦测量下一样品只需将样品倒入比色皿中并放入样品架，按"Start"键即可。

2）多波长光度测量

①打开主机电源，待主机自检完成后，按"Enter"后选择"2"。

②按"1"选择测量"Abs"或"T%"。

③按"2"选择波长的个数后输入波长。

④将盛有空白液的比色皿放入样品架中（两个空白），盖上盖子，按"F1"。

⑤待"校正基线"完成后，打开样品盖，将样品侧的空白液更换为测试样品液，盖上盖子。

⑥按"Start"键，记录下读数。

⑦测量下一样品只需将样品倒入比色皿中并放入样品架，按"Start"键即可。

3）光谱测量

①打开主机电源，待主机自检完成后，按"Enter"后选择"2"。

②按"2"输入扫描范围的起始波长，按"Enter"确认。

③选择扫描速度为中速或慢速。

④将空白液的比色皿放入样品架中，盖上盖子，按"FI"进行"校正基线"。

⑤待"校正基线"完成后，打开样品室盖子，将比色皿里的液体更换为样品液体，盖上盖子。

⑥按"Start"键，开始测量。

⑦扫描完成后，按"F2"键，按"3"键，查看最大吸收位置。

（4）仪器维护保养

①保持样品室的干燥、洁净，潮湿天气时需往样品室放置干燥剂（如变色硅胶），使用的时候需把干燥剂取出，用完后放回。

②样品室左右两边分别有两个石英窗，如有灰尘需用擦镜纸擦干净。

③比色皿用手握磨砂面，样品装载量为 3/4 左右，用擦镜纸擦干透明面放进样品室，透明面朝光源方向，用完后清洗干净晾干待用。

④观察自检时 D2 灯及 W1 灯的能量检查，如自检不通过需及时换，更换灯需戴干净棉手套，不能同手直接握灯外壁。

⑤建议每个季度做一次仪器校准，即开机仪器自检完之后按功能键"F3"进入仪器维护，按"2"进行基线校正，校正完毕后按"1"进入仪器确认界面使用自动检查，按"Start"键开始，检查过程中要观察检查结果是否合格。

4.6　FR224CN 电子天平

（1）仪器概述及外观

FR224CN 电子天平有 18 种称量单位及自定义单位，包括计件称量、百分比称量、动态称量、峰值保持及密度直读（适用于固体、液体、多孔材料等的密度测试），其出色的环境滤波优化设置、微量加样技术及数字处理技术，有助于快速获得稳定的称量结果。电子天平配有宽视角智能背亮液晶显示屏，能够同时显示双行数据，获取更多称量信息（附图 7）。

附图 7　FR224CN 电子天平

（2）技术参数

FR224CN 电子天平的主要参数见附表 32。

附表 32　主要技术参数汇总

技术参数	设定范围
最大称量	220 g
分度值	0.000 1 g
检定分度值	0.001 g
重复性	0.000 1 g
线性误差	0.000 2 g
典型稳定时间	4 s
天平外尺寸	343 mm×217 mm×365 mm
秤盘尺寸	90 mm
秤盘上方高度	240 mm

（3）操作面板简介

操作面板如附图 8 所示，不同按键代表不同功能：

①置零：短按——开机/置零/确认进入此菜单；长按——关机。

②打印：短按——打印当前称量值等信息/按箭头方向，向下一层选择菜单；长按——单位转换。

③功能：短按——进入菜单后，按箭头方向，向上一层选择菜单；长按——设置当前称量模式的参数；长按并保持——改变当前称量模式。

④去皮：短按——去皮/退出菜单；长按——进入校准菜单/选择其他菜单。

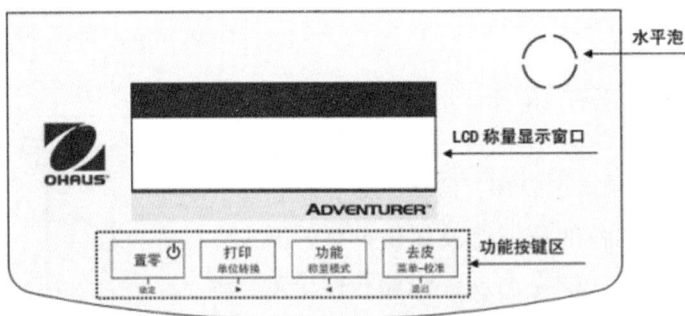

附图 8　操作面板

（4）称量操作

①开机：短按"置零"键开机。

②基本称量：将待测物体放上秤盘，待零点稳定后显示的读数即为待测物体的重量。

③去皮：通过去皮，能够只显示出容器内所装物体的重量（净重），将容器放置到秤盘上，按"去皮"键。将被测物体添加到容器中，被测样品的净重将会显示出来，用 NET

表示。要清除掉皮重值，从秤盘上取下容器，按"置零"键。

④关机：长按"功能"键关机。

（5）校准天平

具体操作步骤及控制面板显示情况如附表33所示。

附表33　天平校准步骤及面板显示图汇总

操作步骤说明	控制面板显示
长按菜单键，进入校准菜单	 MENU CALIBRATE
选择校准方式，按"确定"键，选择量程校准	 CAL SPAN
检测零位	 -- 0 -- BUSY
在秤盘上放入提示的砝码，如图放入 200 g 砝码，此时可以按▶键选择其他砝码值（建议用提示砝码做校准）	 200.0000 g ADD WEIGHT
天平校准中	 200.0000 g BUSY
移走砝码	 -- 0 -- CLEAN PAN
天平校准完毕，可进入称量	 -- SPAN -- CAL DONE

（6）注意事项

①使用前，提前 30 min 预热，调整天平至水平状态。

②使用时请勿移动天平，称量重量不可超过上限。

③使用环境不可潮湿，最好干燥恒温，可在天平内放置变色硅胶以除湿。

④使用时避免在空气直接流通的通道上，称量时关闭挡板读数。

⑤使用中要避免暴晒和阳光直射，若环境温度超过额定温度范围，会引起称量误差。

⑥注意不要使腐蚀性物质渗入或滴落在电子天平上，使用完毕及时清扫。

⑦日常清洁时，建议使用一块软布蘸上水或者温和清洁剂定期对天平进行清洁。

⑧不得让液体进入天平，否则可能会损坏天平的内部电路或者传感器，造成天平读数不稳定或者无法称量。

4.7　电热鼓风干燥箱

（1）仪器概述及外观

电热鼓风干燥箱通过电阻丝加热的方式，面板控温，鼓风循环，使内腔室保持在一定温度，满足玻璃器皿干燥、干热空气灭菌及一切与热处理相关的操作的需求（附图9）。

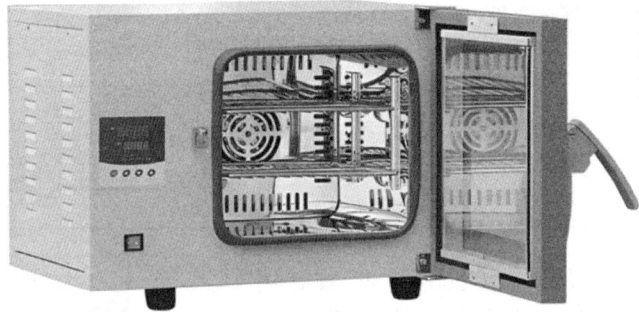

附图9　电热鼓风干燥箱

（2）主要技术参数

电热鼓风干燥箱的主要技术参数如附表34所示。

附表34　电热鼓风干燥箱的主要技术参数汇总

技术参数	数值
内腔室尺寸	350 mm×450 mm×450 mm
外形尺寸	500 mm×800 mm×610 mm
工作电源	220 V 单相 50 Hz/380 V 三相 50 Hz
温度范围	10～300℃
升温时间	＜100 min
表面升温	≤70℃
温度波动度	小于±1.5℃
温度均匀性	小于±2.5%
额定功率	1.8 kW
电机功率	40 W

（3）操作步骤

①通电前先检查一下电器性能，确保无漏电或短路情况。

②将需要干燥的样品或器皿放于干燥室的架层上，关紧箱门。

③通电后开电源开关，设置所需温度，当设备灯亮起后再开鼓风机开关。

④当干燥机内温度达到设定温度后，设备内受余温影响会继续升温，自控控温系统会进行调控恒温，时间约为 30 min。

⑤使用结束，应先关闭电源开关及鼓风机开关，待内部物品冷却再取出，若是需要立刻取出的样品，必须佩戴隔热手套进行操作，以免烫伤。

（4）注意事项

①烘箱用于干燥器皿时，应根据烘干对象选择合适的干燥方式：盛放类器皿可采用 105～120℃干燥 1 h；若为厚壁玻璃，应采用逐步升温的方式；塑料或有机玻璃类的器皿，建议干燥温度不要超过 60℃。

②有鼓风的烘箱，在加热和恒温的过程中必须将鼓风机开启，否则影响工作室温度的均匀性，甚至导致加热元件损坏。

③使用干燥箱时不能超过其允许的最高温度（300℃）。

④禁止烘焙易燃、易爆、易挥发及有腐蚀性的物品。

⑤干燥箱内摆放不能过于拥挤，要留出能够保证空气流动的空间，散热板上不应放样品，以免影响热气流向上流动。

⑥箱门以尽量少开为好，以免影响恒温，特别是当工作温度在 200℃以上时，开启箱门有可能使玻璃门骤冷而破裂。

⑦从烘箱中取出样品或器皿时，要戴隔热手套，防止烫伤。

⑧应定期检查银触点，当出现不平或发毛等情况时要及时砂平。

⑨保证用作调节温度的金属管稳定且不受外力影响，以免影响其灵敏度。

⑩使用完干燥箱之后做好箱内外清洁，并切断电源，养成良好的使用习惯。

4.8 JPSJ-605F 型溶解氧测定仪

（1）仪器概述及外观

JPSJ-605F 型溶解氧测定仪可满足多个参数的测量，包括溶解氧浓度值、溶解氧饱和度值和温度值。仪器具有电极标定提醒功能，可自动温度补偿，同时支持气压校准和盐度校准。采用大屏幕点阵式液晶显示，直观清晰、内容全面。配备 3 种读数模式、多种平衡条件、2 种定时读数模式（定时终止测量和定时自动间隔测量），清晰掌握样品的连续

附图 10　JPSJ-605F 型溶解氧测定仪

变化过程。能够存储 500 套测量数据，符合 GLP 规范，便于数据的查阅、删除和打印。支持 USB 连接 PC、串口打印机，具有断电保护功能，断电后数据不会丢失（附图 10）。

（2）技术参数

JPSJ-605F 型溶解氧测定仪的主要技术参数如附表 35 所示。

附表 35　JPSJ-605F 型溶解氧测定仪的主要技术参数汇总

技术参数		设定范围
仪器级别		±0.30 mg/L
测量参数		溶解氧浓度、溶解氧饱和度和温度值
溶解氧范围		电子单元：0.00～99.99 mg/L
		配套范围：0.00～50.00 mg/L
最小分辨率		0.01 mg/L
单元示值误差		±0.10 mg/L
仪器示值误差		≤20.00 mg/L：±0.30 mg/L
		>20.00 mg/L：±10.0%
响应时间		≤45 s（20.0℃时 90%响应）
盐度补偿误差		±2%
饱和度	范围	0.0～600.0%
	最小分辨率	0.1%
	单元示值误差	±2.0%
	仪器的示值误差	±10.0%
温度	范围	−10.0～135.0℃/14～275℉
	最小分辨率	0.1℃/0.1℉
	单元示值误差	±0.1℃/±0.18℉
	仪器的示值误差	±0.3℃（0.0～60.0℃）；±1.0℃（其他范围）
电源		电源适配器（输入：AC 100～240 V，输出 DC 9V）
尺寸/重量		242 mm×195 mm×68 mm/0.9 kg

（3）仪器功能介绍

仪器有 3 种测量工作状态，即溶解氧浓度值测量、溶解氧饱和度值测量和电流值测量。仪器各测量工作状态可通过"模式"键进行切换。仪器操作面板共有 15 个操作键，分别为 ON/OFF、模式、零氧、满度、气压、盐度、打印 1、打印 2、贮存、删除、查阅、确认和取消。

（4）仪器测量

按下"ON/OFF"键，仪器将显示"JPSJ-605 溶解氧仪"和"雷磁"商标，此显示几秒后，仪器自动进入溶解氧浓度值测量工作状态。

①旋开探头盖子，装入电极保护液，旋上盖子，确保没有气泡产生，仪器接上电极，开启电源，需要预热 30 min。

②仪器不接温度传感器，则仪器温度值设为 25.0℃。

③无论仪器处于何种测量工作状态时，当仪器显示"溢出"，说明仪器超出测量范围或溶解氧电极已损坏。

④一般情况下，仪器在测量前必须对电极进行校准。

⑤选择测定模式，将探头放入待测溶液中，待数值稳定，即可读数。

⑥测量结束，将探头用去离子水清洗干净，如果短时间内需要再次使用，则将探头保存在干净的去离子水中即可，如果长时间不用，则将探头内的电极保护液倒掉，清洗干净，干燥保存。

（5）仪器校准

1）零氧校准

按"零氧"键，使仪器处于"零氧"校准状态。同时，将溶解氧电极放入 5%新配制的亚硫酸钠溶液中，待仪器显示读数趋于稳定后，按下"确认"键，仪器即完成零氧校准并返回测量工作状态。若在校准过程中按"取消"键，仪器将取消零氧校准并返回测量工作状态。在校准过程中仪器显示溶解氧浓度值、溶解氧饱和度值或电流值，可通过按"模式"键选择。仪器完成零氧校准后，必须进行满度校准。

2）满度校准

按"满度"键，使仪器处于"满度"校准状态，把溶解氧电极从溶液中取出，用水冲洗干净，用滤纸小心吸干表面的水分，并放入盛有去离子水容器（如三角烧瓶中）靠近水面的空气上或者放入空气中，但电极表面不能沾上水滴，待读数稳定后，按下"确认"键，仪器完成满度校准并返回测量状态。若在校准过程中按下"取消"键，仪器将取消满度校准并返回测量工作状态。在校准过程中仪器显示溶解氧浓度值、溶解氧饱和度值或电流值，可通过按"模式"键选择。

3）气压校准

在仪器完成零氧校准、满度校准后，若当时大气压与标准大气压相差甚大时，须进行气压校准，按"气压"键，使仪器处于"气压"校准状态。然后，通过按"▲"或"▼"键，调节气压设置参数（测量时的大气压值），参数范围为 77.0～110.0 kPa。再按"确认"键，仪器即完成气压校准并返回测量工作状态。若在调节过程中按下"取消"键，仪器将取消气压校准并返回测量工作状态。

4）盐度校准

在仪器完成上述步骤后，仪器若用于海水或海水养殖场测量时，按"盐度"键，使仪器处于"盐度"校准状态。然后，通过按"▲"或"▼"键，调节盐度设置参数，其参数为被测溶液的盐度值（由于本仪器没有盐度测量功能，请用户自行确定盐度值），参数范围为 0.0～40.0 g/L。再按"确认"键，仪器完成盐度校准并返回测量工作状态。若在调节过程中按下"取消"键,仪器将取消盐度校准并返回测量工作状态。

4.9 HNY-2102C 智能恒温培养摇床

(1)仪器概述及外观

HNY-2102C 智能恒温培养摇床(振荡器)广泛应用于对温度、振荡频率、振幅有较高要求的生物、化学相关的教学及科研工作。具有九段可编程曲线控制技术及强大的数据处理功能,实现循环、步移、反复、阶梯、定值等模式的控制。可调式封闭循环加热、制冷系统,智能制冷无霜运行技术,可使设备在低温状态下长时间稳定运行,静音风扇设计和强制对流方式确保了良好的恒温效果,而且有光照和紫外消毒功能。慢启动设计防止了骤然启动造成的摇瓶液体外溅,有效保证了定量实验的准确性。运行参数加密码锁,避免人为误操作。电源意外断电,来电后自动按原设定程序恢复运行。如果电机过热、温度失控会自动断电。仪器内部摇板高度可调,满足不同工作空间的要求,外配大屏幕背景光液晶显示屏,中文字幕人机对话提示功能,同时显示实测值、设定值和机器运行状态(附图11)。

附图 11　HNY-2102C 智能恒温培养摇床

(2)主要技术参数

HNY-2102C 智能恒温培养摇床的主要技术参数如附表 36 所示。

附表 36　HNY-2102C 智能恒温培养摇床的主要技术参数汇总

主要技术参数	设定范围
对流方式	强制对流
振荡器方式	回旋
回旋频率范围/(r/min)	30~300
回旋频率精度/(r/min)	±1
摇板摆振幅度/mm	$\Phi 26$
最大配置	100 mL×48 或 250 mL×24 或 500 mL×24
标准配置	250 mL×24
定时范围/h	0~999
温控范围/℃	4~60

主要技术参数	设定范围
温控精度/℃	±0.1
温度均匀度/℃	≤0.5（37℃）
温度波动度/℃	≤0.1（37℃）
外形尺寸/mm	700×560×1 260
容积/L	175
功率/W	850
电源	AC 220 V±10%，50～60 Hz

（3）运行方法

1）定时运行

①打开机器右侧面电源开关（开关内灯亮）。

②听到"嘀"声（约 3 s）后，按机器正面右上方控制面板中"电源"键（超过 3 s），打开显示界面。

③按"设定"键→显示"输入密码"→按"▲"或"▼"键→设定密码为"0002"→按"设定"键确认→进入设定界面，分别按"时间""温度""转速"，调节"▲"或"▼"键，设定所需数值，再按"设定"键确认。

④按"启/停"键，机器开始工作。

⑤当仪器按照设定的工作状态运行完毕后，左下角显示"完成"，蜂鸣器报警，仪器自动停止转动，报警指示灯亮，此时仪器恒温系统仍正常工作，按"温度"键可消除报警声。

2）持续运行（无时间要求的运行）

①打开机器右侧面电源开关（开关内灯亮）。

②听到"嘀"声（约 3 s）后，按机器正面右上方控制面板中"电源"键（超过 3 s），打开显示界面。

③按"设定"键→显示"输入密码"→按"▲"或"▼"键→设定密码为"0003"→按"设定"键确认→显示"持续模式"→进入设定界面，按"▲"或"▼"键→设定参数为"1"→按"设定"键确认（时间栏显示"@时间：600:00:00"，运行时间栏显示为"@时间：599:59:59"，末位"59"在循环变化）。

④按"设定"键→显示"输入密码"→按"▲"或"▼"键→设定密码为"0002"→按"设定"键确认→进入设定界面，分别按"温度""转速"，调节"▲"或"▼"键，设定所需数值，再按"设定"键确认。

⑤按"启/停"键，机器开始工作。

⑥当仪器按照设定的工作状态运行完毕后，左下角显示"完成"，蜂鸣器报警，仪器自动停止转动，报警指示灯亮，此时仪器恒温系统仍正常工作，按"温度"键可消除报

警声。

⑦退出"持续模式"：按控制面板中"电源"键关机，再按"电源"键开机，则退出"持续模式"。

（4）注意事项

①当设置温度及关机再开机时，要确保两次设置温度和再次开机的间隔大于 10 min。

②设备应放在坚固平稳的平面上，并使其保持水平状态。

③设备如需连续制冷时，须 10 d 做一次加热驱潮处理，半年清理一次压缩机冷凝器上的灰尘，以保证制冷效果。

④如遇实验器皿打碎，立即将摇板取下将液体和残留玻璃清除干净。

⑤应经常检查烧瓶夹固定螺丝，以防夹具脱落。

⑥设备工作时不要随意打开，否则会影响恒温效果。

⑦设备外涂层不可与汽油等挥发性化学品接触。

⑧如果电源软线损坏，应使用本公司专用配件。

⑨保持箱内外洁净，经常清理杂物、污迹。

⑩开启设备箱门前应确认摇板已处于静止状态。

4.10 SG-XL-1100 马弗炉

（1）仪器概述及外观

SG-XL-1100 马弗炉以电阻丝为加热元件，升温速度快，以氧化铝多晶体纤维固化炉膛，保温性能好，采用智能化程序控温系统，精确度高，可满足不同升温程序需求。仪器内部空间大，外形体积小，重量轻，能耗低，结构设计合理，适用于高校、科学院所、工矿企业做高温烧结、金属退火、新材料开发、有机物质灰化质量检测之用，也适用于军工、电子、医药、特制材料的生产和实验（附图 12）。

（2）主要技术参数

SG-XL-1100 马弗炉的主要技术参数如附表 37 所示。

附图 12 SG-XL-1100 马弗炉

附表 37　SG-XL-1100 马弗炉的主要技术参数汇总

主要技术参数	设定范围
炉体材料	优质冷板经磷酸皮膜盐处理后高温喷塑
炉胆材料	氧化铝多晶纤维材料
隔热方法	纤维棉毯
测温口	热电偶（从炉体下方进入）
接线柱	发热炉丝接线柱位于炉体下方位置
炉体支架	角钢框架金属面板，内置控制系统及补偿导线，位于炉体下方位置
加热元件	优质合金丝 0CR27AL7MO2
温度范围	100～1 100℃
波动度	±1℃
显示精度	1℃
升温速率	≤30℃/min
功率	1.5 kW
电源	220 V，50 Hz

（3）操作步骤

1）打开电源开关，将"lock 旋钮"顺时针旋到最右边，黄指示灯亮。

2）按下绿色按钮"turn on"，听到"啪"的一声，表示开启正常。

3）设置程序，按下确认键，PV 处显示 step，SV 处显示开始设置的步骤数，温度和时间由"▲""▼"来设置；设置示例，从室温 25℃在 1 h 内升温至 450℃，保持 4 h，然后自然降温。具体步骤如下：

①程序 1：先按确认键，再按"AM 键"，PV 显示"C 01"设置为室温"25℃"，按确认键，PV 显示为"t 01"，设置时间为"60 min"。

②程序 2：按下确认键，PV 显示"C 02"，设置温度"450℃"，按下确认键，PV 显示"t 02"，设置时间"240 min"，这段时间为恒温时间。

③同时按住左键和圈键，程序设置完成。

④长按"run 键"，PV 和 SV 温度显示都在升温（注意：SV 是设置程序的温度，PV 是烘箱里面实际的温度）。

⑤日常停机：等待炉温降至 30℃以下后，长按"stop 键"，SV 窗口显示 stop，如需要关闭主电源，在日常停机基础上按下"turn off 键"，听到"啪"的一声后，将 lock 键逆时针旋到最左边，显示窗灯灭，最后将墙上的电闸打下即可。

（4）注意事项

①马弗炉加热温度不得超过规定的极限。

②严禁在马弗炉内灼烧有腐蚀性、爆炸性物品。

③实验结束，必须等温度降到30℃以下，方可打开腔门，取出物品。

④从炉中取出灼烧完的物品时，必须使用坩埚钳等工具，佩戴隔热手套。

⑤马弗炉上不得放置纸箱等易燃物品。

4.11 博勒飞 Brookfield DV-Ⅰ黏度计

（1）仪器概述及外观

Brookfield DV-Ⅰ黏度计通过一个经校验过的铍-铜合金的弹簧带动一个转子在流体中持续旋转，旋转扭矩传感器测得弹簧的扭变程度即扭矩，其与浸入样品中的转子被黏性拖拉形成的阻力成比例，由此测定溶液黏度。对于一个黏度已知的液体，弹簧的扭转角会随着转子转动的速度和转子几何尺寸的增加而增加，所以在测定低黏度液体时，使用大体积的转子和高转速组合；相反，测定高黏度的液体时，则用细小转子和低转速组合。仪器采用液晶显示屏，显示信息包括黏度、温度、剪切应力/剪切率和扭矩及转子号/转速，测定准确度及精密度高，广泛应用于环境、食品、化学等多个领域（附图13）。

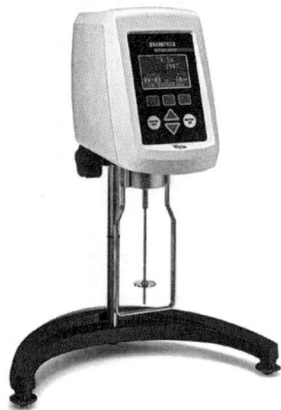

附图 13　Brookfield DV-I 黏度计

（2）主要技术参数

Brookfield DV-I 黏度计主要技术参数见附表38。

附表 38　Brookfield DV-I 黏度计主要技术参数汇总

主要技术参数	设定范围
转速范围	0.01～250 r/min
转速递增	在 0.01～0.99 r/min，以 0.01 r/min 的速度递增；在 1.0～250 r/min，以 0.1 r/min 的速度递增
输入电压	90～260 V 交流电压
功率	小于 20 W
净重	14.5 kg
工作温度	−100～300℃
扭矩模拟信号输出	0～1 V
温度模拟信号输出	0～4 V
黏度测量精度	±1%
重复性	±0.2%
温度测量精度	在−100～149℃，精度为±0.1℃；在 150～300℃，精度为±0.2℃

（3）控制面板介绍

1）↑（上箭头）：用于选择转速、转子以及其他选项。

2）↓（下箭头）：用于选择转速、转子以及其他选项。

3）MOTOR ON/OFF：开关电机。

4）SET SPEED：转速设定。

5）AUTO RANGE：显示当前转子/转速组合下，可测量的黏度最大值。

6）SELECT SPINDLE：按第一下进入转子设定模式，通过上下箭头选择合适的转子编号，再按第二下确定。

（4）电子间隙操作界面介绍

所谓电子间隙操作界面，是指通过调节盛装样品溶液的测样盒高度，确保其与转子恰好相切，在最佳状态下完成黏度测定。

1）切换开关：开启/关闭电子间隙设定功能，拨向左，关闭电子间隙设定功能；拨向右，开启电子间隙设定功能。

2）红色指示灯：亮时，表示开启电子间隙设定功能。

3）黄色指示灯：亮时，表示接触点已经找到。

4）微调环：用于调节锥与板之间的相对间隙，左旋，顺时针，降低样品杯的位置；右旋，反时针，则升高样品杯，环上每格代表 0.000 5 英寸的移动量。

（5）操作说明

1）确定仪器安装在支架上，调节水平（旋动支架底部两个螺丝），使水平气泡在黑色圆圈中。

2）进行自动校零。

3）打开黏度计主机后面的电源开关，屏幕显示为

```
BROOKFIELD   DV-I+
RV     VISCOMETER
```

4）几秒钟以后，屏幕显示为

```
BROOKFIELD   DV-I+
VERSION:  5.0
```

5）这时不需要按任何键，随后屏幕将显示为

```
REMOVE SPINDLE
PRESS ANY KEY
```

6）扳动仪器底下的固定扣，取下测样盒，用附送的扳手将黏度计的连接头轻轻抬起，然后逆时针方向旋下转子，取下转子以后，按任意键，开始自动校零，屏幕会闪烁

Autozeroing Viscometer，过了大约 15 s，屏幕显示为

```
REPLACE SPINDLE
PRESS ANY KEY
```

7）然后按任意键，屏幕会出现默认主显示：

黏度值（cP 或 mPa·s）——→ cP 0.0   70.1℉ ←——用可选的温度探针显示温度
转速 ——→ 0.0 RPM   % 0.0 ←—— % 扭矩
（有温度探针）

8）用附送的扳手将黏度计的连接头轻轻抬起，然后顺时针方向旋上转子。

9）移取 2 mL 溶液于测样盒中，轻轻晃动使溶液铺满底部，随后将装有溶液的测样盒安装上去。

10）设置电子间隙。

①将指示灯打开：进入间隙调节状态，此时红灯亮。

②如果黄灯也亮：就要顺时针旋转有刻度的微调环直到黄灯灭。

③如果黄灯不亮或者较暗：则逆时针旋转微调环直到黄灯刚刚亮，该点即为锥/板接触点。

④旋转微调环对齐两条标志线。

⑤锥板间隙设置完毕，关掉开关使红色灯灭。

⑥按"SELECT SPEED"键，调节"↑"，将转速设为 100 r/min，按"SELECT SPINDLE"键，调节"↑/↓"键，直至显示"S41"转子即可。

⑦打开电机，按"MOTOR ON/OFF"键，开始测定样品溶液的黏度（扭矩显示值在 10%～90%测得的结果较准确），待黏度值稳定（只有最后一位数值波动）即可记录数据。

⑧测定结束，关闭电机，按"MOTOR ON/OFF"键，将测样盒及转子取下清洗，用擦镜纸拭擦干净后方可测定下一个样品。

⑨测量完毕取下转子，然后清洗干净，放回装转子的盒中。

（6）注意事项

①仪器测量前必须先调节水平。

②安装或卸载转子的时候，任何向下或者横向的运动都会对这个支撑系统产生很大的磨损，所以要控制好力度。

③样品装量为 2 mL，过多会淹没转子，过少会导致液体无法铺平底部，使得测定结果不准确。

④样品装入测样盒时应保证没有气泡，且轻轻晃动以铺平底部。

⑤如果测样盒内有纸屑，可用待测溶液先进行润洗，否则会影响测定结果。

⑥使用过的转子及测样盒要根据样品溶液的性质选择合适的清洗剂，切不可使用试

管刷等硬质清洗工具，以免产生刮痕导致测量结果偏差。

4.12 Leica DM500 双目生物显微镜

（1）仪器概述及外观

Leica DM500 双目生物显微镜配有 4 位物镜转换（4x、10x、40x、100x）和平场消色差物镜（放大倍数为 10x），具有高放大倍率、出色的分辨率和对比度等优点。显微镜的预聚焦、预居中的聚光器和预置屈光度功能可以避免错误调整。仪器配备 USB 接口，整个显微镜的表面及所有触点均使用银离子添加剂进行抗菌处理，可以抑制细菌生长，保持安全的实验室环境（附图 14）。

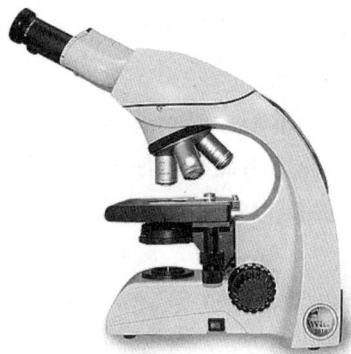

附图 14　Leica DM500 双目生物显微镜

（2）主要技术参数

Leica DM500 双目生物显微镜的主要技术参数如附表 39 所示。

附表 39　Leica DM500 双目生物显微镜的主要技术参数汇总

主要技术参数	设定范围
机身	一体化机身，内部核心全金属，不含塑料件
光学系统	HC 无限远光学系统，齐焦距离 45 mm
载物台	自支撑结构，双层机械载物台，移动行程 75 mm×50 mm
调焦机构	助力式对焦机构，齿轮部件为铜材质，非 PVC 材质，抗磨耐用
聚光镜	预对焦聚光镜，预留可升级相差滑片的插槽，带有与物镜相对应的最佳孔径光阑指示，科勒照明阿贝聚光镜 NA1.25（浸油使用时）内置孔径光阑
照明系统	内置 LED 透射光照明系统，光源寿命 20 000 h
观察筒	双目观察筒目镜与镜筒集成在一起，防止脱落。可以 360°旋转，瞳距调整范围：50～75 mm，倾斜角度：30°
目镜	宽视野 10x
物镜转盘	与显微镜机身固定的内倾式 4 孔物镜转盘，便于放置标本
物镜	平场消色差物镜 4x（N.A.≥0.1，W.D≥18 mm） 10x（N.A.≥0.25，W.D≥17.6 mm） 40x（N.A.≥0.65，W.D≥3.6 mm） 100x（N.A.≥1.25，W.D≥0.1 mm）

（3）使用方法

1）低倍镜的使用

①置显微镜于平整的实验台上，镜座距实验台边缘 3～4 cm。

②打开光源灯并取下光源灯的保护盖。

③拨动回转板，将放大倍数为 4 倍的接物镜切换至镜筒正下方，调节光圈使其与物镜所选的放大倍数相匹配，然后用眼对准接目镜，调节目镜间距和光源强度，使视野内的亮度适宜。

④把示范片放到载物台上，确保所要观察的标本放到圆孔的正中央。

⑤使用粗调节器使载物台升高，与镜头之间的距离达到最小。

⑥用粗调节器慢慢降低载物台，使标本在视野中初步聚焦，再用细调节器使图像清晰。

注：如步骤⑥所述，使用粗调节器使载物台降低的过程中，假如旋转粗调节器太快，致使超过焦点，标本不能出现时，必须从步骤⑤做起。

2）高倍镜的使用

①在低倍镜下找到观察对象后，应先预估高倍镜的靠近是否会移动载玻片，如果会，应先用粗调节器将载物台降低，再进行切换。

②拨动回转板，将放大倍数为 10（或 40）倍的接物镜移至镜筒的正下方。

③调节光圈使其与物镜所选的放大倍数相匹配。

④若在第①步中使用了粗调节器降低载物台，那么此处需要依次使用粗调节器和细调节器使标本清晰，否则可直接使用细调节器对清晰度进行调整。

注：在一般情况下，当物像在一种物镜中已清晰聚焦后，切换至其他物镜时，物像将保持基本准焦的状态，这种现象称为物镜的同焦。因此，理论上在使用了低倍镜后再使用高倍镜、油镜等放大倍数高、工作距离短的物镜时，仅用细调节器即可清晰聚焦，避免由于使用粗调节器时可能的误操作而损坏镜头或玻片。但由于切换前可能有使用粗调节器降低载物台的操作，切换后可以根据实际情况选择合适的调节器，只要确保在使用粗调节器的过程中时刻关注镜头和玻片之间的距离即可。

3）油镜的使用

①在高倍镜下找到观察对象后，用粗调节器降低载物台，然后拨动回转板，将放大倍数为 100 倍的接物镜移至镜筒的正下方。

②调节光圈使其与物镜所选的放大倍数相匹配。

③在标本区域滴加香柏油，从正前方注视，用粗调节器将载物台小心地升高，使镜头刚好与香柏油相切。

④使用细调节器使物像清晰。

4）显微镜用毕后的处理

①转动粗调节器，使载物台下降至最低，取下玻片。

②用擦镜纸拭去镜头上的镜油，然后用擦镜纸蘸少许乙醇擦去镜头上残留的油迹，最后再用干净的擦镜纸擦去残留的乙醇。

③按照上述方法清洁玻片上的香柏油。

④将放大倍数为 4 倍的接物镜切换至镜筒正下方，调节光圈使其与物镜所选的放大倍数相匹配。

⑤关闭光源和开关，盖上光源灯的保护盖，套上镜罩。

（4）注意事项

①取、放显微镜时应一手握住镜臂，一手托住底座，使显微镜保持直立、平稳，切忌单手拎提。

②使用显微镜应双眼同时睁开观察，以减少眼睛疲劳，也便于边观察边绘图或记录。

③在任何时候使用粗调节器聚焦物像时，必须先从侧面注视，小心调节物镜与玻片之间的距离，然后用目镜观察，慢慢调节物镜离开标本，以免因一时的误操作损坏镜头及玻片。

④切忌用手或其他纸擦拭镜头。

⑤用擦镜纸擦拭镜头时应顺着一个方向，切忌来回多次摩擦镜头。

⑥用油镜观察完样本后，不可随意切换回高倍镜和低倍镜，防止玻片上的镜油污染干净的镜头。

4.13　德国 Sigma 3K-15 高速冷冻离心机

（1）仪器概述及外观

德国 Sigma 3K-15 高速冷冻离心机属于通用台式冷冻离心机，可配多种规格角转子，免维护变频电机，磁性转头识别，可避免转头过速；准确调节及显示转速，转速 100～15 300 r/min，即使在较高转速下运行也极为平稳；转头静止时也可进行温控。仪器配有微控制器，可预设离心力、速度、转头、时间和温度，20 种加速及减速曲线及 10 个程序记忆功能。离心机采用 R134a 环保无氟制冷，制冷迅速，符合国际安全标准、IEC1010 及 ISO 9001 质量认证等（附图 15）。

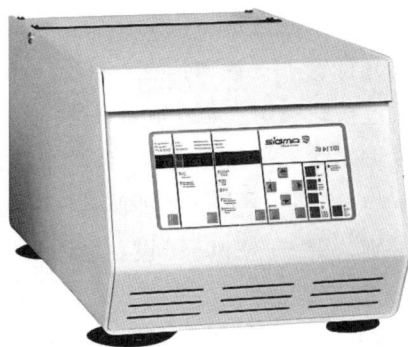

附图 15　德国 Sigma 3K-15 高速冷冻离心机

（2）主要技术参数

德国 Sigma 3K-15 高速冷冻离心机的主要技术参数如附表 40 所示。

附表 40　德国 Sigma 3K-15 高速冷冻离心机的主要技术参数汇总

主要技术参数	设定范围
转速范围	100～15 300 r/min
最大容量	0.8 L
最大相对离心力	23 031 g
时间控制	9 h 59 min/连续操作
工作温度范围	−20～40℃
程序	20 种加速及减速曲线及 10 个程序记忆功能
加速曲线	10
制动曲线	9
尺寸	675 mm×410 mm×380 mm
质量	37 kg
噪声	＜63 dB（A）
电源	230 V，60 Hz

（3）操作面板简介

1）显示屏：用 2 个字母表示（D 系列：DD、TD/ZD、PD），位于 3 个面板上部，数值显示包括速度、时间、温度等。

2）指示灯：每个面板上的指示灯用不同的字母及数字顺序号标出，如：D1、D2、以列的形式置于显示屏下方。

3）参数键：用第 2 个字母表示（P 系列：PP、TP、DP），位于每个面板右下角，按参数键在面板的一组参数值之间转换。

4）输入键：

①改变键——▲▼：需输入数据时，按▲增加数值，按▼减少数值，每按改变键一次，数据输入按内定步伐变化一次，连续按住改变键不放可加快数据输入速度。

②光标键——►◄：在一个显示屏中闪烁的竖光标可停留在数值中的任一数字符位置，通过按►◄可在数字符中转换，对于输入跨度较大的数据非常方便。

③编辑键——Edit：按编辑键一次，左上角指示灯变亮，可对 3 个面板上的参数值进行设定与修改，再按一次则取消设定与修改。

④确认键——Enter：设定修改后的参数值，按 Enter 键确认保存。

5）控制键：

①K1——启动键：启动离心机，开始进行离心。

②K2——短暂运行键：按住此键，离心机以最大加速曲线加速到转子最高速度，释放此键后以最大减速曲线减速，最长运行时间 9 min 59 s。

③K3——停止键：离心按预设离心曲线减速至静止。

④K4——快速停止键：离心机以最快速度停止运行。

⑤K5——开盖键：离心机处于静止状态时，按下此键，外盖自动打开。

（4）操作步骤

①将所需型号的转子垂直安放在电机转轴上，拧紧转子紧固螺栓。

②将所需离心的样品装入离心管中，盖上配套的盖子，确保溶液在离心过程中不会溅洒，可先称重，确保对位放置的两个离心管重量一致。

③将离心管放入转子的孔位后，将转子的保护盖旋上，盖上离心机顶盖。

④通过调节输入键，设定工作温度、转速及时间，再启动离心机。

⑤离心结束后，按下 K5 键，打开离心机顶盖，小心地将离心管取出，避免搅动底部沉淀物。

⑥将离心转子取出，清洁干净转子室，敞开离心机的顶盖，保持内部环境干燥，关闭仪器电源。

4.14　PinAAcle 900T 原子吸收光谱仪

（1）仪器概述及外观

PinAAcle 900T 是一款火焰/石墨炉原子吸收光谱一体机，火焰模式具有真正的实时双光束设计，可实现快速启动和无须校准的长期稳定性。氘灯背景校正确保在较大的波长范围内最大限度地提高灵敏度和精确度，并且通过燃烧器位置调节向导自动调整燃烧头位置；切换到石墨炉模式仅需几秒，只需卸下火焰燃烧器组件，仪器可配置氘灯或纵向塞曼效应背景校正，还可在同一系统上分析从最简单到最复杂的各种样品基体，而不会影响性能或灵敏度。仪器具有高通量光学系统，以及业内信噪比最高的固态检测器。此外，它还配备最先进的光纤光路设计，可有效提升光通量，改善检出限；TubeView™全彩色石墨炉摄像头可使自动进样器的针头校准更加便捷，也可对灰化和电离过程进行实时监控，方便方法开发（附图 16）。

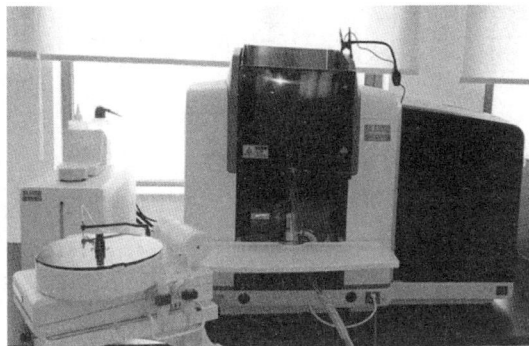

附图 16　PinAAcle 900T 原子吸收光谱仪

（2）主要技术参数

PinAAcle 900T 原子吸收光谱仪主要技术参数如附表 41 所示。

附表 41 PinAAcle 900T 原子吸收光谱仪主要技术参数汇总

主要技术参数		设定范围
光学系统	实时双光束系统	样品与参比光束同时测量
	全息光栅	面积＞60 mm×70 mm，刻度密度≥1 800 条/mm
	双闪耀波长	紫外和可见光区都有闪耀波长
	波长范围	190～900 nm
	计算机控制至少 8 灯架	自动转换和准直，内置空心阴极灯和无极放电灯电源
	焦距	＞260 mm
	倒数线色散率	＜1.6 nm/mm
	狭缝	共 0.2 nm、0.7 nm、2.0 nm 3 种宽度
原子化系统	升温方式	直流电加热升温
	加热方式	横向加热
	背景校正	纵向交流塞曼效应校正背景
	石墨炉加热速率和温度准确度	加热速率不低于 2 000℃/s，最高温度不超过 2 600℃
	气体控制	氩气
	最大气体消耗	不大于 0.7 L/min
自动进样器		带 80 以上位置的可拆卸样品盘
		进样量为 1～99 μL，最小增量 1 μL
		可自动加 2 种以上基体改进剂，自动稀释样品
		样品管、参比管序列可选
检测限		Cu＜0.9 pg；Cd＜0.07 pg；Zn＜0.2 pg
检测系统		固态检测器
乙炔输出压力		0.1 MPa
循环泵压力		0.25 MPa
真空泵压力		0.4 MPa
氩气压力		0.4 MPa

（3）火焰系统操作方法

1）开机流程

①确保仪器安装正确。

②接通气体，将出口表压调至推荐值（乙炔 80～100 kPa，氩气 350～400 kPa），打开空压机，设定压力为 300～400 kPa。

③接通循环冷却水系统，打开后板上的电源开关。

④打开计算机。

⑤选定和安装需要的空心阴极灯或无极放电灯。

⑥打开主机面板上 ON/OFF 开关（待空压机达到额定压力后，再开主机）。

⑦双击 WinLab 图标，进行联机自检，自检通过后进入软件操作界面。

⑧安装样品托盘、托盘支架和废液管。

2）建立方法

①点击菜单"文件 FileNew 方法 Method"，进入新建方法 New Method 对话框，在元素 Element 选项框中选择需要分析的元素。

②在方法编辑器 Method Editor 的光谱仪 Spectormeter 选项卡中，设置光谱测量参数。

③在方法编辑器 Method Editor 的取样器 Sampler 选项卡中，设置各气体流量参数。

④在方法编辑器 Method Editor 的校准 Calibration 选项卡中，设置校准方程式，编辑标样位置和浓度、标准系列、空白等参数。

⑤点击菜单"文件 File 另存为方法"，输入新方法名，点击 OK 保存。

⑥点击菜单"文件 File 新建试样信息文件"，进入试样信息编辑器对话框，设置样品参数，点击菜单"文件 File 另存为样品信息文件"。

⑦点击 Manual，进入手动控制分析 Manual Analysis Control，在结果数据组名称 Results Data Set Name 处点 Open，在对话框中 Name 处输入结果文件名，设置工作界面，包括手动分析控制 Manual Analysis Control、火焰控制 Flame Control、校准曲线显示 Calibration Display、结果 Results，保存工作界面"文件 File→另存为 Save As→工作界面 Workspace"。

3）分析样品

①点击灯设置 Lamps 菜单，弹出 Lamp Setup 窗口，点击元素灯左边 ON/OFF，或点击 Set Up 按钮，按照设定的参数调节。

②点击火焰控制 Flame Control，点击 Flame 开/关 ON/OFF 点燃火焰，吸入空白，火焰预热 5～10 min。

③在手动分析控制 Manual Analysis Control 对话框中，吸入空白，点击分析校准空白 Calibration blank，点击分析标样 Analyze Standard，测量校准浓度，获取校准曲线。

④点击分析空白 Analyze Blank 或分析试剂空白 Reagent blank，点击分析样品 Analyze Sample，分析样品。

4）关机流程

①测定完成后，让火焰继续处于点燃状态，同时吸空白溶液 10～15 min。

②点击火焰控制 Flame Control 中"OFF"，熄灭火焰，关闭乙炔气瓶，点击排气 Bleed Gas 排除管路中残留的乙炔。

③在灯设置 Lamp Setup 中点击"OFF"关闭灯。

④关闭 WinLab 软件，退出主菜单，依次关闭空压机、主机、计算机。

（4）石墨炉系统操作方法

1）开机流程

①确保仪器安装正确。

②接通气体，将出口表压调至推荐值（氩气 350～400 kPa），打开空压机，设定压力为 300～400 kPa。

③接通循环冷却水系统，打开后板上的电源开关。

④打开计算机。

⑤选定和安装需要的空心阴极灯或无极放电灯。

⑥打开主机面板上 ON/OFF 开关（待空压机达到额定压力后，再开主机）。

⑦双击 WinLab 图标，进行联机自检，自检通过后进入软件操作界面。

⑧从火焰系统切换至石墨炉系统：移去样品托盘和火焰观测门，断开废液管连接，按住安全锁，向后推动控制杆，移除火焰系统，拆除石墨炉保护盖，点 File-Change Technique-Furnace，在对话框中点击 OK，连接自动进样器。

⑨在石墨炉控制 Furnace Control 中点击开启/关闭石墨炉 Furnace ON/OFF，按分析方法的升温程序空烧或手动升温在 2 000℃空烧 20 s，在 2000℃以上不能超过 20 s，2 000℃以下需设置空烧时间，清洗石墨管 1～2 次。

2）建立方法

①点击菜单"文件 FileNew 方法 Method"，进入新建方法 New Method 对话框，在元素 Element 选项框中选择需要分析的元素。

②在方法编辑器 Method Editor 的光谱仪 Spectrometer 选项卡中，设置光谱测量参数。

③在方法编辑器 Method Editor 的取样器 Sampler 选项卡中，设置自动进样器和序列参数。

④在方法编辑器 Method Editor 的石墨炉 Furnace 选项卡中，设置炉程序，如干燥、灰化、原子化、清洗条件等参数。

⑤在方法编辑器 Method Editor 的校准 Calibration 选项卡中，设置校准方程式，编辑标样位置和浓度、标准系列、空白等参数。

⑥点击菜单"文件 File 另存为 Save As 方法 Method"，输入新方法名，点击 OK 保存。

3）分析样品

①点击灯设置 Lamps，弹出 Lamp Setup 窗口，点击元素灯左边 ON/OFF，或点击 Set Up 按钮，则按照设定的参数调节。

②分析前需校正自动进样针位置，保证进样到石墨管中且均匀。

③点击试样信息编辑器图标 SamInfo icon，编辑自动进样器参数，保存样品信息文件 Sample Info File。

④点击自动分析控制 Automated Analysis Control 窗口图标，在结果数据组名称 Results data set name 输入结果数据文件名；在分析 Analysis Control 窗口，点击重建列表 Rebuild List 显示分析序列；点击分析全部 Analyze All 全部分析；再点击分析全部 Analyze All，出现停止分析序列 Stopping an Analytical Sequence 图标，点 OK 立即停止分析；点击重置序列 Reset Sequence 结束分析序列。

⑤点击重建列表 Rebuild list 重建分析序列，点校准 Calibrate 进行标准系列浓度分析。

⑥点击分析样品 Analyze Samples，分析需要测试的样品。

4）关机流程

①在灯设置 Lamp Setup 中，点击"OFF"关闭灯。

②关闭 WinLab 软件，退出菜单，依次关闭空压机、主机、计算机。

（5）注意事项

1）用气安全

①乙炔有爆炸风险，需常查气路，与助燃气应分开存放，存放量不可超标。

②换气后必须进行检漏操作。

③重新拆卸燃烧室后必须检查各个密封圈是否良好，尤其雾化器处的密封圈，检查乙炔气路是否泄漏。

2）强磁场

使用石墨炉时，当塞曼启动时，一定范围内有强磁场，带心脏起搏器的人员不可进入。

4.15 上海雷磁 DDS-307A 型台式电导率仪

（1）仪器概述及外观

上海雷磁 DDS-307A 型台式电导率仪同时具有平衡测量和连续测量 2 种模式，可自动识别 4 种电导标准溶液，也可自定义标准溶液，支持自动和手动温度补偿；可根据实际情况设置电极常数；高清液晶显示屏，按键操作，可储存 50 套数据；具有断电保护功能，支持恢复出厂设置（附图 17）。

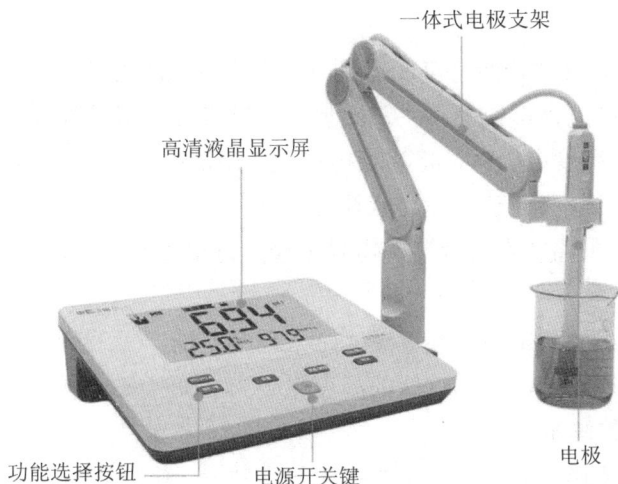

一体式电极支架

高清液晶显示屏

功能选择按钮

电源开关键

电极

附图 17　上海雷磁 DDS-307A 型台式电导率仪

（2）主要技术参数

上海雷磁 DDS-307A 型台式电导率仪的主要技术参数如附表 42 所示。

附表 42　上海雷磁 DDS-307A 型台式电导率仪的主要技术参数汇总

主要技术参数		设定范围
电导率级别		1.0 级
电导率	范围	0.00 μS/cm～200 mS/cm
	最小分辨率	0.01 μS/cm，根据量程自动切换
	电子单元引用误差	±1.0%FS
TDS	范围	0.00 mg/L～100 g/L
	最小分辨率	0.00 mg/L，根据量程自动切换
	电子单元引用误差	±1.0%FS
温度	范围	−5.0～110.0℃
	最小分辨率	0.1℃
	电子单元引用误差	±0.2℃
电源		输入 AC 100～240 V，输出 DC 9 V
尺寸/重量		242 mm×195 mm×68 mm，0.9 kg

（3）操作步骤

1）开机：仪器插入电源后，按仪器开关，仪器进入测量状态，预热 30 min 后，可进行测量。

2）在测量状态下，按"电导率/TDS"键可切换显示电导率及 TDS，按"温度"键设置当前的温度值，按"电极常数"和"常数调节"键进行电极常数设置。

3）如果仪器接上温度电极时，将温度电极放入溶液中，此仪器显示的温度数值为自动测量溶液的温度值，仪器自动进行温度补偿。

4）电极准备：用去离子水充分清洗电导电极，再用吸水纸擦净水分，待用。

5）功能设置：

①电极常数设置：按"电极常数"或"常数调节"键，输入所用电极常数。

②温度系数：无须设置，仪器默认的温度系数为 2.00%/℃。

6）电导率/TDS 的测量

测量电导率前应选择合适的电导电极：电导常数为 1.0 的电极有"光亮"和"铂黑"2 种形式，光亮电极适用范围为 2～3 000 μS/cm，超过 3 000 μS/cm 时使用铂黑电极。电导率范围及对应电极常数推荐见附表 43。

附表 43 电导率范围及对应电极常数推荐

电导率范围/（μS/cm）	推荐使用电极常数/cm^{-1}
0.05～2	0.01、0.1
2～200	0.1、1.0
200～2×10^5	1.0

操作完成后，仪器可用来测量样品溶液，按"电导率/TDS"键，使仪器进入测量状态。如果采用温度传感器，仪器接上电导电极、温度电极，用去离子水清洗电极头部，再用被测溶液清洗一次，将温度电极、电导电极浸入被测溶液中，用玻璃棒搅拌溶液使其均匀，显示屏上可读取测定结果。

（4）电导电极的标定

1）标准溶液法标定

①将电导电极接入仪器，断开温度电极（仪器不接温度传感器），仪器则以手动温度作为当前温度值，设置手动温度为 25.0℃，此时仪器所显示的电导率是未经温度补偿的绝对电导率。

②用去离子水清洗电导电极，将电导电极浸入标准溶液中。

③控制溶液温度恒定为：（25.0±0.1）℃。

④把电极浸入标准溶液中，读取仪器电导率 $K_{测}$。

⑤按下式计算电极常数 J：

$$J = \frac{K}{K_{测}}$$

式中，K——溶液标准电导率，查附表 44 可得。

附表 44 KCl 溶液近似浓度与其电导率的关系

温度/℃	电导率/（S/cm）			
	1 mol/L	0.1 mol/L	0.01 mol/L	0.001 mol/L
15	0.092 12	0.010 455	0.001 141 4	0.000 118 5
18	0.097 80	0.011 163	0.001 220 0	0.000 126 7
20	0.101 70	0.011 644	0.001 273 7	0.000 132 2
25	0.111 31	0.012 852	0.001 408 3	0.000 146 5
35	0.131 10	0.015 351	0.001 687 6	0.000 176 5

2）标准电极法标定

①选择一只已知常数的标准电极（设常数为 $J_{标}$）。

②选择合适的标准溶液（附表 45），配制方法见附表 46。

③把未知常数的电极（设常数为 J_1）与标准电极以同样的深度插入液体中。

④依次将电极接到电导率仪上，分别测出的电导率为 K_1 及 $K_标$。

附表 45　测定电极常数的 KCl 标准溶液

电极常数/cm^{-1}	KCl 溶液近似浓度/（mol/L）
0.01	0.001
0.1	0.01
1	0.01 或 0.1
10	0.1 或 1

附表 46　标准溶液的组成

近似浓度/（mol/L）	KCl 溶液质量浓度/（g/L，20℃空气中）
1	74.245 7
0.1	7.436 5
0.01	0.744 0
0.001	将 100 mL 0.01 mol/L 的溶液稀释至 1 L

（5）注意事项

①电极使用前须在去离子水中浸泡数小时，常用电极应贮存在去离子水中。

②铂黑系列电导电极的铂金片表面附着有疏松的铂黑层，应避免任何物体与其碰触，只能用去离子水进行冲洗，否则会损坏铂黑层。

③如果发现铂黑电极使用性能下降，可依次使用无水乙醇和去离子水浸洗。

④电极放置或使用一段时间后，其电极常数可能会发生改变，需重新标定。

⑤测量高纯水时应避免污染，正确选择电极的常数并最好采用密封、流动的测量方式。

⑥为保证测量精度，点击使用前先用小于 0.5 μS/cm 的去离子水冲洗，再用待测溶液清洗后方可测量。

4.16　YXQ-LS-75SⅡ立式蒸汽灭菌器

（1）仪器概述及外观

上海博迅 YXQ-LS-75SⅡ立式蒸汽灭菌器采用湿热灭菌方式，利用压力饱和蒸汽对产品进行迅速而可靠的消毒灭菌。气体为外循环、下排气，可控温度为 0～135℃，可控压力为 0～0.22 MPa。配有国家专利连锁装置/罗盘式手轮，微电脑智能控制，可定时 0～999 min。该设备适用于医疗器械、敷料、玻璃器皿、溶液培养基等的消毒灭菌（附图 18）。

附图 18　YXQ-LS-75SⅡ立式蒸汽灭菌器

（2）主要技术参数

YXQ-LS-75SⅡ立式蒸汽灭菌器的主要技术参数如附表 47 所示。

附表 47　YXQ-LS-75SII 立式蒸汽灭菌器的主要技术参数汇总

主要技术参数	设定范围
容积	75 L
最高工作/设计温度	135℃/138℃
最高工作/设计压力	0.22 MPa/0.25 MPa
定时范围	0～999 min
内腔尺寸	Φ 400 mm×600 mm
提篮尺寸	Φ 360×280×2 个
外形尺寸	500 mm×500 mm×1 100 mm
功率	3.5 kW
电源	220 V±10%，50 Hz±2%

（3）功能键介绍

1）"＜"键：移位键参数设置光标，循环左移，按一下，左移一位。

2）"△""▽"键：增加/减少参数设置位的值。

3）"温度/时间"键：在测量过程中，切换显示当前温度值和计时时间余值。

4）"计时指示灯"：当内腔温度达到设定温度时，计时指示灯亮，灭菌开始计时。当灭菌时间达到设定时间时，完成灭菌。计时指示灯灭，工作指示灯灭，设备发出蜂鸣声，面板显示"End"，结束灭菌程序。

5）"报警指示灯"：在灭菌过程中，水位低于电热管时，灭菌器能自动切断加热电源，报警指示灯亮，并发出蜂鸣声。

（4）操作方法

灭菌器工作前，先开启电源开关接通电源，控制仪进入工作状态后：

1）堆放

①旋转手轮，拉开外桶盖，取出灭菌网篮，取出挡水板。

②关紧放水阀，在外桶内加入清水，水位至灭菌桶搁脚处（挡水板下）。连续使用时，必须在每次灭菌后补足水量。

③放回挡水板，把灭菌网篮放入外桶。灭菌的物品予以妥善包扎，有顺序地放入灭菌网篮内。相互之间留有间隙，利于蒸汽穿透，提高灭菌效果。

2）密封

①容器盖密封前，应仔细检查密封圈安装状态，密封圈应完全嵌入槽内，保持密封圈平整。

②推进容器盖，使容器盖对准桶口位置。

③顺时针方向旋紧手轮直到关门指示灯灭为止，使容器盖与灭菌桶口平面完全密合，并使联锁装置与齿轮凹处吻合。

④用橡胶管连接在放汽管上，然后插没到一个装有冷水的容器里，并关紧手动放汽阀。（顺时针关紧，逆时针打开）在加热升温过程中，当温控仪显示温度小于 102℃时，由温控仪控制的电磁阀将自动放汽，排除灭菌桶内的冷空气。当显示温度大于 102℃时，自动放汽停止，此时若还在大量放汽，则手动放汽阀未关紧，应及时关紧。

3）加热

在确认容器盖已完全密闭锁紧后，此时可开始设定温度和灭菌时间。按一下"工作"键，"工作"指示灯亮，系统正常工作，进入自动控制灭菌过程。若门未关闭，按"工作"键，加热器电源不工作。

4）灭菌

①本设备安全阀整定压力为 0.25 MPa，温控仪只能低于安全阀整定数才有效。否则将由安全阀控制灭菌压力温度。

②当温度和灭菌时间设定完成时，电控装置将自动关闭加热电源，"工作"指示灯和"计时"指示灯灭，并伴有蜂鸣声提醒，面板显示"End"，即灭菌结束。

③灭菌结束后，必须先将电源切断，待其冷却直至压力表指针回至零位，再打开放汽阀排尽余汽，才能旋转手轮把外桶盖打开。物品在灭菌后要迅速干燥，可在灭菌结束时将灭菌器内的蒸汽通过放气阀予以迅速排出使物品上残留水蒸气得到蒸发，灭菌液体时严禁使用此干燥方法。

（5）注意事项

①本灭菌器属第一类压力容器，严禁超温、超压使用。

②本设备是压力容器灭菌的专用设备，不得挪作他用。

③每次使用前一定要加水至灭菌桶搁脚处，保证正常使用。

④本设备在日常使用中如发现螺丝、螺母松动现象，应及时加以紧固，确保正常使用。

⑤堆放物品时，严禁堵塞安全阀出气孔，必须留出空间保证畅通放气。

⑥当灭菌器持续工作，在进行新的灭菌作业时应留有 5 min 的时间，并打开上盖使设备冷却。

⑦灭菌液体时，应将液体罐装在硬质的耐热玻璃瓶中，以不超过 3/4 体积为好，瓶口选用棉花纱塞，切勿使用未开孔的橡胶或软木塞。特别注意：在灭菌液体结束时不准立即释放蒸汽，必须待压力表指针回到零位后方可排放余汽。

⑧对不同类型、不同灭菌要求的物品，如敷料和液体等，切勿放在一起灭菌，以免顾此失彼，造成损失。

⑨平时应用洁布擦拭设备，保持设备的清洁和干燥，以延长设备使用年限。

附录 5　水中饱和溶解氧量

温度/℃	水中氯离子浓度/（mg/L）					Cl⁻每增加100 mg/L 时相当溶解氧量减少量
	0	5 000	10 000	15 000	20 000	
	溶解氧量/（mg/L）					
0	14.15	13.40	12.63	11.87	11.10	0.015 3
1	13.77	13.02	12.29	11.55	10.80	0.014 8
2	13.40	12.68	11.97	11.25	10.52	0.014 4
3	13.04	12.35	11.65	10.95	10.25	0.014 0
4	12.70	12.03	11.35	10.67	9.99	0.013 5
5	13.37	11.72	11.06	10.40	9.74	0.013 1
6	12.06	11.42	10.96	10.15	9.51	0.012 8
7	11.75	11.15	10.52	9.90	9.28	0.012 4
8	11.47	10.57	10.27	9.67	9.06	0.012 0
9	11.19	10.61	10.03	9.44	8.85	0.011 7
10	10.92	10.36	9.97	9.23	8.66	0.011 3
11	10.67	10.12	9.57	9.02	8.47	0.011 0
12	10.43	9.90	9.36	8.82	8.29	0.010 7
13	10.20	9.68	9.16	8.64	8.11	0.010 4
14	9.97	9.47	8.97	8.46	7.95	0.010 1
15	9.76	9.27	8.75	8.29	7.79	0.009 9
16	9.59	9.06	8.60	8.12	7.63	0.009 6
17	9.37	8.90	8.44	7.97	7.49	0.009 4
18	9.18	8.73	8.27	7.82	7.36	0.009 1
19	9.01	8.57	8.12	7.76	7.22	0.008 9
20	8.84	8.41	7.97	7.54	7.10	0.008 7
21	8.68	8.26	7.83	7.40	6.97	0.008 6
22	8.53	8.11	7.70	7.26	6.85	0.008 4
23	8.39	7.98	7.57	7.16	6.74	0.008 3
24	8.25	7.85	7.44	7.04	6.65	0.008 1
25	8.11	7.70	7.32	6.95	6.52	0.007 9
26	7.99	7.60	7.21	6.82	6.42	0.007 8
27	7.87	7.48	7.10	6.71	6.32	0.007 7
28	7.75	7.37	6.99	6.61	6.22	0.007 6
29	7.64	7.26	6.88	6.51	6.12	0.007 6

温度/℃	水中氯离子浓度/（mg/L）					Cl⁻每增加100 mg/L 时相当溶解氧量减少量
	0	5 000	10 000	15 000	20 000	
	溶解氧量/（mg/L）					
30	7.53	7.16	6.78	6.41	6.03	0.007 5
31	7.43	7.06	6.66	6.31	5.93	0.007 5
32	7.32	6.96	6.59	6.21	5.84	0.007 4
33	7.23	6.86	6.49	6.12	5.75	0.007 4
34	7.13	6.77	6.40	6.03	5.65	0.007 4
35	7.04	6.67	6.30	5.93	5.56	0.007 4

附录6 氧在蒸馏水中的溶解度（饱和度）

水温/℃	溶解度/（mg/L）
0	14.62
1	14.23
2	13.84
3	13.48
4	13.13
5	12.80
6	12.48
7	12.17
8	11.87
9	11.59
10	11.33
11	11.08
12	10.83
13	10.60
14	10.37
15	10.15
16	9.95
17	9.74
18	9.54
19	9.35
20	9.17
21	8.99
22	8.83
23	8.63
24	8.53
25	8.38
26	8.22
27	8.07
28	7.92
29	7.77
30	7.63

附录 7　筛网目数与粒径对照表

目数	粒径/μm	目数	粒径/μm
20	830	150	106
24	700	160	96
28	600	170	90
30	550	180	80
32	500	200	75
35	425	230	62
40	380	240	61
42	355	250	58
45	325	270	53
48	300	300	48
50	270	325	45
60	250	400	38
65	230	500	30
70	212	600	23
80	180	800	18
90	160	1 000	13
100	150	1 340	10
115	125	2 000	6.5
120	120	2 500	5.0
125	115	5 000	2.6
130	113	10 000	1.3
140	109	超细滑石粉	0.98

参考文献

[1] 王云海，杨树成，梁继东，等. 水污染控制工程实验[M]. 西安：西安交通大学出版社，2013.

[2] 吕松，牛艳. 水污染控制工程实验[M]. 广州：华南理工大学出版社，2012.

[3] 成官文. 水污染控制工程实验教学指导书[M]. 北京：化学工业出版社，2013.

[4] 石顺存. 水污染控制工程实验[M]. 北京：北京理工大学出版社，2020.

[5] 陈泽堂. 水污染控制工程实验[M]. 北京：化学工业出版社，2019.

[6] 叶林顺. 水污染控制工程[M]. 广州：暨南大学出版社，2018.

[7] 高廷耀，顾国维，周琪. 水污染控制工程（下册）[M]. 第五版. 北京：高等教育出版社，2023.

[8] 龚正军，王冬梅，黄小英. 环境监测实验[M]. 北京：化学工业出版社，2024.

[9] 奚旦立. 环境监测[M]. 第五版. 北京：高等教育出版社，2024.

[10] 张瑜. 环境工程实验教程[M]. 西安：西安交通大学出版社，2022.

[11] 吴奇俊，李燕城，吕亚芹. 水处理实验设计与技术[M]. 第五版. 北京：中国建筑工业出版社，2021.

[12] 章北平，任拥政，陆谢娟. 水处理综合实验技术[M]. 武汉：华中科技大学出版社，2021.

[13] 刘建伟. 污水生物处理新技术[M]. 北京：中国建材工业出版社，2016.

[14] 张小凡，袁海平. 环境微生物学实验[M]. 北京：化学工业出版社，2021.

[15] 肖琳，杨柳燕，尹大强，等. 环境微生物实验技术[M]. 北京：中国环境科学出版社，2004.

[16] 刘方，翁庙成. 实验设计与数据处理[M]. 重庆：重庆大学出版社，2021.

[17] 杜双奎. 试验优化设计与统计分析[M]. 北京：科学出版社，2020.

[18] 李志富. 分析化学实验（含仪器分析实验）[M]. 第二版. 北京：化学工业出版社，2024.